U0895431

中国气象局成都高原气象研究所基本科研业务费专项资助
项目名称：西南低涡年鉴的研编
项目编号：BROP202028

2019 西南低涡年鉴

中国气象局成都高原气象研究所
中国气象学会高原气象学委员会 编著

李跃清 闵文彬 彭 骏 徐会明 肖递祥 向朔育 张虹娇

科 学 出 版 社
北 京

内 容 简 介

西南低涡是影响我国灾害性天气的重要天气系统。本年鉴根据对2019年西南低涡的系统分析，得出该年西南低涡的编号、名称、日期对照表、概况、影响简表、影响地区分布表、中心位置资料表及活动路径图，计算得出该年影响降水的各次西南低涡过程的总降水量图、总降水日数图。

本年鉴可供气象、水文、水利、农业、林业、环保、航空、军事、地质、国土、民政、高原山地等方面的科技人员参考，也可作为相关专业教师、研究生、本科生的基本资料。

审图号：GS（2021）1633号

图书在版编目(CIP)数据

西南低涡年鉴. 2019 / 中国气象局成都高原气象研究所，中国气象学会高原气象学委员会编著. — 北京：科学出版社，2021.4

ISBN 978-7-03-068577-3

I. ①西… II. ①中… ②中… III. ①低涡－天气图－西南地区－2019－年鉴 IV. ①P447-54

中国版本图书馆CIP数据核字(2021)第063427号

责任编辑：罗 吉 沈 旭 洪 弘 / 责任校对：王萌萌
责任印制：师艳茹 / 封面设计：许 瑞

科学出版社 出版
北京东黄城根北街16号
邮政编码：100717
http://www.sciencep.com

北京盛通印刷股份有限公司 印刷

科学出版社发行 各地新华书店经销

*

2021年4月第 一 版 开本：A4 (880 × 1230)
2021年4月第一次印刷 印张：12 1/2
字数：294 000

定价：598.00元

前　言

西南低涡（简称西南涡）是在青藏高原特殊地形影响下，我国西南地区生成的特有的天气系统。其发生、发展和移动常常伴随暴雨、洪涝等气象灾害，并且，我国夏季多发泥石流、滑坡等地质灾害，在很大程度上也与西南低涡的发展、东移密切相关。西南低涡不仅影响我国西南地区，而且东移影响我国青藏高原以东广大地区，是我国主要的灾害性天气系统，它造成的暴雨强度、频次、范围仅次于台风及残余低压。

中华人民共和国成立以来，随着观测站网的建立，卫星资料的应用，以及我国第一、第二次青藏高原大气科学试验的开展，尤其是中国气象局成都高原气象研究所近几年实施的西南低涡加密观测科学试验，关于西南低涡的科研工作也取得了一些新的成果，使我国西南低涡的科学研究、业务预报水平不断提升，在气象服务中做出了显著的贡献。

为了进一步适应经济社会发展、人民生活生产的需要，满足广大气象、农业、水利、国防、经济等部门科研、业务和教学的要求，更好地掌握西南低涡的演变规律，系统地认识西南低涡发生、发展的基本特征，提高科学研究水平和预报技术能力，做好气象灾害的防御工作，由中国气象局成都高原气象研究所负责，四川省气象台等单位参加，组织人员，开展了西南低涡年鉴的研编工作。

经过项目组的共同努力，以及有关省、市、自治区气象局的大力协助，西南低涡年鉴顺利完成。它的整编出版，将为我国西南低涡研究和应用提供基础性保障，推动我国灾害性天气研究与业务的深入发展，发挥对国家防灾减灾、环境保护、公共安全的气象支撑作用。

本年鉴由中国气象局成都高原气象研究所李跃清、闵文彬、彭骏、向朔育，四川省气象台肖递祥，成都市气象台徐会明，四川省气象服务中心张虹娇完成。

本册《西南低涡年鉴2019》的内容主要包括西南低涡概况、路径以及西南低涡引起的降水等资料图表。

Foreword

As a unique weather system, the Southwest China Vortex (SCV) is originated in Southwest China due to the terrain effect of Tibetan Plateau. Rain storms, floods and other meteorological disasters are usually caused by the generation, development and movement of SCV, frequently resulting in the natural disasters such as mud-rock flow and landslide in summer. The moving SCV could bring strong rainfall over the vast areas east of Tibetan Plateau stretching from Southwest China to Central-Eastern China. As a severe weather system, the SCV is known just to be inferior to the typhoon and its residual low in respect of intensity, periods and areas of rainfall in China.

After the foundation of P. R. China, the enormous advances of scientific research and operational prediction on the SCV have been made along with the establishment of meteorological monitoring network and the application of satellite data. The achievements from the First and the Second Tibetan Plateau Experiment of Atmospheric Sciences, especially the intensive observation scientific experiment of SCV organized by Institute of Plateau Meteorology, China Meteorological Administration, Chengdu (IPM) during recent years, have already benefited the scientific research of SCV, its operational weather prediction and the meteorological service in disaster prevention and the public safety.

To further adapt to the economic social development with the people life and production requirements and to meet the demands of research, teaching and professional work in meteorological agricultural, hydrological, military, and economic sectors, the characterizations of SCV generation and evolution should be better and comprehensively understood, improving the scientific level and forecast capacity of SCV for more efficient disaster prevention. Therefore, IPM organized to compile the SCV Yearbook with the participation of Sichuan Provincial Meteorological Observatory (SPMO) and the other groups.

With the joint efforts of all research groups and the great support from related meteorological bureaus of provinces, autonomous regions and cities, this *SCV Yearbook* has been completed successfully. It provides the basis summary for the SCV research and the application, promoting our scientific research and operational forecast of hazardous weather. And it could be useful to the natural disaster prevention, environment protection and public safety service in China.

The *SCV Yearbook* has been accomplished by Li Yueqing, Min Wenbin, Peng Jun and Xiang Shuoyu of IPM, Xiao Dixiang of SPMO, Xu Huiming of Chengdu Municipal Meteorological Observatory and Zhang Hongjiao of Sichuan Meteorological Service Center .

The *SCV Yearbook 2019* is mainly composed of figures, tables and data of SCV-survey, -tracks and -rainfall.

说　明

本年鉴主要整编西南低涡生成的位置、路径及西南低涡引起的降水量、降水日数等基本资料。

西南低涡是指700hPa等压面上反映的生成于青藏高原背风坡(99°~109°E、26°~33°N)，连续出现两次或者只出现一次但伴有云涡，有闭合等高线的低压或有三个站风向呈气旋式环流的低涡。

冬半年指1~4月和11~12月，夏半年指5~10月。

本年鉴所用时间一律为北京时间。

● 西南低涡概况

西南低涡根据低涡生成区域可以分为九龙低涡、四川盆地低涡(简称盆地涡)、小金低涡。

九龙低涡是指生成于99°E 以东至＜104°E、26°N以北至≤30.5°N范围内的低涡。

小金低涡是指生成于99°E以东至＜104°E、30.5°N以北至≤33°N范围内的低涡。

四川盆地低涡是指生成于104°E 以东至109°E、26°N以北至33°N范围内的低涡。

西南低涡移出是指九龙低涡、四川盆地低涡、小金低涡移出其生成的区域。

西南低涡编号是以“D”字母开头，按年份的后二位数与当年低涡顺序三位数组成。

西南低涡移出几率是指某月西南低涡移出个数与该年西南低涡个数的百分比。

西南低涡月移出率是指某月西南低涡移出个数与该年西南低涡移出个数的百分比。

西南低涡当月移出率是指某月西南低涡移出个数与该月西南低涡个数的百分比。

九龙低涡或四川盆地低涡或小金低涡移出几率是指某月移出其生成区域的低涡个数与该年其生成区域低涡个数的百分比。

九龙低涡或四川盆地低涡或小金低涡月移出率是指某月移出其生成区域的低涡个数与该年移出其生成区域低涡个数的百分比。

九龙低涡或四川盆地低涡或小金低涡当月移出率是指某月移出其生成区域的低涡个数与该月其生成的区域低涡个数的百分比。

西南低涡中心位势高度最小值频率分布指按各时次西南低涡700hPa等压面上位势高度（单位：位势什米）最小值统计的频率分布。

说 明

● 西南低涡中心位置资料表

“中心强度”指在700hPa等压面上低涡中心位势高度，单位：位势什米。

● 西南低涡纪要表

1.“发现点”指不同涡源的西南低涡活动路径的起始点，由于资料所限，此点不一定是真正的源地。

2.西南低涡活动的发现点、移出涡源的地点，一般准确到县、市。

3.“转向”指路径总的趋向由向某一个方向移动转为向另一个方向移动。

4.“移出涡源区”指西南低涡移出其发现点所属的低涡(九龙低涡或四川盆地低涡或小金低涡)生成的范围。

● 西南低涡降水及移动路径

1.降水量统计使用的是12小时雨量资料。

2.西南低涡和其他天气系统共同造成的降水，仍列入整编。

3.“总降水量及移动路径图”指一次西南低涡活动过程的移动路径和在我国引起的总降水量分布图。总降水量一般按0.1mm、10mm、25mm、50mm、100mm等级，以色标示出，绘出降水区外廓线，标注出中心最大的总降水量数值。

4.“总降水日数图”指一次西南低涡活动过程在我国引起的总降水量≥0.1mm的降水日数区域分布图。

目 录 Contents

目 录 Contents

Contents 目录

目录 Contents

目 录 Contents

2019年 西南低涡概况

2019年发生在西南地区的低涡共有74个，其中在四川九龙附近生成的低涡有33个，在四川盆地生成的低涡有35个，在四川小金附近生成的低涡有6个（表1~表4）。

2019年西南低涡最早生成在1月上旬，最迟生成在12月底。虽然每月都有西南低涡生成，但生成个数存在较大差异，5月生成最多，是12个，3月和6月次之，各10个，这三个月生成的低涡个数占到全年的43.24%，8月和9月西南低涡生成个数最少，各只有3个，共6个，占全年的8.11%（表1）。

2019年九龙低涡最早生成在1月中旬，最迟生成在12月初，九龙低涡5月和6月生成个数最多，各为6个，共占全年的36.36%；3月生成个数较多，为5个，占全年的15.15%，除9月外其他各月均有九龙低涡生成（表2）。四川盆地低涡最早生成在1月上旬，最迟生成在12月底，5月生成个数最多，有6个，占全年的17.14%；3月生成较多，有5个，其他各月均有盆地涡生成（表3）。小金低涡最早生成在2月初，最迟生成在11月下旬，2月生成个数最多，有4个，占全年的66.67%，全年只有2月、6月和11月有小金低涡生成（表4）。

2019年移出的西南低涡共有20个（表5），其中九龙低涡移出5个，四川盆地低涡移出11个，小金低涡移出4个（表6~表8）。西南低涡移出的地点分布于四川、陕西、重庆、贵州和湖北等5个省市，其中四川10个，陕西和湖北各4个，重庆和贵州各1个（表9）。九龙低涡移出的地点全部分布于四川省，共5个（表10）。四川盆地低涡移出的地点分布于四川、陕西、重庆、贵州和湖北等5个省市，其中陕西和湖北各4个，其余省市各为1个（表11）。小金低涡移出的地点分布于四川省，为4个（表12）。

2019年西南低涡中心位势高度最小值在304～311位势什米范围内最多，占71.91%（表13）。夏半年的西南低涡，其中心位势高度最小值在304～311位势什米范围内最多，占72.07%（表14）。冬半年的西南低涡，其中心位势高度最小值在304～311位势什米范围内最多，占71.64%（表15）。

2019年西南低涡偏南风最大风速在4～12m/s的频率最多，占78.08%（表16）。夏半年，西南低涡偏南风最大风速在4～12m/s的频率最多，占81.98%（表17）。冬半年，西南低涡偏南风最大风速在4～14m/s范围内的频率最多，占83.60%（表18）。

2019年的74次西南低涡过程，有73次造成了明显的降水。西南低涡过程降水量在100mm以上的有16次，过程降水量在200mm以上的有4次，其对应的西南低涡编号是D19034、D19044、D19058和D19061，造成最大过程降水量分别是湖北仙桃209.3mm、云南华坪204.2mm、贵州习水207.1mm和四川通江223.6mm，降水日数分别为2天、1天、3天和3天。就西南低涡造成的过程降水量、影响范围和持续时间而言，D19038、D19058和D19059号西南低涡较为突出。

D19038号小金低涡是本年度对我国降水影响范围最广也是过程降水量超过50mm的站点个数最多的西南低涡，生成于四川汶川，历时3天。该低涡于6月4日20时生成，中心强度为305位势什米，生成后向东移动，6月5日08时移出小金至盆地地区渠县，中心强度增强为303位势什米，之后向东北移动，6月5日20时移出四川进入湖北，中心强度维持在303位势什米，并继续向东北移动，6月6日08时移至山东境内，中心强度为302位势什米，后向东移动，于6月6日20时入黄海，中心强度增强为300位势什米，之后减弱消失。受其影响，在低涡的移动路径上造成我国大范围，尤其是长江流域的强降水，其分布区域主要在川西高原中、东部，四川省盆地地区大部，重庆，甘肃南部，陕西、山西、河北中、南部，山东，江苏，上海，河南，安徽，湖北，浙江、江西、湖南北部和贵州东部地区，降水日数为1～3天。其中四川、重庆、陕西、湖北、河南、安徽和江苏有成片降水量大于50mm的区域，主要有四个降水中心，分别是四川武胜85.5mm，降水日数1天；河南舞阳114.7mm，降水日数2天；湖北大悟170.0mm，降水日数2天；江苏睢宁114.9mm，降水日数1天。

D19058号盆地低涡是本年度对西南地区影响范围最大的西南低涡，生成于四川纳溪，历时4天。该低涡生成于9月8日08时，中心强度为309位势什米，生成后低涡向北移动，8日20时至9日20时，低涡在源地附近活动，略微南行，中心强度维持在308～309位势什米，10日08时，低涡移出四川盆地至贵州晴隆，中心强度为310位势什米，之后低涡向西南移动，10日20时，低涡移至云南境内，中心强度为311位势什米，之后低涡继续西北行，11日08时，低涡中心强度为313位势什米，之后减弱消失。受其影响，西南三省一市均发生高强度降水，其分布区域主要在四川省盆地地区，川西高原南部，攀西地区，重庆，贵州，云南，陕西南部，湖北、湖南西部和广西西、中、北部地区，降水日数为1～4天。其中四川、重庆、贵州、广西和云南有成片降水量大于50mm的区域，有四个降水中心，分别是广西凤山121.3mm，降水日数2天；云南罗平137.5mm，降水日数4天；贵州贞丰188.9mm，降水日数3天；贵州习水207.1mm，降水日数3天。

D19059号盆地低涡是本年度对四川省盆地地区降水影响最大的西南低涡，生成于四川乐至，历时2天。该低涡生成于9月13日08时，中心强度为313位势什米，生成后低涡向东北移动，9日13日20时，低涡中心强度维持在313位势什米，之后继续东北向移动，14日08时，低涡移出四川盆地至陕西略阳，中心强度仍为313位势什米，之后减弱消失。受其影响，四川省盆地地区发生高强度降水，其分布区域主要在四川省盆地地区，川西高原东部，甘肃、山西南部，陕西中、南部，重庆西北、东北部，河南西部，湖北西北部和云南东北部地区，降水日数为1～2天。其中四川、甘肃和陕西有成片降水量大于50mm的区域，其中大于100mm的成片降水集中在四川省盆地地区，降水中心位于四川德阳，降水量为185.8mm，降水日数2天。

表1　2019年西南低涡出现频次

	1月	2月	3月	4月	5月	6月	7月	8月	9月	10月	11月	12月	全年
次数	5	6	10	4	12	10	7	3	3	4	6	4	74
频率 / %	6.76	8.11	13.51	5.41	16.22	13.51	9.46	4.05	4.05	5.41	8.11	5.41	100

表2　2019年九龙低涡出现频次

	1月	2月	3月	4月	5月	6月	7月	8月	9月	10月	11月	12月	全年
次数	1	1	5	2	6	6	4	2	0	1	2	3	33
频率 / %	3.03	3.03	15.15	6.06	18.18	18.18	12.12	6.06	0.00	3.03	6.06	9.09	100

表3　2019年四川盆地低涡出现频次

	1月	2月	3月	4月	5月	6月	7月	8月	9月	10月	11月	12月	全年
次数	4	1	5	2	6	3	3	1	3	3	3	1	35
频率 / %	11.43	2.86	14.29	5.71	17.14	8.57	8.57	2.86	8.57	8.57	8.57	2.86	100

表4　2019年小金低涡出现频次

	1月	2月	3月	4月	5月	6月	7月	8月	9月	10月	11月	12月	全年
次数	0	4	0	0	0	1	0	0	0	0	1	0	6
频率 / %	0.00	66.67	0.00	0.00	0.00	16.67	0.00	0.00	0.00	0.00	16.67	0.00	100

表5 2019年西南低涡移出源地次数

	1月	2月	3月	4月	5月	6月	7月	8月	9月	10月	11月	12月	全年
次数	0	2	4	1	2	3	3	0	3	1	1	0	20
移出几率 / %	0.00	2.70	5.41	1.35	2.70	4.05	4.05	0.00	4.05	1.35	1.35	0.00	27.03
月移出率 / %	0.00	10.00	20.00	5.00	10.00	15.00	15.00	0.00	15.00	5.00	5.00	0.00	100
当月移出率 / %	0.00	33.33	40.00	25.00	16.67	30.00	42.86	0.00	100	25.00	16.67	0.00	/

表6 2019年九龙低涡移出源地次数

	1月	2月	3月	4月	5月	6月	7月	8月	9月	10月	11月	12月	全年
次数	0	0	1	1	1	1	1	0	0	0	0	0	5
移出几率 / %	0.00	0.00	3.03	3.03	3.03	3.03	3.03	0.00	0.00	0.00	0.00	0.00	15.15
月移出率 / %	0.00	0.00	20.00	20.00	20.00	20.00	20.00	0.00	0.00	0.00	0.00	0.00	100
当月移出率 / %	0.00	0.00	20.00	50.00	16.67	16.67	25.00	0.00	0.00	0.00	0.00	0.00	/

表7 2019年四川盆地低涡移出源地次数

	1月	2月	3月	4月	5月	6月	7月	8月	9月	10月	11月	12月	全年
次数	0	0	3	0	1	1	2	0	3	1	0	0	11
移出几率 / %	0.00	0.00	8.57	0.00	2.86	2.86	5.71	0.00	8.57	2.86	0.00	0.00	31.43
月移出率 / %	0.00	0.00	27.27	0.00	9.09	9.09	18.18	0.00	27.27	9.09	0.00	0.00	100
当月移出率 / %	0.00	0.00	60.00	0.00	16.67	33.33	66.67	00.00	100	33.33	0.00	0.00	/

表8　2019年小金低涡移出源地次数

	1月	2月	3月	4月	5月	6月	7月	8月	9月	10月	11月	12月	全年
次数	0	2	0	0	0	1	0	0	0	0	1	0	4
移出几率 / %	0.00	33.33	0.00	0.00	0.00	16.67	0.00	0.00	0.00	0.00	16.67	0.00	66.67
月移出率 / %	0.00	50.00	0.00	0.00	0.00	25.00	0.00	0.00	0.00	0.00	25.00	0.00	100
当月移出率 / %	0.00	50.00	0.00	0.00	0.00	100	0.00	0.00	0.00	0.00	100	0.00	/

表9　2019年西南低涡移出源地的地区分布

	四川	陕西	重庆	贵州	云南	湖北	湖南	甘肃	安徽	河南	合计
次数	10	4	1	1	0	4	0	0	0	0	20
出源地率 / %	50.00	20.00	5.00	5.00	0.00	20.00	0.00	0.00	0.00	0.00	100

表10　2019年九龙低涡移出源地的地区分布

	四川	陕西	重庆	贵州	云南	湖北	湖南	甘肃	安徽	河南	合计
次数	5	0	0	0	0	0	0	0	0	0	5
出源地率 / %	100	0.00	0.00	0.00	0.00	0.00	0.00	0.00	0.00	0.00	100

表11　2019年四川盆地低涡移出源地的地区分布

	四川	陕西	重庆	贵州	云南	湖北	湖南	甘肃	安徽	河南	合计
次数	1	4	1	1	0	4	0	0	0	0	11
出源地率 / %	9.09	36.36	9.09	9.09	0.00	36.36	0.00	0.00	0.00	0.00	100

表12　2019年小金低涡移出源地的地区分布

	四川	陕西	重庆	贵州	云南	湖北	湖南	甘肃	安徽	河南	合计
次数	4	0	0	0	0	0	0	0	0	0	4
出源地率 / %	100.00	0.00	0.00	0.00	0.00	0.00	0.00	0.00	0.00	0.00	100

表13　2019年西南低涡中心强度频率分布

位势高度 / 位势什米	315－312	311－308	307－304	303－300	299－296	295－292	291－288	287－284	283－280
频率 / %	14.04	36.52	35.39	11.80	1.68	0.56			

表14　2019年夏半年西南低涡中心强度频率分布

位势高度 / 位势什米	315－312	311－308	307－304	303－300	299－296	295－292	291－288	287－284	283－280
频率 / %	17.12	44.14	27.93	10.81					

表15　2019年冬半年西南低涡中心强度频率分布

位势高度/位势什米	315 | 312	311 | 308	307 | 304	303 | 300	299 | 296	295 | 292	291 | 288	287 | 284	283 | 280
频率/%	8.96	23.88	47.76	13.43	4.48	1.49			

表16　2019年西南低涡偏南风最大风速频率分布

最大风速/(m/s)	2	4	6	8	10	12	14	16	18	20	22	24	26	28	30
频率/%	2.25	12.92	14.61	19.66	16.85	14.04	8.99	3.37	2.81	1.69	1.69	0.56	0.00	0.00	0.56

表17　2019年夏半年西南低涡偏南风最大风速频率分布

最大风速/(m/s)	2	4	6	8	10	12	14	16	18	20	22	24	26	28	30
频率/%	1.80	10.81	18.02	22.52	17.12	13.51	7.21	2.70	1.80	1.80	1.80	0.00	0.00	0.00	0.90

表18　2019年冬半年西南低涡偏南风最大风速频率分布

最大风速/(m/s)	2	4	6	8	10	12	14	16	18	20	22	24	26	28	30
频率/%	2.99	16.42	8.96	14.93	16.42	14.93	11.94	4.48	4.48	1.49	1.49	1.49	0.00	0.00	0.00

2019年西南低涡纪要表

序号	编号	中英文名称	起止日期(月/日)	中心最小位势高度/位势什米	发现点经纬度	移出涡源的地点	移出涡源的时间(月/日^{时})	移出涡源中心位势高度/位势什米	路径趋向
1	D19001	南部, Nanbu	1/1	309	106.08°E,31.23°N				源地生消
2	D19002	洪雅, Hongya	1/11	306	102.87°E,29.53°N				源地生消
3	D19003	盐亭, Yanting	1/13～1/14	304	105.43°E,31.24°N				源地附近活动
4	D19004	蓬溪, Pengxi	1/15	307	105.68°E,30.78°N				源地生消
5	D19005	盐亭, Yanting	1/19～1/20	305	105.54°E,31.05°N				源地附近活动
6	D19006	梁平, Liangping	2/3	304	107.56°E,30.59°N				源地生消
7	D19007	平武, Pingwu	2/4	305	103.97°E,32.95°N				源地生消
8	D19008	平武, Pingwu	2/8	301	103.97°E,32.61°N				源地生消
9	D19009	北川, Beichuan	2/11～2/12	304	103.93°E,32.95°N	万源	2/12^{08}	305	东南行移出源地
10	D19010	松潘, Songpan	2/19～2/22	299	103.74°E,32.89°N	剑阁	2/19^{20}	300	东南行移出源地继续东行或东北行
11	D19011	石棉, Shimian	2/22	304	102.31°E,28.92°N				源地生消
12	D19012	江油, Jiangyou	3/1～3/3	295	105.16°E,31.28°N	山阳	3/2^{08}	301	东北行移出源地后继续偏东北行
13	D19013	木里, Muli	3/9～3/10	304	101.12°E,28.34°N				南行

2019年西南低涡纪要表（续-1）

序号	编号	中英文名称	起止日期（月/日）	中心最小位势高度/位势什米	发现点经纬度	移出涡源的地点	移出涡源的时间（月/日[时]）	移出涡源中心位势高度/位势什米	路径趋向
14	D19014	米易，Miyi	3/15	314	102.02°E,27.03°N				源地生消
15	D19015	武隆，Wulong	3/16	309	107.69°E,29.58°N				源地生消
16	D19016	荣县，Rongxian	3/16～3/18	305	104.49°E,29.52°N	京山	$3/17^{20}$	307	东北行移出源地继续东北行
17	D19017	九龙，Jiulong	3/17	308	101.66°E,28.50°N				源地生消
18	D19018	康定，Kangding	3/20～3/21	300	102.27°E,30.14°N	通江	$3/21^{08}$	302	源地附近活动后东北行移出源地
19	D19019	平昌，Pingchang	3/22	305	106.96°E,31.71°N				源地生消
20	D19020	木里，Muli	3/22～3/23	306	101.29°E,28.49°N				西南行
21	D19021	三台，Santai	3/25～3/28	305	105.02°E,31.25°N	镇安	$3/27^{20}$	307	渐南行转东北行移出源地后偏东南行
22	D19022	仪陇，Yilong	4/3	310	106.59°E,31.34°N				源地生消
23	D19023	木里，Muli	4/16	311	100.95°E,27.91°N				源地生消
24	D19024	通江，Tongjiang	4/20～4/21	306	107.57°E,32.10°N				东北行
25	D19025	九龙，Jiulong	4/27～4/29	304	101.98°E,28.19°N	江油	$4/28^{08}$	308	东北行移出源地后继续东北行
26	D19026	铜梁，Tongliang	5/5	308	106.05°E,29.99°N				东南行

2019年西南低涡纪要表（续-2）

序号	编号	中英文名称	起止日期(月/日)	中心最小位势高度/位势什米	发现点经纬度	移出涡源的地点	移出涡源的时间(月/日时)	移出涡源中心位势高度/位势什米	路径趋向
27	D19027	石棉, Shimian	5/6	305	102.15°E,29.18°N				源地附近活动
28	D19028	冕宁, Mianning	5/7	304	102.20°E,28.95°N				源地生消
29	D19029	洪雅, Hongya	5/10	308	103.13°E,29.63°N				西北行
30	D19030	长寿, Changshou	5/12～5/13	309	107.16°E,30.08°N	巫溪	5/13[08]	309	源地附近活动后转东北行移出源地
31	D19031	忠县, Zhongxian	5/15	309	107.83°E,30.24°N				源地生消
32	D19032	阆中, Langzhong	5/18	306	106.18°E,31.75°N				源地生消
33	D19033	武胜, Wusheng	5/19～5/20	312	106.06°E,30.46°N				源地附近活动
34	D19034	盐源, Yanyuan	5/24～5/25	306	101.70°E,27.92°N	安岳	5/25[08]	306	东北行移出源地后继续东北行
35	D19035	木里, Muli	5/26	308	100.17°E,27.99°N				源地生消
36	D19036	剑阁, Jian'ge	5/28	311	105.43°E,31.64°N				源地生消
37	D19037	盐边, Yanbian	5/30～5/31	307	101.61°E,27.01°N				源地附近活动后西北行
38	D19038	汶川, Wenchuan	6/4～6/6	300	103.33°E,31.32°N	渠县	6/5[08]	303	东行移出源地后转东北行
39	D19039	九龙, Jiulong	6/6	311	101.28°E,28.97°N				源地生消

2019年西南低涡纪要表（续-3）

序号	编号	中英文名称	起止日期(月/日)	中心最小位势高度/位势什米	发现点经纬度	移出涡源的地点	移出涡源的时间(月/日^{时})	移出涡源中心位势高度/位势什米	路径趋向
40	D19040	木里，Muli	6/7～6/8	310	101.11°E,28.77°N				东行
41	D19041	宁南，Ningnan	6/9	307	102.61°E,26.98°N				源地生消
42	D19042	武隆，Wulong	6/9	307	107.94°E,29.30°N				源地生消
43	D19043	安岳，Anyue	6/10～6/14	304	105.26°E,29.85°N	当阳	$6/12^{20}$	307	东北行移出源地后转东南行
44	D19044	攀枝花，Panzhihua	6/25	310	101.60°E,27.16°N				源地生消
45	D19045	木里，Muli	6/27～6/28	302	101.46°E,28.37°N	巴州	$6/28^{08}$	304	东北行移出源地
46	D19046	宁南，Ningnan	6/29	308	102.63°E,26.96°N				源地生消
47	D19047	彭水，Pengshui	6/29～6/30	307	108.39°E,29.42°N				西南行
48	D19048	九龙，Jiulong	7/6～7/7	303	101.30°E,28.71°N				东北行转东南行
49	D19049	嘉陵，Jialing	7/8～7/14	300	105.97°E,30.56°N	保康	$7/8^{20}$	307	东北行移出源地后转东行转西北行再转东北行
50	D19050	石棉，Shimian	7/11～7/12	307	102.25°E,29.12°N	资中	$7/11^{20}$	308	东北行移出源地后继续东北行
51	D19051	岳池，Yuechi	7/18～7/21	309	106.40°E,30.64°N	会东	$7/20^{20}$	310	源地附近活动后转西南行后移出源地后转西北行
52	D19052	峨眉山，Emeishan	7/22	308	103.36°E,29.58°N				西南行

2019年西南低涡纪要表（续-4）

序号	编号	中英文名称	起止日期(月/日)	中心最小位势高度/位势什米	发现点经纬度	移出涡源的地点	移出涡源的时间(月/日^{时})	移出涡源中心位势高度/位势什米	路径趋向
53	D19053	盐边,Yanbian	7/30	309	101.50°E,27.16°N				源地生消
54	D19054	通江,Tongjiang	7/30～7/31	309	107.28°E,31.87°N				源地附近活动后转南行
55	D19055	北碚,Beibei	8/7～8/8	308	106.59°E,29.96°N				东行转西南行
56	D19056	雅江,Yajiang	8/18	309	100.95°E,29.64°N				源地生消
57	D19057	木里,Muli	8/22	311	100.71°E,28.95°N				源地生消
58	D19058	纳溪,Naxi	9/8～9/11	308	105.35°E,28.55°N	晴隆	$9/10^{08}$	310	北行转南行移出源地后转西南行转西北行
59	D19059	乐至,Lezhi	9/13～9/14	313	104.91°E,30.22°N	略阳	$9/14^{08}$	313	东北行移出源地
60	D19060	巴州,Bazhou	9/16～9/17	311	106.89°E,31.94°N	太白	$9/17^{08}$	313	西行转东北行移出源地
61	D19061	剑阁,Jian'ge	10/3～10/4	313	105.55°E,31.71°N				源地附近活动
62	D19062	万源,Wanyuan	10/10～10/11	311	107.65°E,31.98°N	房县	$10/11^{20}$	311	西行转东行移出源地
63	D19063	木里,Muli	10/11～10/13	312	101.15°E,28.80°N				东南行转西南行转东北行
64	D19064	北川,Beichuan	10/24～10/25	312	104.50°E,31.95°N				东南行
65	D19065	九龙,Jiulong	11/1	313	101.71°E,28.97°N				源地生消

2019年西南低涡纪要表（续-5）

序号	编号	中英文名称	起止日期(月/日)	中心最小位势高度/位势什米	发现点经纬度	移出涡源的地点	移出涡源的时间(月/日时)	移出涡源中心位势高度/位势什米	路径趋向
66	D19066	木里,Muli	11/9～11/10	313	101.22°E,27.95°N				西行
67	D19067	苍溪,Cangxi	11/12	309	106.09°E,31.90°N				源地生消
68	D19068	三台,Santai	11/17	306	104.88°E,31.00°N				源地生消
69	D19069	北川,Beichuan	11/23～11/24	306	103.98°E,31.92°N	九龙	11/24[08]	310	西南行转东北行移出源地
70	D19070	通江,Tongjiang	11/30	307	107.48°E,32.00°N				源地生消
71	D19071	木里,Muli	12/1	311	101.47°E,28.32°N				源地生消
72	D19072	康定,Kangding	12/3	309	101.93°E,29.88°N				源地生消
73	D19073	玉龙,Yulong	12/4	313	99.75°E,26.82°N				源地生消
74	D19074	安居,Anju	12/30	311	105.48°E,30.52°N				源地生消

2019年西南低涡对我国降水影响简表

序号	编号	简述活动的情况	西南低涡对我国降水的影响		
			时间（月/日）	概况	极值
1	D19001	盆地低涡源地生消	1/1	降水区域有四川省盆地地区中、北部，陕西南部和重庆西南、北部个别地区，降水日数为1天	四川中江 0.6mm（1天）
2	D19002	九龙低涡源地生消	1/11	降水区域有四川省盆地地区西部、南部个别地区和贵州北部个别地区，降水日数为1天	四川天全 0.3mm（1天）
3	D19003	盆地低涡源地附近活动	1/13～1/14	降水区域有四川省盆地地区西部、东北部和重庆中、东北部地区，降水日数为1～2天	重庆忠县 1.8mm（1天）
4	D19004	盆地低涡源地生消	1/15	降水区域有四川省盆地地区大部，重庆西南、中、东北部和贵州、云南东北部地区，降水日数为1天	重庆垫江 6.6mm（1天）
5	D19005	盆地低涡源地附近活动	1/19～1/20	降水区域有四川省盆地地区西南、中、东北部，重庆西南、中、东北部和贵州东北部个别地区，降水日数为1～2天	重庆万盛 9.5mm（2天）
6	D19006	盆地低涡源地生消	2/3	降水区域有四川省盆地地区西南、南部、东北部个别地区，重庆东北、南部，湖北西部，湖南西北部，云南东北部个别地区和贵州东北部地区，降水日数为1天	湖北宣恩 4.2mm（1天）
7	D19007	小金低涡源地生消	2/4～2/5	降水区域有四川省盆地地区东北部，降水日数为1～2天	微量降水 无极值
8	D19008	小金低涡源地生消	2/8	降水区域有四川省盆地地区西、东北部，重庆东北部个别地区和陕西南部部分地区，降水日数为1天	陕西宁强 0.4mm（1天）
9	D19009	小金低涡东南行移出源地	2/11～2/12	降水区域有四川省盆地地区西、中、东北部、南部，重庆东北部，湖北西南部，湖南西北部，贵州东北部和云南东北部个别地区，降水日数为1～2天	湖北公安 2.4mm（1天）

2019年西南低涡对我国降水影响简表（续-1）

序号	编号	简述活动的情况	西南低涡对我国降水的影响		
			时间（月/日）	概况	极值
10	D19010	小金低涡东南行移出源地继续东行或东北行	2/19～2/22	降水区域有四川省盆地地区西、中、东北部，甘肃、陕西、宁夏南部，河南西、南部，山东南部个别地区，江苏，上海，浙江西、北部，安徽，湖北，江西、湖南北部和重庆中、东部地区，降水日数为1～3天	湖南冷水江 25.0mm（1天）
11	D19011	九龙低涡源地生消	2/22～2/23	降水区域有四川省盆地地区西南、中、南部，贵州西部和云南东北部地区，降水日数为1～2天	四川兴文 6.1mm（2天）
12	D19012	盆地低涡东北行移出源地后继续偏东北行	3/1～3/4	降水区域有川西高原东部，四川省盆地地区大部，甘肃、宁夏、山西、山东南部，陕西中、南部，河南，江苏、安徽中、北部，湖北西、北部和重庆东北、中、西南部地区，降水日数为1～2天	湖北谷城 9.0mm（1天）
13	D19013	九龙低涡南行	3/9～3/10	降水区域有川西高原、攀西地区东部，四川省盆地地区西南、南部，贵州西北部和云南北部地区，降水日数为1～2天	四川越西 12.3mm（2天）
14	D19014	九龙低涡源地生消	3/15	降水区域有攀西地区、四川省盆地地区南部，贵州西部，广西西北部个别地区和云南东部地区，降水日数为1天	四川泸县 7.2mm（1天）
15	D19015	盆地低涡源地生消	3/16	降水区域有四川省盆地地区、重庆大部，湖北西南部，湖南西部，贵州东、北部和云南东北部个别地区，降水日数为1天	四川岳池 7.1mm（1天）
16	D19016	盆地低涡东北行移出源地继续东北行	3/16～3/18	降水区域有四川省盆地地区大部，重庆西北、中、东北部，甘肃、陕西南部，湖北南、东部，河南、江苏南部，上海，安徽大部，浙江西北部和江西、湖南北部地区，降水日数为1～2天	四川三台 10.5mm（2天）
17	D19017	九龙低涡源地生消	3/17～3/18	降水区域有攀西地区北部，四川省盆地地区西南、南部，贵州北部和云南东北部个别地区，降水日数为1～2天	贵州大方 1.8mm（2天）
18	D19018	九龙低涡源地附近活动后东北行移出源地	3/20～3/21	降水区域有川西高原东、南部，攀西地区南部，四川省盆地地区西、中、东北部，重庆大部，甘肃南部个别地区，陕西南部，湖北西部，湖南西北部，贵州东北部和云南北部地区，降水日数为1～2天	湖北利川 52.0mm（1天）
19	D19019	盆地低涡源地生消	3/22	降水区域有四川省盆地地区、重庆大部，陕西南部，湖北西部，贵州北部和云南东北部个别地区，降水日数为1天	重庆长寿 22.3mm（1天）

2019年西南低涡对我国降水影响简表（续-2）

序号	编号	简述活动的情况	西南低涡对我国降水的影响		
			时间（月/日）	概况	极值
20	D19020	盆地低涡东北行	3/22～3/23	降水区域有川西高原南部，攀西地区大部，四川省盆地地区西南部和云南西、北部地区，降水日数为1～2天	云南贡山 18.8mm（2天）
21	D19021	盆地低涡渐南行转东北行移出源地后偏东南行	3/25～3/28	降水区域有四川省盆地地区西南、东北、南部，重庆东北部、南部，甘肃南部个别地区，陕西南部，河南、湖北西部，湖南西北部，贵州北部和云南东北部地区，降水日数为1～3天	重庆巫山 12.4mm（1天）
22	D19022	盆地低涡源地生消	4/3	降水区域有四川省盆地地区西南、中、东部，重庆西南、中、东北部，陕西南部和湖北西部地区，降水日数为1天	重庆武隆 7.6mm（1天）
23	D19023	九龙低涡源地生消	4/16	降水区域有川西高原南部，攀西地区，四川省盆地地区西南、南部，贵州西部和云南北部地区，降水日数为1天	四川越西 32.8mm（1天）
24	D19024	盆地低涡东北行	4/20～4/21	降水区域有四川省盆地地区中、南、东部，重庆，陕西中、南部，湖北西部和湖南、贵州北部地区，降水日数为1～2天	四川平昌 42.3mm（1天）
25	D19025	九龙低涡东北行移出源地后继续东北行	4/27～4/29	降水区域有川西高原东部，攀西地区东部，四川省盆地地区，重庆西南、中、东北部，甘肃、山西、山东南部，陕西中、南部，河南大部，江苏、安徽中、北部，湖北、贵州北部和云南东北部地区，降水日数为1～2天。其中四川盆地地区西南、南部有成片降水量大于50mm的区域，降水中心位于四川屏山，降水量为108.5mm	四川屏山 108.5mm（1天）
26	D19026	盆地低涡东南行	5/5～5/6	降水区域有四川省盆地地区大部，重庆，甘肃、陕西南部，湖北西南部，湖南北部，贵州中、北部和云南东北部个别地区，降水日数为1～2天	湖北咸丰 30.3mm（1天）
27	D19027	九龙低涡源地附近活动	5/6～5/7	降水区域有川西高原东部，攀西地区，四川省盆地地区中、西南、南部，重庆西南部，贵州北部和云南东北部地区，降水日数为1～2天	四川荣县 48.5mm（2天）
28	D19028	九龙低涡源地生消	5/7～5/8	降水区域有川西高原东南部，攀西地区东部，四川省盆地地区西南、南部，贵州北部和云南东北部个别地区，降水日数为1～2天	四川青神 22.8mm（2天）
29	D19029	九龙低涡西北行	5/10～5/11	降水区域有川西高原东、南部，攀西地区，四川省盆地地区西、南部和贵州、云南北部地区，降水日数为1～2天	云南德钦 9.9mm（1天）

2019年西南低涡对我国降水影响简表（续-3）

序号	编号	简述活动的情况	西南低涡对我国降水的影响		
			时间（月/日）	概况	极值
30	D19030	盆地低涡源地附近活动后转东北行移出源地	5/12～5/13	降水区域有四川省盆地地区北、中部，重庆，陕西南部，湖北西部和湖南、贵州北部地区，降水日数为1～2天。其中四川盆地地区中部和重庆西南部有成片降水量大于50mm的区域，降水中心位于重庆合川，降水量为63.4mm	重庆合川 63.4mm（2天）
31	D19031	盆地低涡源地生消	5/15～5/16	降水区域有四川省盆地地区西北、东北部，重庆西南、中、东北、南部，湖北西南部个别地区和湖南西、北部地区，降水日数为1～2天	湖南安化 46.6mm（2天）
32	D19032	盆地低涡源地生消	5/18～5/19	降水区域有四川省盆地地区西北、东北、中部，甘肃、陕西南部，重庆西北、中、东北部和湖北西部地区，降水日数为1～2天	四川通江 29.9mm（2天）
33	D19033	盆地低涡源地附近活动	5/19～5/20	降水区域有四川省盆地地区大部，重庆，陕西南部，湖北西部，贵州北部和云南东北部个别地区，降水日数为1～2天	重庆武隆 50.7mm（2天）
34	D19034	九龙低涡东北行移出源地后继续东北行	5/24～5/26	降水区域有川西高原南部，攀西地区东部，四川省盆地地区西南、南、中、东北部，重庆，陕西南部个别地区，湖北大部，河南东、南部，山东南部，江苏，上海，安徽，浙江、江西、湖南、云南北部和贵州中、北部地区，降水日数为1～2天。其中贵州、湖北、湖南、江西、安徽和浙江有成片降水量大于50mm的区域，存在三个降水中心，分别位于贵州清镇、湖北仙桃和安徽黄山，降水量分别为156.7mm、209.3mm和148.4mm	湖北仙桃 209.3mm（2天）
35	D19035	九龙低涡源地生消	5/26～5/27	降水区域有川西高原南部，攀西地区，四川省盆地地区西南部和云南西、北部地区，降水日数为1～2天	云南盈江 29.3mm（1天）
36	D19036	盆地低涡源地生消	5/28	降水区域有四川省盆地地区中、西北、东北部，陕西南部和重庆西南、中、东北部地区，降水日数为1天	四川西充 41.7mm（1天）
37	D19037	九龙低涡源地附近活动后西北行	5/30～6/1	降水区域有川西高原南部，攀西地区，贵州西部和云南东、南部、西部零散地区，降水日数为1～3天	云南河口 117.5mm（1天）

2019年西南低涡对我国降水影响简表（续-4）

序号	编号	简述活动的情况	西南低涡对我国降水的影响		
			时间（月/日）	概况	极值
38	D19038	小金低涡东行移出源地后转东北行	6/4～6/7	降水区域有川西高原中、东部，四川省盆地地区大部，重庆，甘肃南部，陕西、山西、河北中、南部，山东，江苏，上海，河南，安徽，湖北，浙江、江西、湖南北部和贵州东部地区，降雨日数为1～3天。其中四川，重庆、陕西、湖北、河南、安徽和江苏有成片降水量大于50mm的区域，主要有四个降水中心，分别位于四川武胜、河南舞阳、湖北大悟和江苏睢宁，降水量分别为85.5mm、114.7mm、170.0mm和114.9mm	湖北大悟 170.0mm（2天）
39	D19039	九龙低涡源地生消	6/6	降水区域有川西高原中、东、南部，攀西地区东部，四川省盆地地区西南部和云南北部个别地区，降水日数为1天	四川甘洛 30.0mm（1天）
40	D19040	九龙低涡东行	6/7～6/8	降水区域有川西高原南部，攀西地区东、北部，四川省盆地地区西南、南部，重庆西南、中、南部，贵州大部和云南北部地区，降水日数为1～2天	贵州贵定 76.0mm（1天）
41	D19041	九龙低涡源地生消	6/9～6/10	降水区域有川西高原南部，攀西地区东部，贵州西部、云南东、西部地区和广西西北部个别地区，降水日数为1～2天。其中贵州和广西有成片降水量大于50mm的区域，降水中心位于贵州安龙，降水量为84.6mm	贵州安龙 84.6mm（2天）
42	D19042	盆地低涡源地生消	6/9～6/10	降水区域有四川省盆地地区西南、东、南部，重庆大部，湖北西南部，湖南西部和贵州东、北部地区，降水日数为1～2天	贵州正安 41.8mm（2天）
43	D19043	盆地低涡东北行移出源地后转东南行	6/10～6/14	降水区域有四川省盆地地区大部，甘肃、陕西南部，重庆，湖北，河南中、南部， 安徽、江苏南部，上海，浙江，江西、湖南北部和贵州东北部地区，降水日数为1～4天。其中四川和重庆有成片降水量大于50mm的区域，有两个降水中心，分别位于四川南江和四川宣汉，降水量分别为93.0mm和77.5mm	四川南江 93.0mm（1天）
44	D19044	九龙低涡源地生消	6/25	降水区域有川西高原南部，攀西地区，四川省盆地地区西南、南部，贵州西部和云南东、北部地区，降水日数为1天。其中四川和云南有成片降水量大于50mm的区域，有两个降水中心，分别位于云南华坪和云南沾益，降水量分别为204.2mm和105.2mm	云南华坪 204.2m（1天）

2019年西南低涡对我国降水影响简表（续-5）

序号	编号	简述活动的情况	西南低涡对我国降水的影响		
			时间（月/日）	概况	极值
45	D19045	九龙低涡东北行移出源地	6/27～6/28	降水区域有川西高原中、东、南部，攀西地区东部，四川省盆地地区，重庆西南、中、西北部，甘肃、陕西南部，湖北西部和云南、贵州北部地区，降水日数为1～2天。其中四川、重庆、陕西和湖北有成片降水量大于50mm的区域，有三个降水中心，分别位于四川甘洛、四川邻水和重庆开州，降水量分别为56.9mm、78.5mm和91.2mm	重庆开州 91.2mm（1天）
46	D19046	九龙低涡源地生消	6/29	降水区域有川西高原南部，攀西地区、四川省盆地地区西南部，贵州西部，广西西北部和云南东、北部地区，降水日数为1天。其中云南、贵州和广西有成片降水量大于50mm的区域，有两个降水中心，分别位于云南富源和贵州册亨，降水量分别为129.6mm和140.1mm	贵州册亨 140.1mm（1天）
47	D19047	盆地低涡西南行	6/29～6/30	降水区域有四川省盆地地区东北、中、南部，重庆，湖北西、南部，湖南西、北部和贵州中、东北部地区，降水日数为1～2天	湖南沅陵 29.4mm（1天）
48	D19048	九龙低涡东北行转东南行	7/6～7/8	降水区域有川西高原西、中、南部，攀西地区，四川省盆地地区西南部和云南西北部地区，降水日数为1～3天	四川宝兴 47.9mm（2天）
49	D19049	盆地低涡东北行移出源地后转东行转西北行再转东北行	7/8～7/15	降水区域有四川省盆地地区大部，甘肃、陕西、河南、辽宁南部，重庆西南、中、东北部，湖北，山东东、南部，吉林东、南部，黑龙江东部，江苏，上海，安徽和浙江、江西、湖南北部地区，降水日数为1～3天。其中江西和浙江有成片降水量大于50mm的区域，存在两个降水中心，分别位于浙江海盐和江西弋阳，降水量分别为79.3mm和75.9mm	湖南冷水江 104.4mm（2天）
50	D19050	九龙低涡东北行移出源地后继续东北行	7/11～7/13	降水区域有四川大部，重庆，陕西南部，河南、江苏中、南部，上海，安徽，湖北，浙江、江西、湖南、云南北部和贵州中、北部地区，降水日数为1～2天。其中四川、贵州、湖北、湖南、江西、安徽、江苏、上海和浙江有成片降水量大于50mm的区域，存在四个降水中心，分别位于四川龙泉、贵州仁怀、湖北通城和安徽绩溪，降水量分别为73.2mm、77.5mm、82.1mm和124.4mm	安徽绩溪 124.4mm（2天）

2019年西南低涡对我国降水影响简表（续-6）

序号	编号	简述活动的情况	西南低涡对我国降水的影响		
			时间（月/日）	概况	极值
51	D19051	盆地低涡源地附近活动后转西南行后移出源地后转西北行	7/18～7/21	降水区域有川西高原南部，攀西地区，四川省盆地地区，重庆，甘肃、陕西南部，湖北西部，湖南西北部个别地区，贵州西、中、北部和云南地区，降水日数为1～3天。其中四川、重庆、陕西和云南有成片降水量大于50mm的区域，主要存在四个降水中心，分别位于四川苍溪、四川乐山、重庆武隆和云南牟定，降水量分别为126.8mm、107.3mm、111.6mm和73.4mm	四川苍溪 126.8mm（2天）
52	D19052	九龙低涡西南行	7/22～7/23	降水区域有川西高原中、东、南部，攀西地区，四川省盆地地区，重庆西北部，贵州西部和云南大部地区，降水日数为1～2天。其中四川和云南有成片降水量大于50mm的区域，存在两个降水中心，分别位于四川宜宾和四川丹棱，降水量分别为157.5mm和134.1mm	四川宜宾 157.5mm（2天）
53	D19053	九龙低涡源地生消	7/30	降水区域有川西高原南部，攀西地区，四川省盆地地区西南部，贵州西、北部和云南北部地区，降水日数为1天	云南威信 82.0mm（1天）
54	D19054	盆地低涡源地附近活动后转南行	7/30～8/1	降水区域有四川省盆地地区大部，重庆，陕西南部，湖北西部和贵州北部地区，降水日数为1～2天。其中四川和重庆有成片降水量大于50mm的区域，其中四川巴中为降水中心，降水量为113.5mm	四川巴中 113.5mm（2天）
55	D19055	盆地低涡东行转西南行	8/7～8/8	降水区域有四川省盆地地区大部，重庆，陕西南部，湖北中、西部，湖南西、北部，贵州，广西北部地区，降水日数为1～2天。其中贵州、重庆和湖北有成片降水量大于50mm的区域，存在三个降水中心，分别位于四川大竹、贵州德江和贵州榕江，降水量分别为100.5mm、118.9mm和112.1mm	贵州德江 118.9mm（2天）
56	D19056	九龙低涡源地生消	8/18	降水区域有攀西地区东部和四川省盆地地区西南部地区，降水日数为1天	四川峨眉山 1.9mm（1天）
57	D19057	九龙低涡源地生消	8/22	降水区域有川西高原中、东、南部，攀西地区，四川省盆地地区西南、南部，贵州西北部和云南北部地区，降水日数为1天。其中四川有成片降水量大于50mm的区域，四川洪雅为降水中心，降水量为126.9mm	四川洪雅 126.9mm（1天）

2019年西南低涡对我国降水影响简表（续-7）

序号	编号	简述活动的情况	西南低涡对我国降水的影响		
			时间（月/日）	概况	极值
58	D19058	盆地低涡北行转南行移出源地后转西南行转西北行	9/8～9/11	降水区域有川西高原南部，攀西地区，四川省盆地地区，重庆，陕西南部，湖北、湖南西部，贵州，广西西、中、北部和云南地区，降水日数为1～4天。其中四川、重庆、贵州、广西和云南有成片降水量大于50mm的区域，存在四个降水中心，分别位于广西凤山、云南罗平、贵州贞丰和贵州习水，降水量分别为121.3mm、137.5mm、188.9mm和207.1mm	贵州习水 207.1mm（3天）
59	D19059	盆地低涡东北行移出源地	9/13～9/14	降水区域有川西高原东部，四川省盆地地区，重庆西北、东北部，甘肃、山西南部，陕西中、南部，河南西部，湖北西北部和云南东北部地区，降水日数为1～2天。其中四川、甘肃和陕西有成片降水量大于50mm的区域，降水中心位于四川德阳，降水量为185.8mm	四川德阳 185.8mm（2天）
60	D19060	盆地低涡西行转东北行移出源地	9/16～9/17	降水区域有川西高原东部，四川省盆地地区大部，甘肃、宁夏、山西南部，陕西中、南部，河南、湖北西部，重庆和贵州东北部地区，降水日数为1～2天。其中重庆和陕西有成片降水量大于50mm的区域，降水中心位于重庆城口，降水量为65.0mm	贵州凤冈 92.2mm（1天）
61	D19061	盆地低涡源地附近活动	10/3～10/5	降水区域有四川省盆地地区，甘肃、陕西南部，重庆大部，湖北西部和贵州北部地区，降水日数为1～3天。其中四川、重庆和陕西有成片降水量大于50mm的区域，四川通江为降水中心，降水量为223.6mm	四川通江 223.6mm（3天）
62	D19062	盆地低涡西行转东行移出源地	10/10～10/12	降水区域有四川省盆地东北、中、南部，重庆，陕西南部，河南西部，湖北中、西部和湖南、贵州北部地区，降水日数为1～3天	重庆黔江 21.6mm（3天）
63	D19063	九龙低涡东南行转西南行转东北行	10/11～10/13	降水区域有川西高原南部，攀西地区，四川省盆地地区西南、南部，贵州西部和云南东、北部地区，降水日数为1～3天	云南宣威 77.5mm（2天）
64	D19064	盆地低涡东南行	10/24～10/25	降水区域有川西高原东部，四川省盆地地区北、中、西南部，甘肃、陕西南部，重庆，湖北西南部，湖南西北部和贵州东北部地区，降水日数为1～2天	四川蒲江 38.5mm（1天）

2019年西南低涡对我国降水影响简表（续-8）

序号	编号	简述活动的情况	西南低涡对我国降水的影响		
			时间（月/日）	概况	极值
65	D19065	九龙低涡源地生消	11/1～11/2	降水区域有川西高原南部，攀西地区东、南部，四川省盆地地区西南、南部，贵州西北部个别地区和云南西、北部地区，降雨日数为1～2天	四川甘洛 16.6mm（2天）
66	D19066	九龙低涡西行	11/9～11/10	降水区域有川西高原东部，攀西地区大部，四川省盆地地区西南、南部和云南西、北部地区，降水日数为1～2天	四川江安 6.9mm（2天）
67	D19067	盆地低涡源地生消	11/12	降水区域有四川省盆地地区西北、东北、南部，甘肃、陕西南部，重庆西南、中、东北部，湖北西南部，贵州北部和云南东北部个别地区，降水日数为1天	贵州赤水 6.3mm（1天）
68	D19068	盆地低涡源地生消	11/17	降水区域有川西高原东部，四川省盆地地区大部，陕西南部，重庆大部，贵州北部和云南东北部地区，降水日数为1天	重庆开州 8.4mm（1天）
69	D19069	小金低涡西南行转东北行移出源地	11/23～11/25	降水区域有攀西地区东北部，四川省盆地地区，重庆，甘肃、陕西南部，湖北西部，湖南西北部、贵州北部和云南东北部地区，降水日数为1～3天	重庆忠县 42.7mm（2天）
70	D19070	盆地低涡源地生消	11/30	降水区域有川西高原东部，四川省盆地地区，重庆西南、中、东北部，甘肃、陕西南部，贵州北部和云南东北部地区，降水日数为1天	四川峨眉 9.7mm（1天）
71	D19071	九龙低涡源地生消	12/1～12/2	降水区域有川西高原东部个别地区和云南东、北部地区，降水日数为1天	云南宜良 1.2mm（1天）
72	D19072	九龙低涡源地生消	12/3	降水区域有云南中部和贵州西北部个别地区，降水日数为1天	云南武定 1.8mm（1天）
73	D19073	九龙低涡源地生消	12/4～12/5	降水区域有川西高原南部，攀西地区，贵州西部和云南大部地区，降水日数为1～2天	云南华坪 25.0mm（2天）
74	D19074	盆地低涡源地生消	12/30～12/31	降水区域有四川省盆地地区东北、南部，贵州北部个别地区和陕西西南部个别地区，降水日数为1天	贵州习水 1.5mm（1天）

2019年西南低涡编号、名称、日期对照表

未移出源地的九龙低涡			移出源地的九龙低涡
② D19002洪雅，Hongya	㊲ D19037盐边，Yanbian	(63) D19063木里，Muli	⑱ D19018康定，Kangding
1/11	5/30 ~ 5/31	10/11 ~ 10/13	3/20 ~ 3/21
⑪ D19011石棉，Shimian	㊴D19039九龙，Jiulong	(65) D19065九龙，Jiulong	㉕ D19025九龙，Jiulong
2/22	6/6	11/1	4/27 ~ 4/29
⑬D19013木里，Muli	㊵ D19040木里，Muli	(66) D19066木里，Muli	㉞ D19034盐源，Yanyuan
3/9 ~ 3/10	6/7 ~ 6/8	11/9 ~ 11/10	5/24 ~ 5/25
⑭ D19014米易，Miyi	㊶ D19041宁南，Ningnan	(71) D19071木里，Muli	㊺ D19045木里，Muli
3/15	6/9	12/1	6/27 ~ 6/28
⑰ D19017九龙，Jiulong	㊹D19044攀枝花，Panzhihua	(72) D19072康定，Kangding	㊿ D19050石棉，Shimian
3/17	6/25	12/3	7/11 ~ 7/12
⑳D19020木里，Muli	㊻D19046 宁南，Ningnan	(73) D19073 玉龙，Yulong	
3/22 ~ 3/23	6/29	12/4	
㉓ D19023木里，Muli	㊽ D19048九龙，Jiulong		
4/16	7/6 ~ 7/7		
㉗ D19027石棉，Shimian	(52) D19052峨眉山，Emeishan		
5/6	7/22		
㉘ D19028冕宁，Mianning	(53) D19053盐边，Yanbian		
5/7	7/30		
㉙ D19029洪雅，Hongya	(56)D19056雅江，Yajiang		
5/10	8/18		
㉟ D19035木里，Muli	(57) D19057木里，Muli		
5/26	8/22		

2019年西南低涡编号、名称、日期对照表（续-1）

未移出源地的小金低涡	移出源地的小金低涡
⑦D19007平武，Pingwu	⑨D19009北川，Beichuan
2/4	2/11～2/12
⑧D19008平武，Pingwu	⑩D19010松潘，Songpan
2/8	2/19～2/22
	㊳D19038汶川，Wenchuan
	6/4～6/6
	㊾D19069北川，Beichuan
	11/23～11/24

2019年西南低涡编号、名称、日期对照表（续-2）

未移出源地的四川盆地低涡			移出源地的四川盆地低涡
① D19001南部，Nanbu	㉜ D19032阆中，Langzhong	⑦⓪ D19070通江，Tongjiang	⑫ D19012江油，Jiangyou
1/1	5/18	11/30	3/1～3/3
③ D19003盐亭，Yanting	㉝ D19033武胜，Wusheng	⑦④ D19074安居，Anju	⑯ D19016荣县，Rongxian
1/13～1/14	5/19～5/20	12/30	3/16～3/18
④ D19004蓬溪，Pengxi	㊱ D19036剑阁，Jian'ge		㉑ D19021三台，Santai
1/15	5/28		3/25～3/28
⑤ D19005盐亭，Yanting	㊷ D19042武隆，Wulong		㉚ D19030长寿，Changshou
1/19～1/20	6/9		5/12～5/13
⑥ D19006梁平，Liangping	㊼ D19047彭水，Pengshui		㊸ D19043安岳，Anyue
2/3	6/29～6/30		6/10～6/14
⑮ D19015武隆，Wulong	⑤④ D19054通江，Tongjiang		㊾ D19049嘉陵，Jialing
3/16	7/30～7/31		7/8～7/14
⑲ D19019平昌，Pingchang	⑤⑤ D19055北碚，Beibei		⑤① D19051岳池，Yuechi
3/22	8/7～8/8		7/18～7/21
㉒ D19022仪陇，Yilong	⑥① D19061剑阁，Jian'ge		⑤⑧ D19058纳溪，Naxi
4/3	10/3～10/4		9/8～9/11
㉔ D19024通江，Tongjiang	⑥④ D19064北川，Beichuan		⑤⑨ D19059乐至，Lezhi
4/20～4/21	10/24～10/25		9/13～9/14
㉖ D19026铜梁，Tongliang	⑥⑦ D19067苍溪，Cangxi		⑥⓪ D19060巴州，Bazhou
5/5	11/12		9/16～9/17
㉛ D19031忠县，Zhongxian	⑥⑧ D19068三台，Santai		⑥② D19062万源，Wanyuan
5/15	11/17		10/10～10/11

西南低涡降水及移动路径资料

西南低涡全年路径图

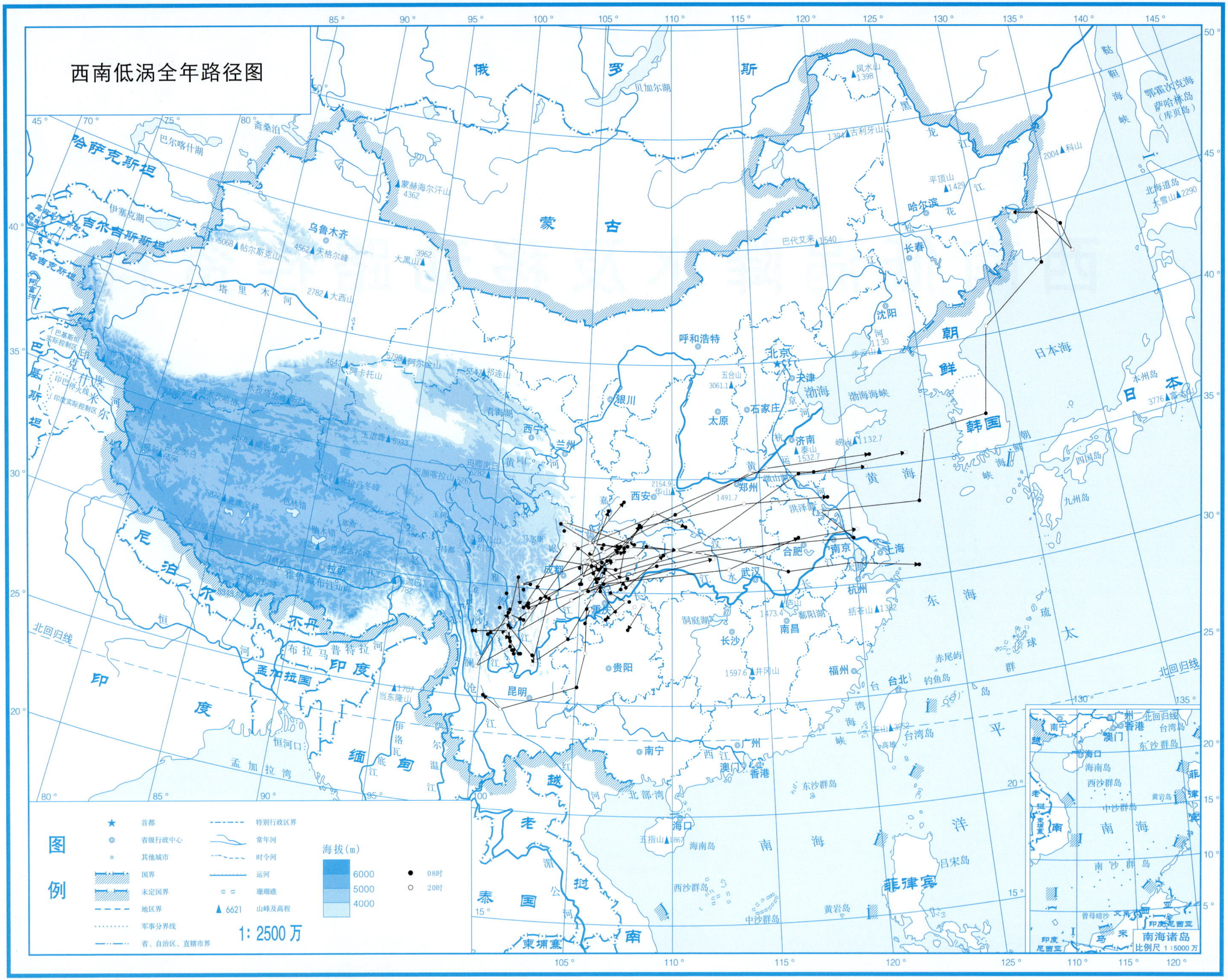

图例

符号	说明	符号	说明
★	首都		特别行政区界
◎	省级行政中心		常年河
○	其他城市		时令河
	国界		运河
	未定国界		珊瑚礁
	地区界	▲ 6621	山峰及高程
	军事分界线		
	省、自治区、直辖市界		

海拔(m)：6000、5000、4000

● 08时
○ 20时

1∶2500万

南海诸岛
比例尺 1∶5000万

九龙低涡全年路径图

D19002	D19029	D19053
D19011	D19035	D19056
D19013	D19037	D19057
D19014	D19039	D19063
D19017	D19040	D19065
D19020	D19041	D19066
D19023	D19044	D19071
D19027	D19046	D19072
D19028	D19048	D19073

D19025
D19050
D19045
D19018
D19034
D19052

图例

★ 首都
◎ 省级行政中心
○ 其他城市
国界
未定国界
地区界
军事分界线
省、自治区、直辖市界
特别行政区界
常年河
时令河
运河
珊瑚礁
▲6621 山峰及高程

海拔(m)
6000
5000
4000

● 08时
○ 20时

1：2500万

南海诸岛
比例尺 1：5000万

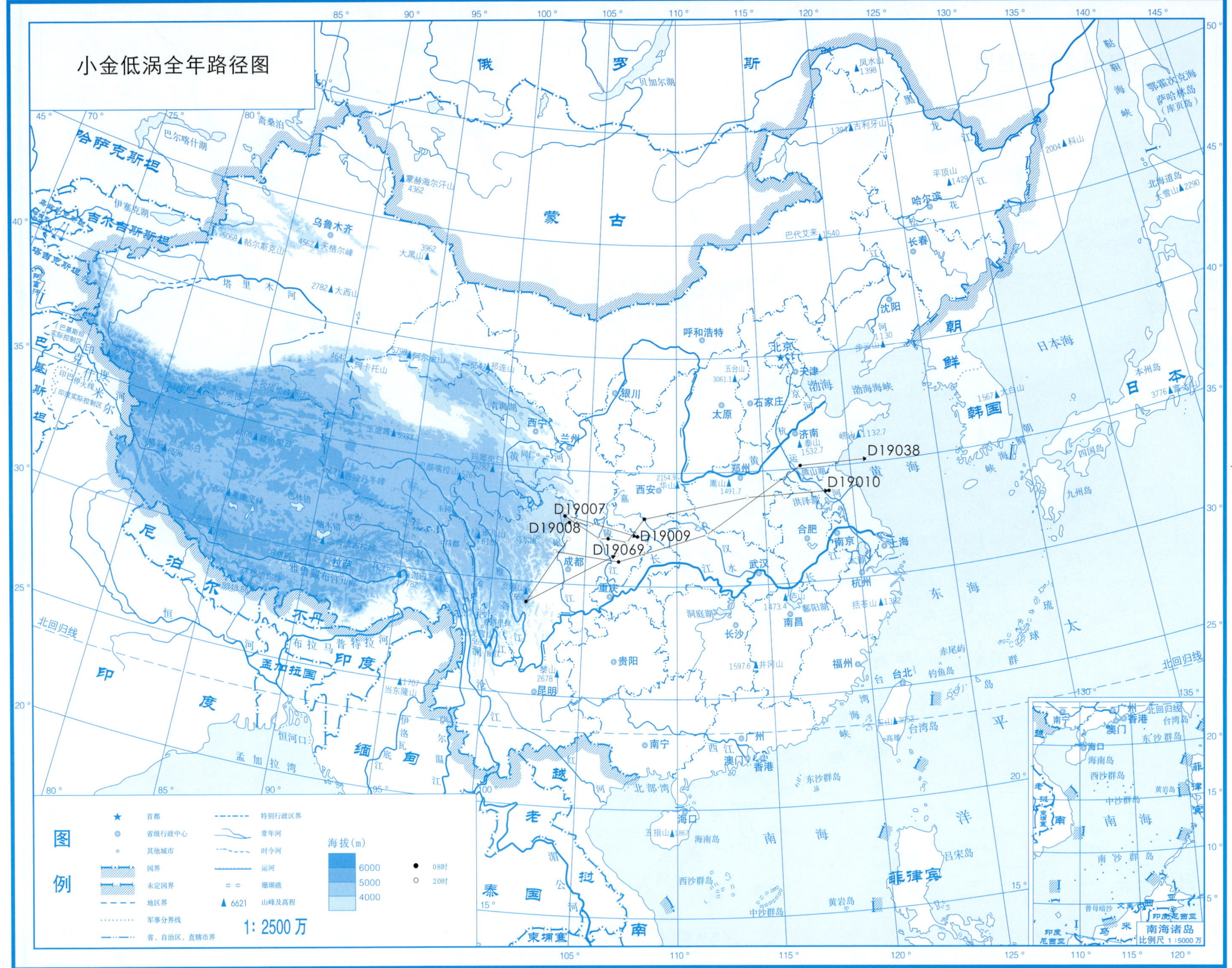

小金低涡全年路径图
D19038
D19010
D19007
D19008
D19009
D19069
图例
首都
省级行政中心
其他城市
国界
未定国界
地区界
军事分界线
省、自治区、直辖市界
特别行政区界
常年河
时令河
运河
珊瑚礁
6621 山峰及高程
海拔(m)
6000
5000
4000
08时
20时
1: 2500万
南海诸岛
比例尺 1:5000万

四川盆地低涡全年路径图

D19001	D19024	D19055
D19003	D19026	D19061
D19004	D19031	D19062
D19005	D19032	D19064
D19006	D19033	D19067
D19015	D19036	D19068
D19019	D19042	D19070
D19022	D19054	D19074

D19049
D19012
D19060
D19059
D19021
D19016
D19030
D19043
D19051
D19047
D19058

图例

★ 首都
◎ 省级行政中心
○ 其他城市
国界
未定国界
地区界
军事分界线
省、自治区、直辖市界
特别行政区界
常年河
时令河
运河
珊瑚礁
▲ 6621 山峰及高程

海拔(m)
6000
5000
4000

● 08时
○ 20时

1:2500万

南海诸岛
比例尺 1:5000万

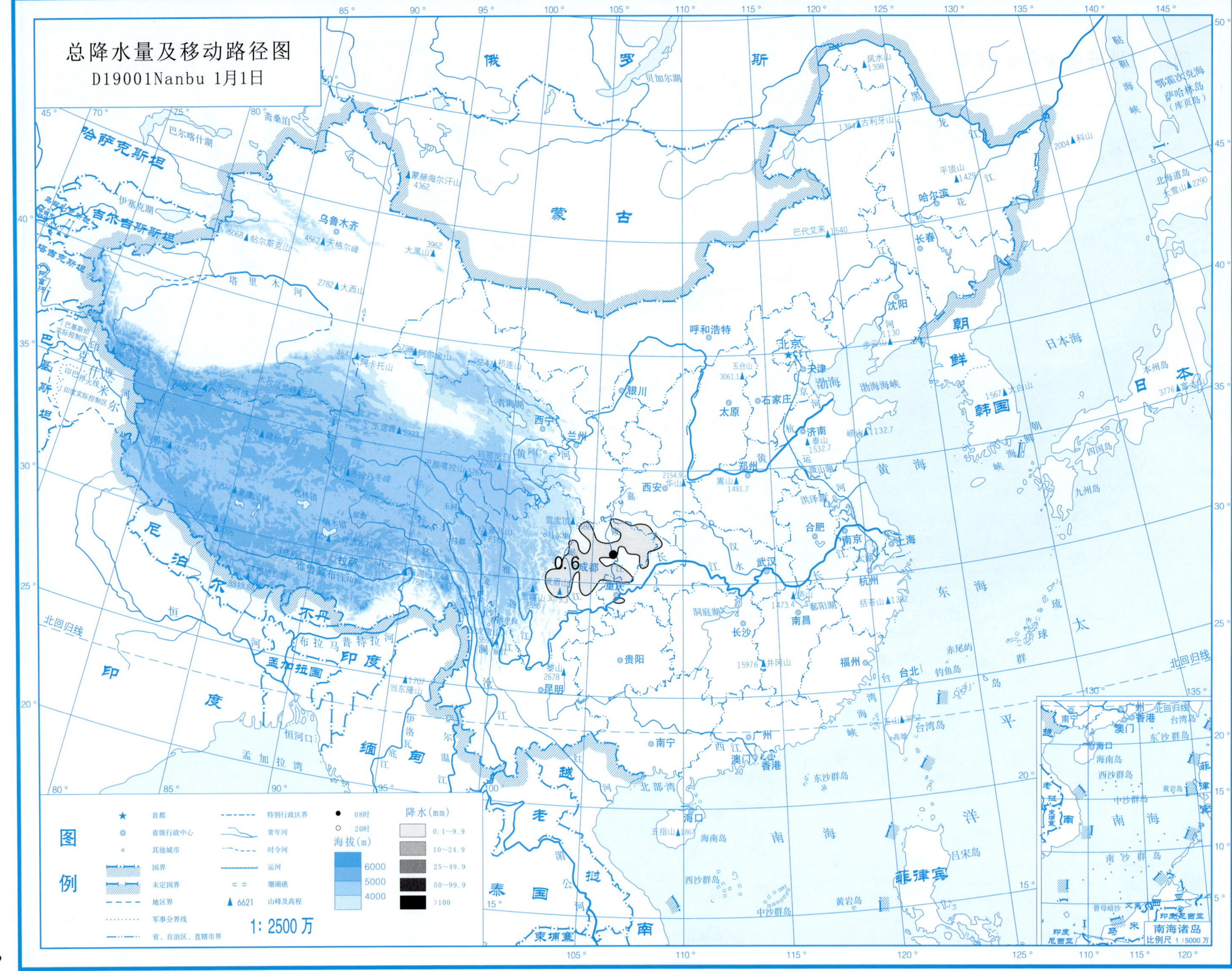
总降水量及移动路径图
D19001Nanbu 1月1日
0.6
图例
首都
省级行政中心
其他城市
国界
未定国界
地区界
军事分界线
省、自治区、直辖市界
特别行政区界
常年河
时令河
运河
珊瑚礁
6621 山峰及高程
08时
20时
海拔(m)
6000
5000
4000
降水(mm)
0.1~9.9
10~24.9
25~49.9
50~99.9
>100
1: 2500万
南海诸岛
比例尺 1:5000万

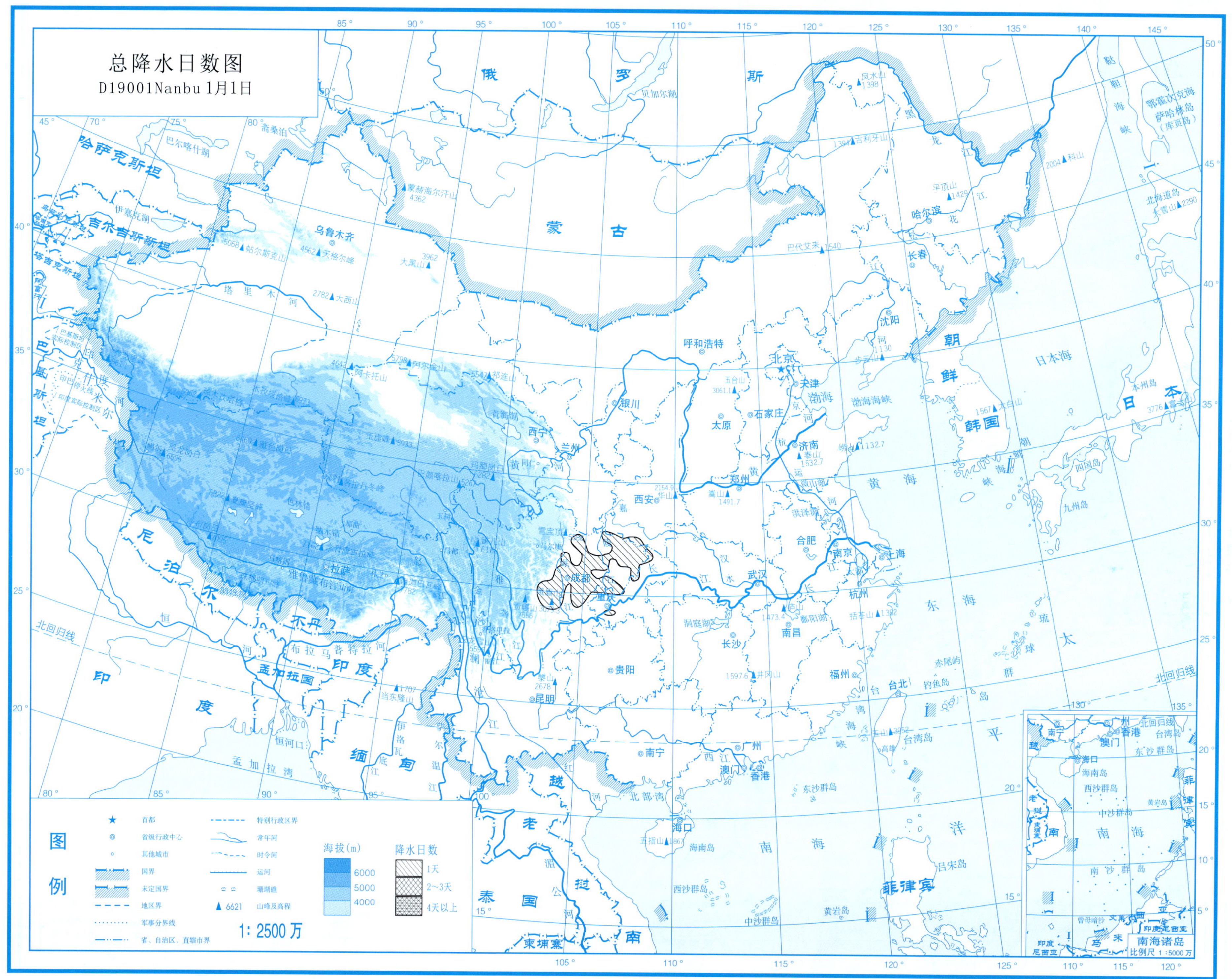
总降水日数图
D19001Nanbu 1月1日
图例
首都
省级行政中心
其他城市
国界
未定国界
地区界
军事分界线
省、自治区、直辖市界
特别行政区界
常年河
时令河
运河
珊瑚礁
山峰及高程
海拔(m)
6000
5000
4000
降水日数
1天
2~3天
4天以上
1: 2500 万
南海诸岛
比例尺 1:5000 万

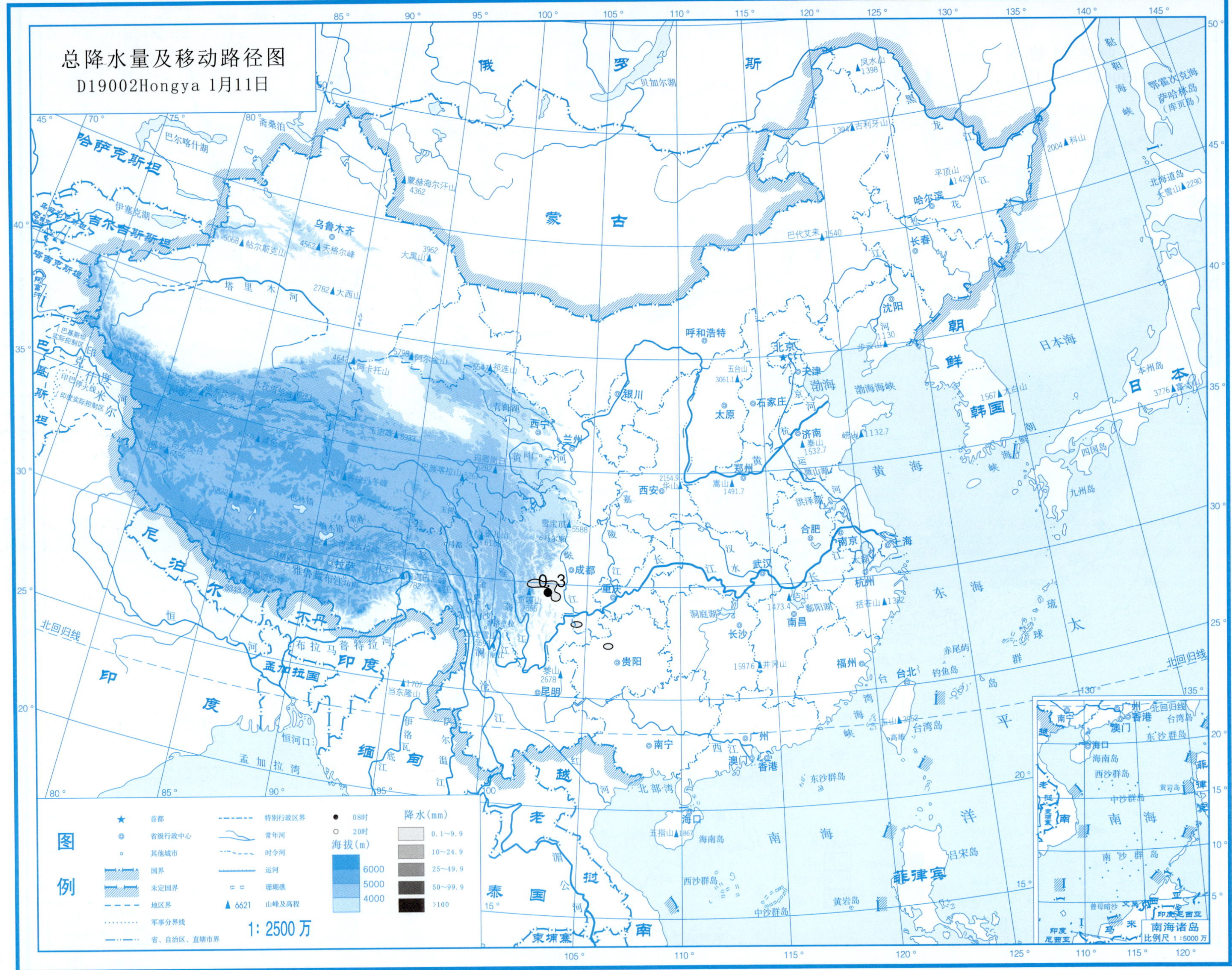

总降水量及移动路径图
D19002Hongya 1月11日
图例
首都
省级行政中心
其他城市
国界
未定国界
地区界
军事分界线
省、自治区、直辖市界
特别行政区界
常年河
时令河
运河
珊瑚礁
6621 山峰及高程
08时
20时
海拔(m)
6000
5000
4000
降水(mm)
0.1~9.9
10~24.9
25~49.9
50~99.9
>100
1: 2500 万
南海诸岛
比例尺 1:5000 万

总降水日数图

D19002Hongya 1月11日

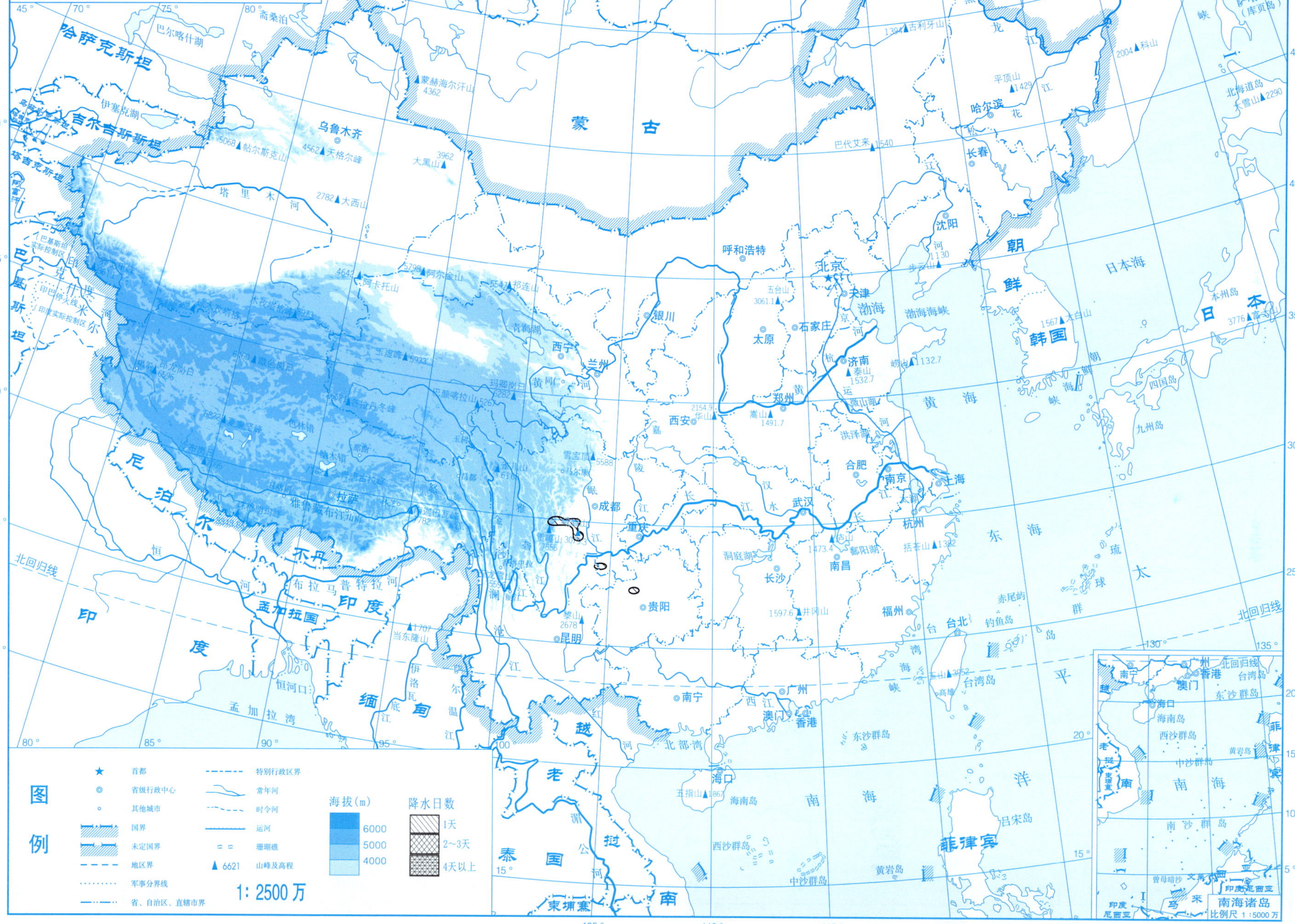

图例

★ 首都
◎ 省级行政中心
◦ 其他城市
国界
未定国界
地区界
军事分界线
省、自治区、直辖市界
特别行政区界
常年河
时令河
运河
珊瑚礁
▲6621 山峰及高程

海拔(m)
6000
5000
4000

降水日数
1天
2~3天
4天以上

1: 2500 万

南海诸岛
比例尺 1:5000 万

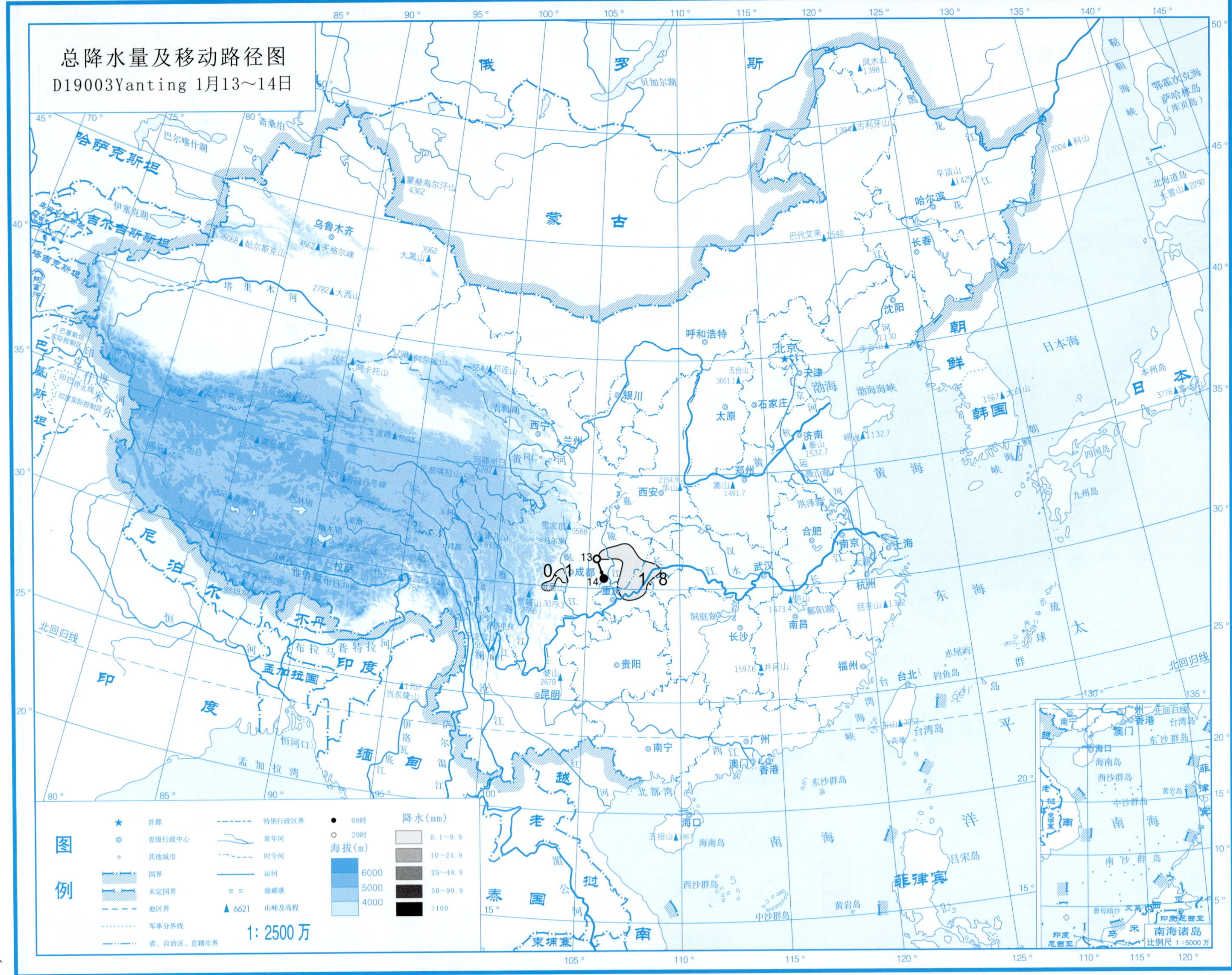
总降水量及移动路径图
D19003Yanting 1月13～14日
图例
首都
省级行政中心
其他城市
国界
未定国界
地区界
军事分界线
省、自治区、直辖市界
特别行政区界
常年河
时令河
运河
珊瑚礁
6621 山峰及高程
08时
20时
海拔(m)
6000
5000
4000
降水(mm)
0.1~9.9
10~24.9
25~49.9
50~99.9
>100
1: 2500 万
南海诸岛
比例尺 1 : 5000 万

总降水日数图

D19003Yanting 1月13～14日

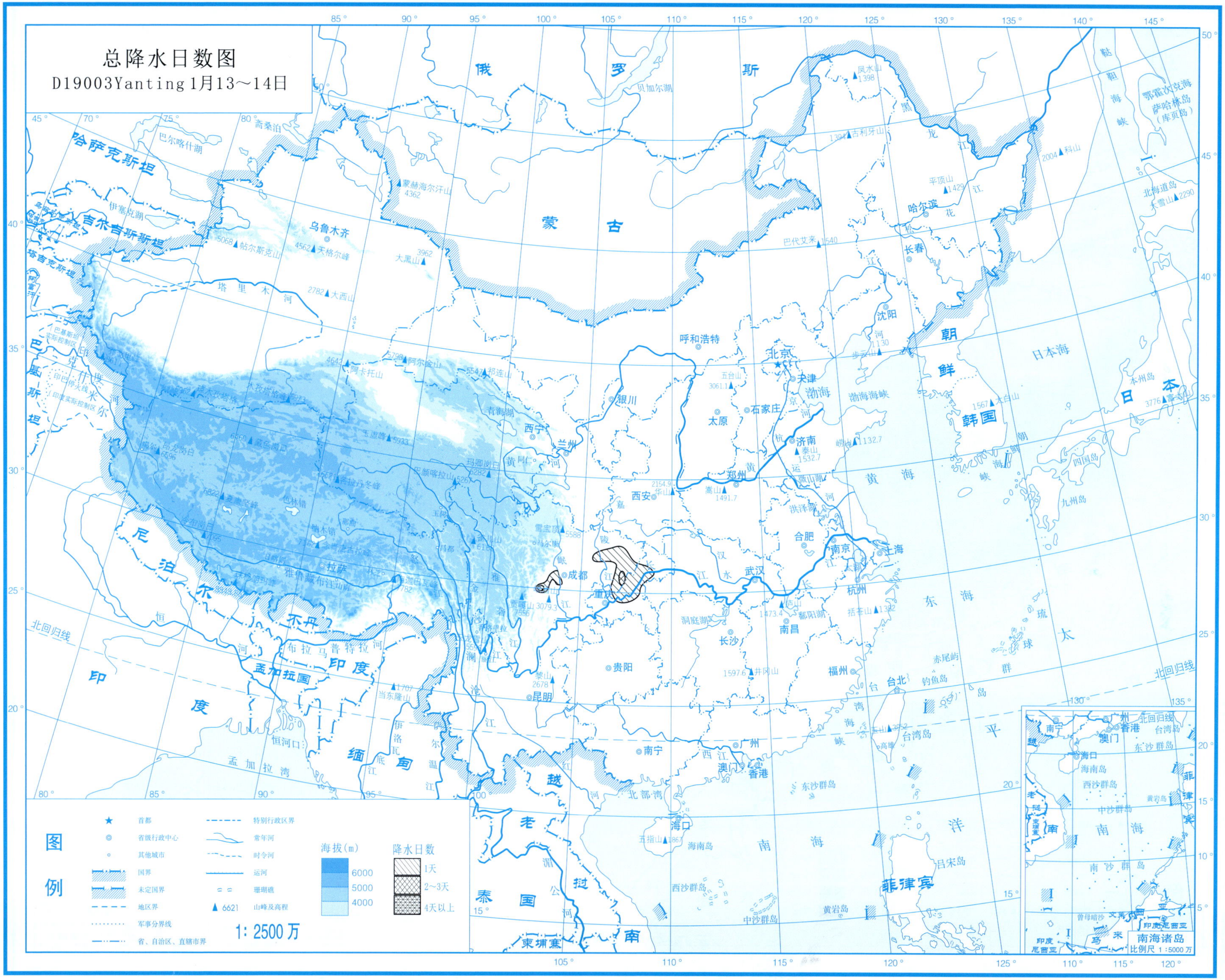

图例

符号	说明	符号	说明
★	首都		特别行政区界
◎	省级行政中心		常年河
∘	其他城市		时令河
	国界		运河
	未定国界		珊瑚礁
	地区界	▲ 6621	山峰及高程
	军事分界线		
	省、自治区、直辖市界		

海拔（m）

6000

5000

4000

降水日数

1天

2～3天

4天以上

1: 2500 万

南海诸岛

比例尺 1:5000万

总降水量及移动路径图

D19004Pengxi 1月15日

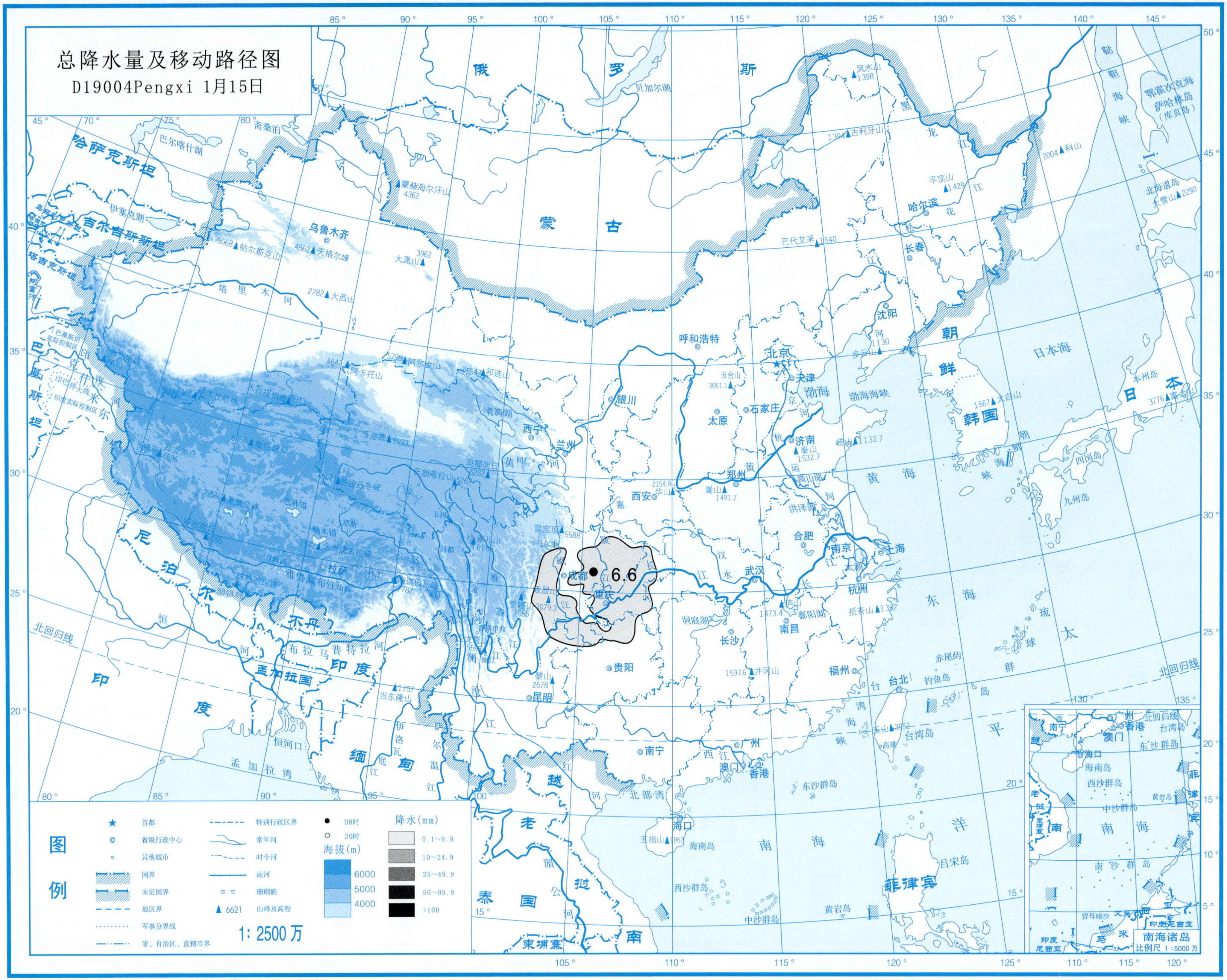

6.6

图例

符号	说明	符号	说明
★	首都		特别行政区界
◎	省级行政中心		常年河
○	其他城市		时令河
	国界		运河
	未定国界		珊瑚礁
	地区界	▲ 6621	山峰及高程
	军事分界线		
	省、自治区、直辖市界		

● 08时

○ 20时

海拔(m)

6000

5000

4000

降水(mm)

0.1~9.9

10~24.9

25~49.9

50~99.9

>100

1: 2500万

南海诸岛

比例尺 1:5000万

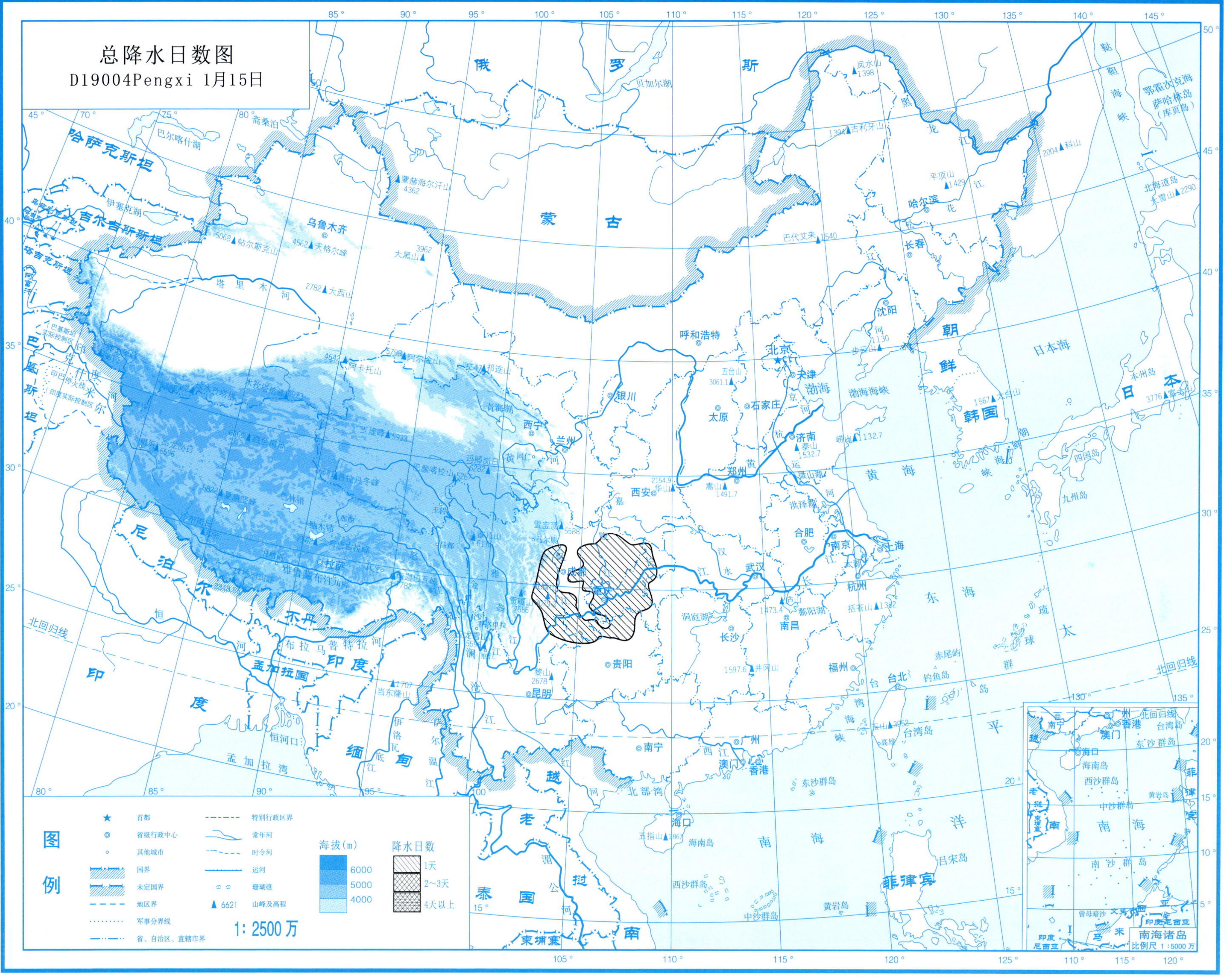

总降水日数图
D19004Pengxi 1月15日
图例
首都
省级行政中心
其他城市
国界
未定国界
地区界
军事分界线
省、自治区、直辖市界
特别行政区界
常年河
时令河
运河
珊瑚礁
6621 山峰及高程
1: 2500 万
海拔(m)
6000
5000
4000
降水日数
1天
2~3天
4天以上
俄
罗
斯
蒙
古
哈萨克斯坦
吉尔吉斯斯坦
塔吉克斯坦
阿富汗
巴基斯坦
尼泊尔
不丹
孟加拉国
印度
缅甸
老挝
越南
泰国
柬埔寨
朝鲜
韩国
日本
菲律宾
北京
天津
石家庄
太原
呼和浩特
沈阳
长春
哈尔滨
济南
郑州
西安
银川
兰州
西宁
乌鲁木齐
拉萨
成都
重庆
贵阳
昆明
南宁
广州
香港
澳门
海口
长沙
武汉
南昌
合肥
南京
上海
杭州
福州
台北
渤海
黄海
东海
南海
日本海
太平洋
北回归线
南海诸岛
比例尺 1:5000 万

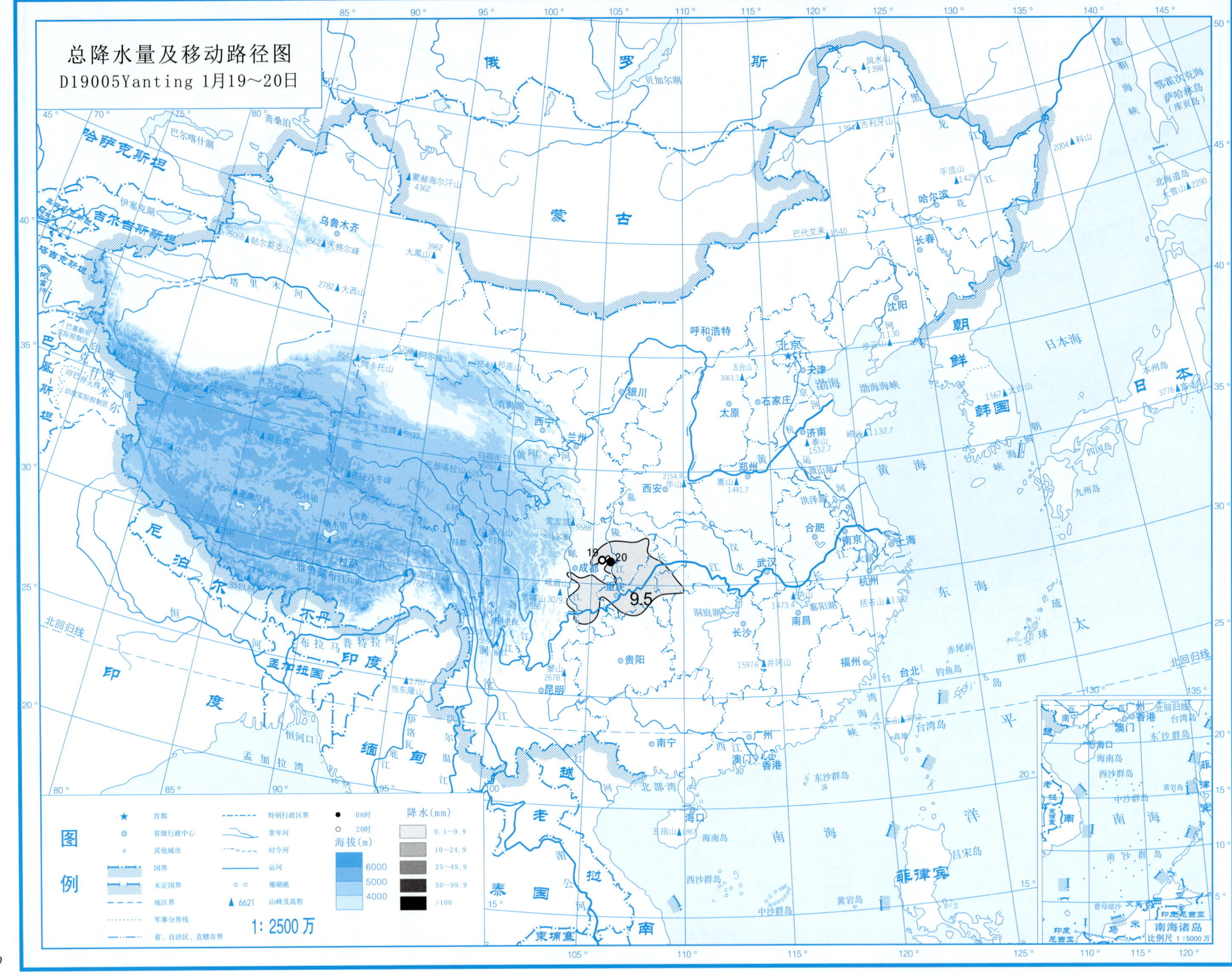

总降水量及移动路径图
D19005Yanting 1月19~20日
19
20
9.5
俄 罗 斯
蒙 古
哈萨克斯坦
吉尔吉斯斯坦
塔吉克斯坦
尼泊尔
不丹
印度
孟加拉国
缅甸
老挝
越南
泰国
柬埔寨
菲律宾
朝鲜
韩国
日本
北京
天津
石家庄
太原
呼和浩特
沈阳
长春
哈尔滨
济南
郑州
西安
银川
兰州
西宁
乌鲁木齐
拉萨
成都
重庆
贵阳
昆明
南宁
广州
澳门
香港
海口
长沙
武汉
南昌
合肥
南京
上海
杭州
福州
台北
渤海
黄海
东海
南海
日本海
太平洋
孟加拉湾
北部湾
北回归线
图例
首都
省级行政中心
其他城市
国界
未定国界
地区界
军事分界线
省、自治区、直辖市界
特别行政区界
常年河
时令河
运河
珊瑚礁
6621 山峰及高程
08时
20时
海拔(m)
6000
5000
4000
降水(mm)
0.1~9.9
10~24.9
25~49.9
50~99.9
>100
1: 2500万
南海诸岛
比例尺 1:5000万

总降水日数图

D19005Yanting 1月19～20日

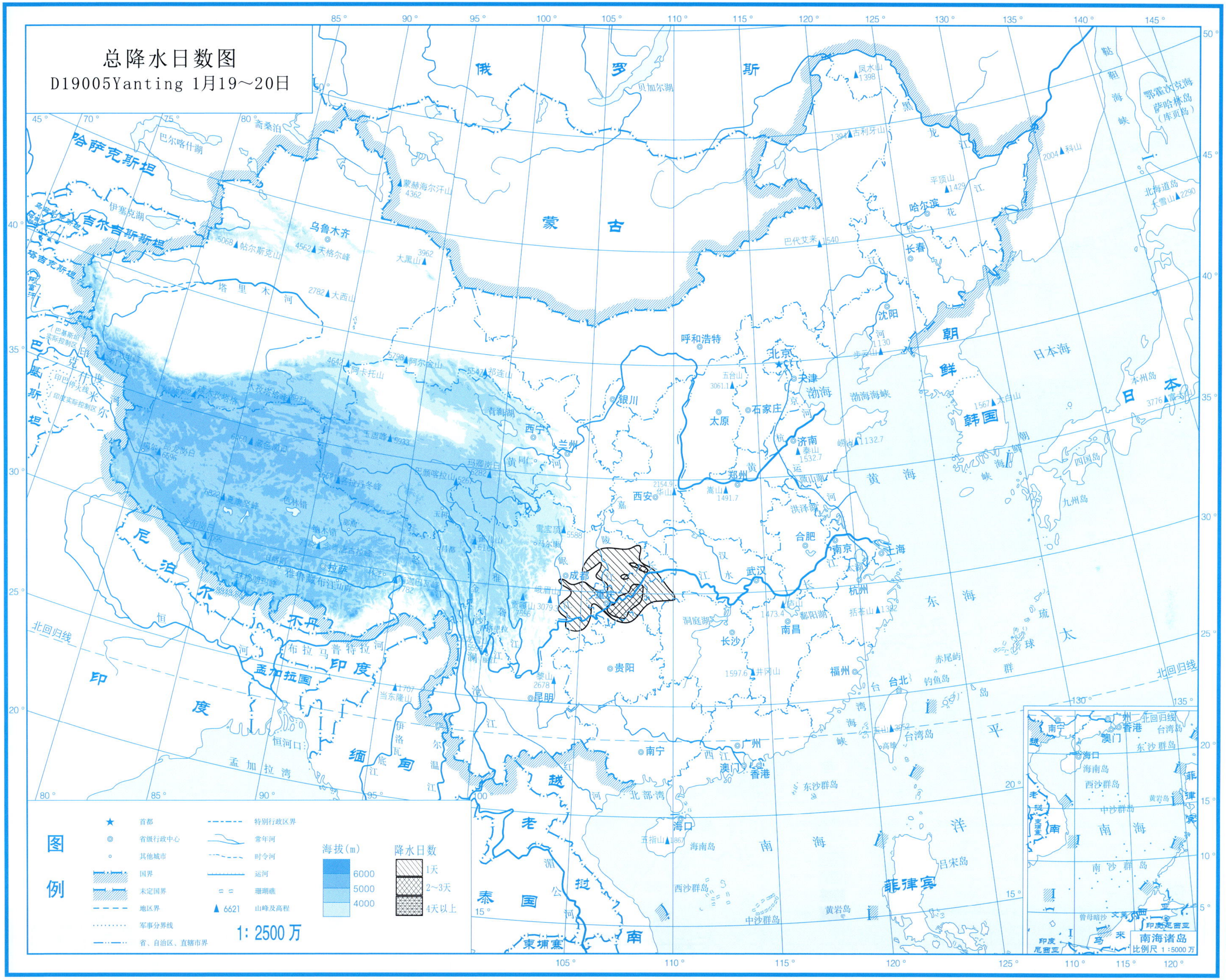

图例

符号	含义
★	首都
◎	省级行政中心
◦	其他城市
	国界
	未定国界
	地区界
	军事分界线
	省、自治区、直辖市界
	特别行政区界
	常年河
	时令河
	运河
	珊瑚礁
▲ 6621	山峰及高程

海拔(m)：6000、5000、4000

降水日数：1天、2～3天、4天以上

1: 2500 万

南海诸岛 比例尺 1 : 5000 万

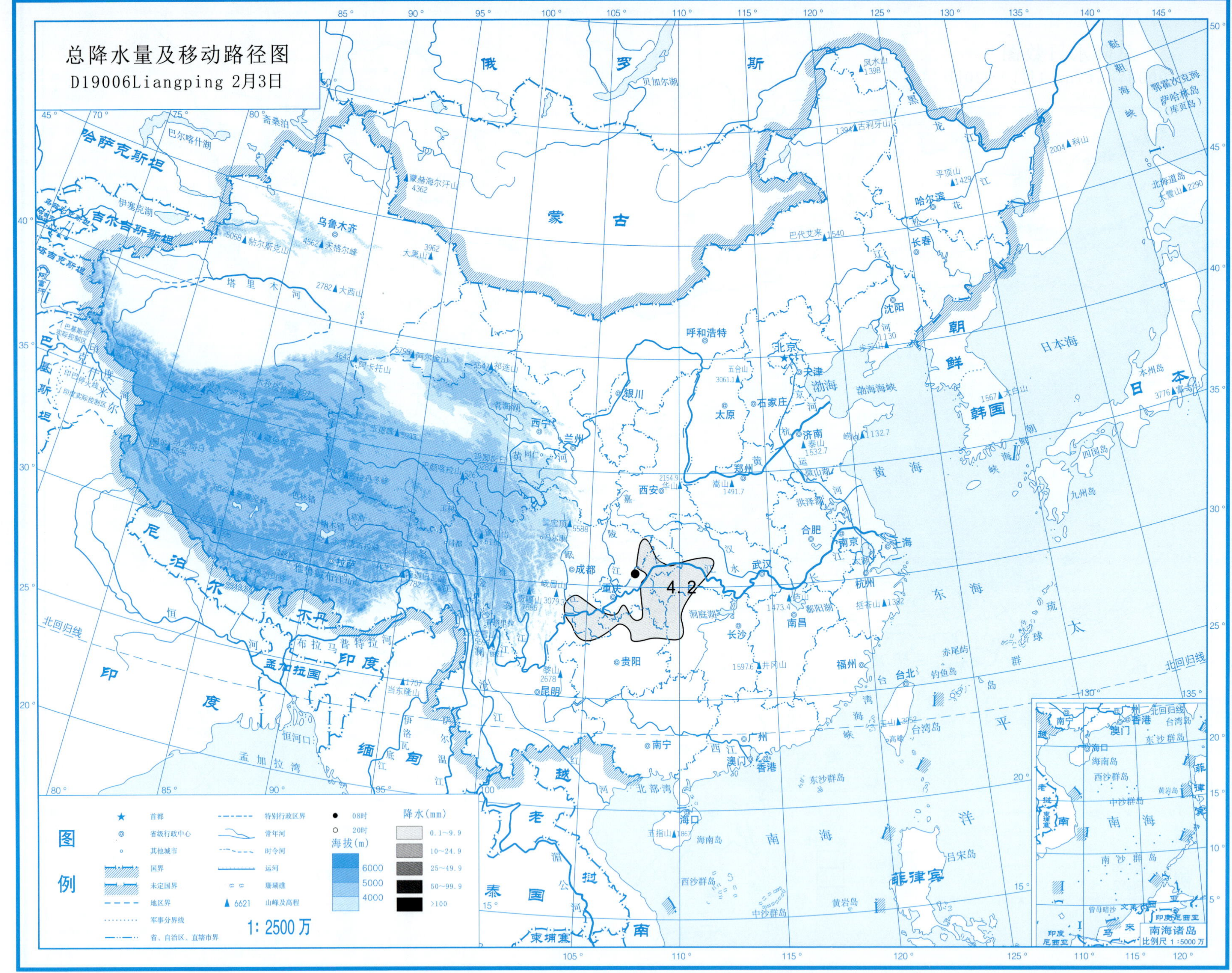
总降水量及移动路径图
D19006Liangping 2月3日
4.2
图例
首都
省级行政中心
其他城市
国界
未定国界
地区界
军事分界线
省、自治区、直辖市界
特别行政区界
常年河
时令河
运河
珊瑚礁
6621 山峰及高程
08时
20时
海拔(m)
6000
5000
4000
降水(mm)
0.1～9.9
10～24.9
25～49.9
50～99.9
>100
1: 2500 万
南海诸岛
比例尺 1:5000 万

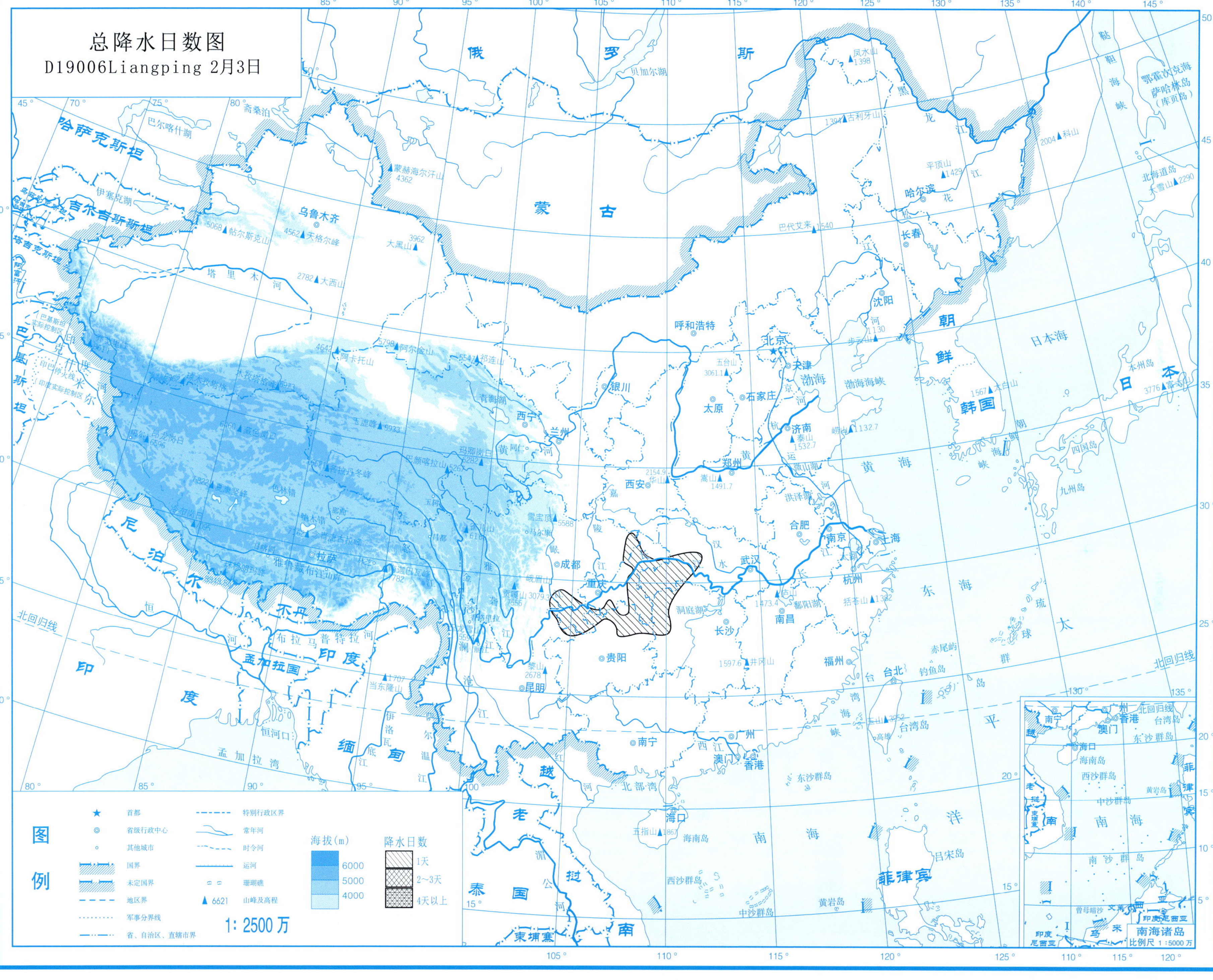

总降水日数图
D19006Liangping 2月3日
图例
首都
省级行政中心
其他城市
国界
未定国界
地区界
军事分界线
省、自治区、直辖市界
特别行政区界
常年河
时令河
运河
珊瑚礁
6621 山峰及高程
海拔(m)
6000
5000
4000
降水日数
1天
2~3天
4天以上
1: 2500 万
南海诸岛
比例尺 1 : 5000 万
俄罗斯
蒙古
哈萨克斯坦
吉尔吉斯斯坦
塔吉克斯坦
巴基斯坦
尼泊尔
不丹
印度
孟加拉国
缅甸
老挝
泰国
柬埔寨
越南
菲律宾
朝鲜
韩国
日本
北京
天津
石家庄
太原
呼和浩特
沈阳
长春
哈尔滨
济南
郑州
西安
银川
兰州
西宁
乌鲁木齐
拉萨
成都
重庆
贵阳
昆明
南宁
广州
香港
澳门
海口
长沙
武汉
南昌
合肥
南京
上海
杭州
福州
台北
渤海
黄海
东海
南海
日本海
太平洋
北回归线

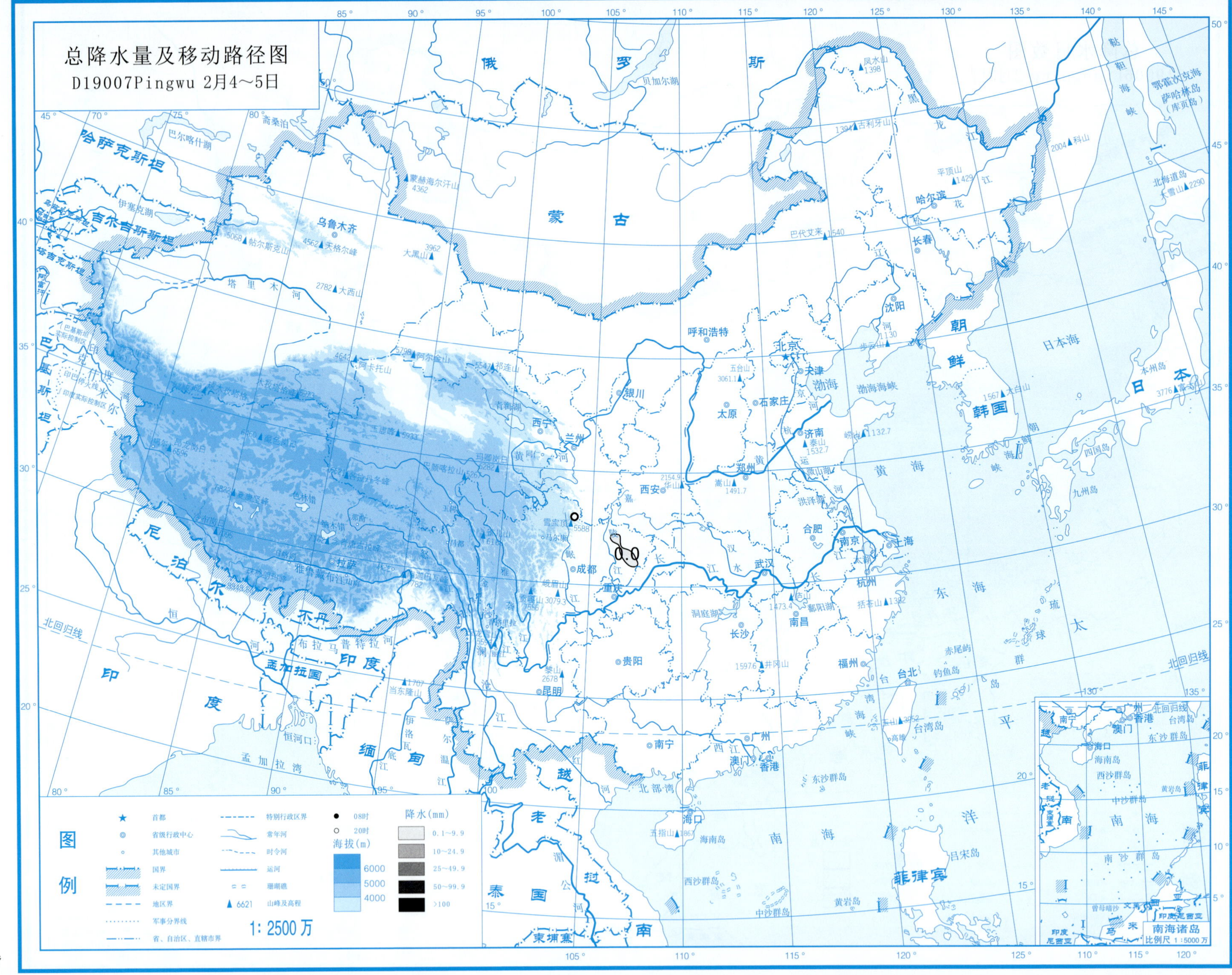
总降水量及移动路径图
D19007Pingwu 2月4～5日
图例
首都
省级行政中心
其他城市
国界
未定国界
地区界
军事分界线
省、自治区、直辖市界
特别行政区界
常年河
时令河
运河
珊瑚礁
6621 山峰及高程
08时
20时
海拔(m)
6000
5000
4000
降水(mm)
0.1～9.9
10～24.9
25～49.9
50～99.9
>100
1: 2500 万
南海诸岛
比例尺 1:5000 万

总降水日数图

D19007Pingwu 2月4～5日

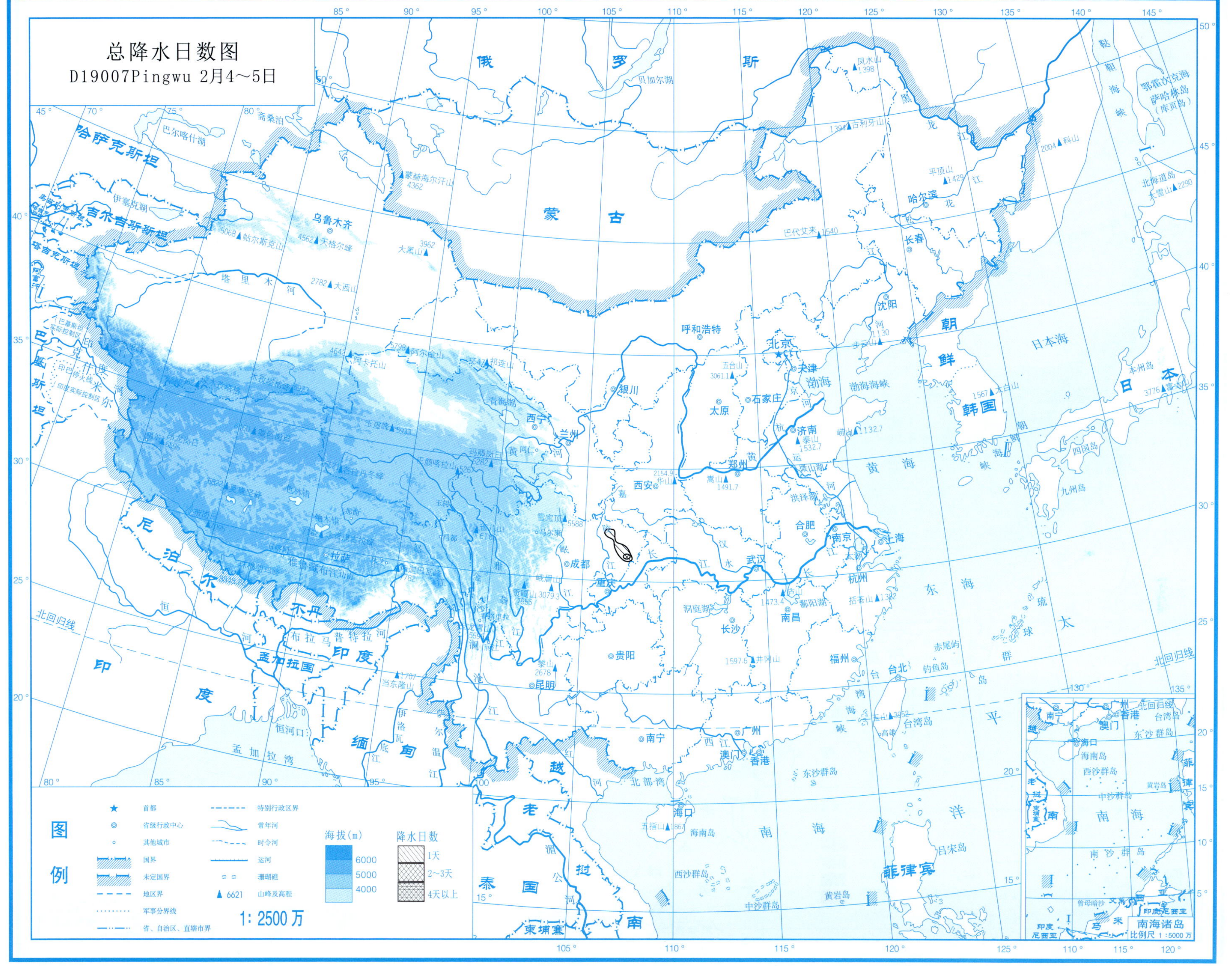

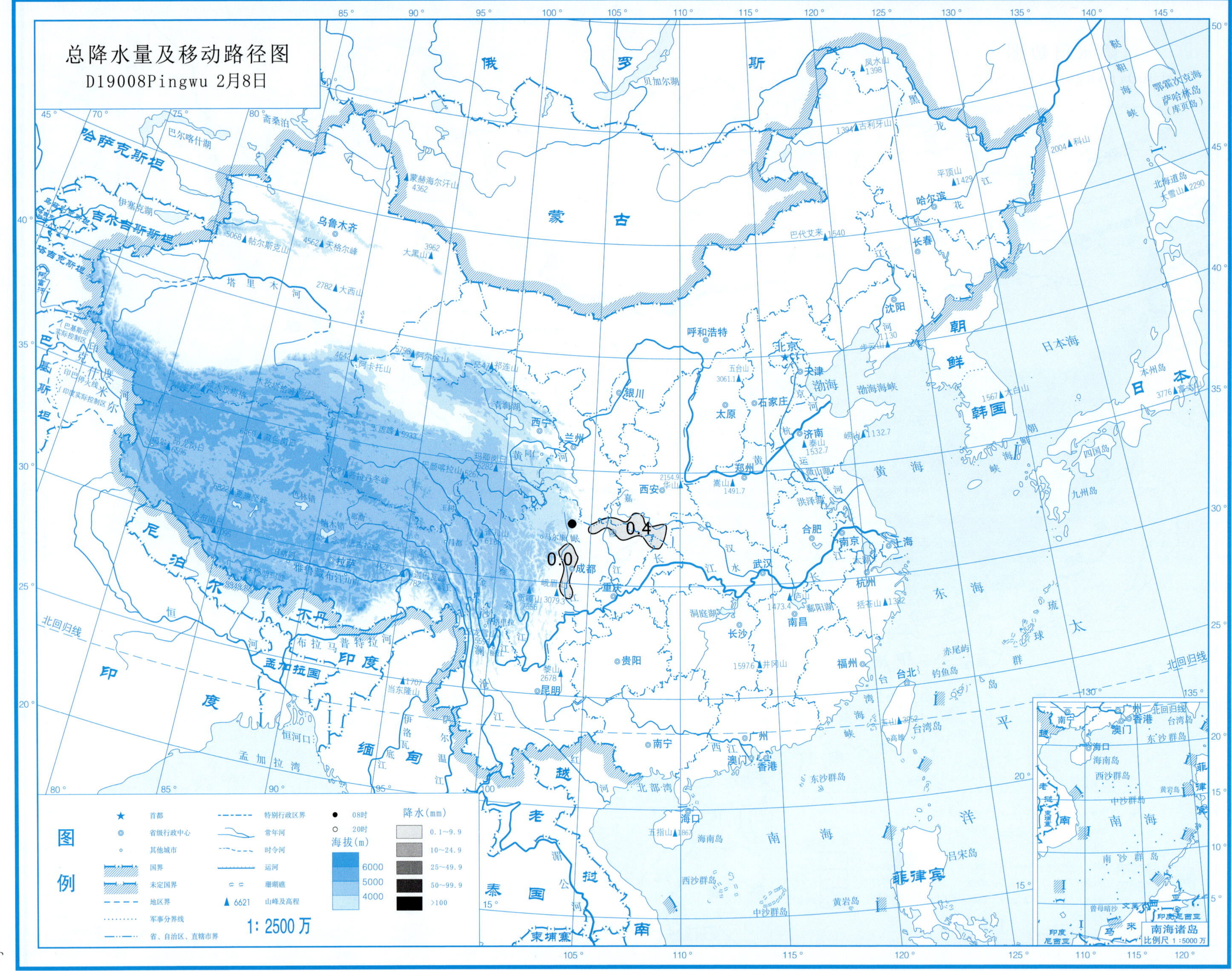
总降水量及移动路径图
D19008Pingwu 2月8日
0.4
0.0
图例
首都
省级行政中心
其他城市
国界
未定国界
地区界
军事分界线
省、自治区、直辖市界
特别行政区界
常年河
时令河
运河
珊瑚礁
6621 山峰及高程
08时
20时
海拔(m)
6000
5000
4000
降水(mm)
0.1~9.9
10~24.9
25~49.9
50~99.9
>100
1: 2500 万
南海诸岛
比例尺 1:5000 万

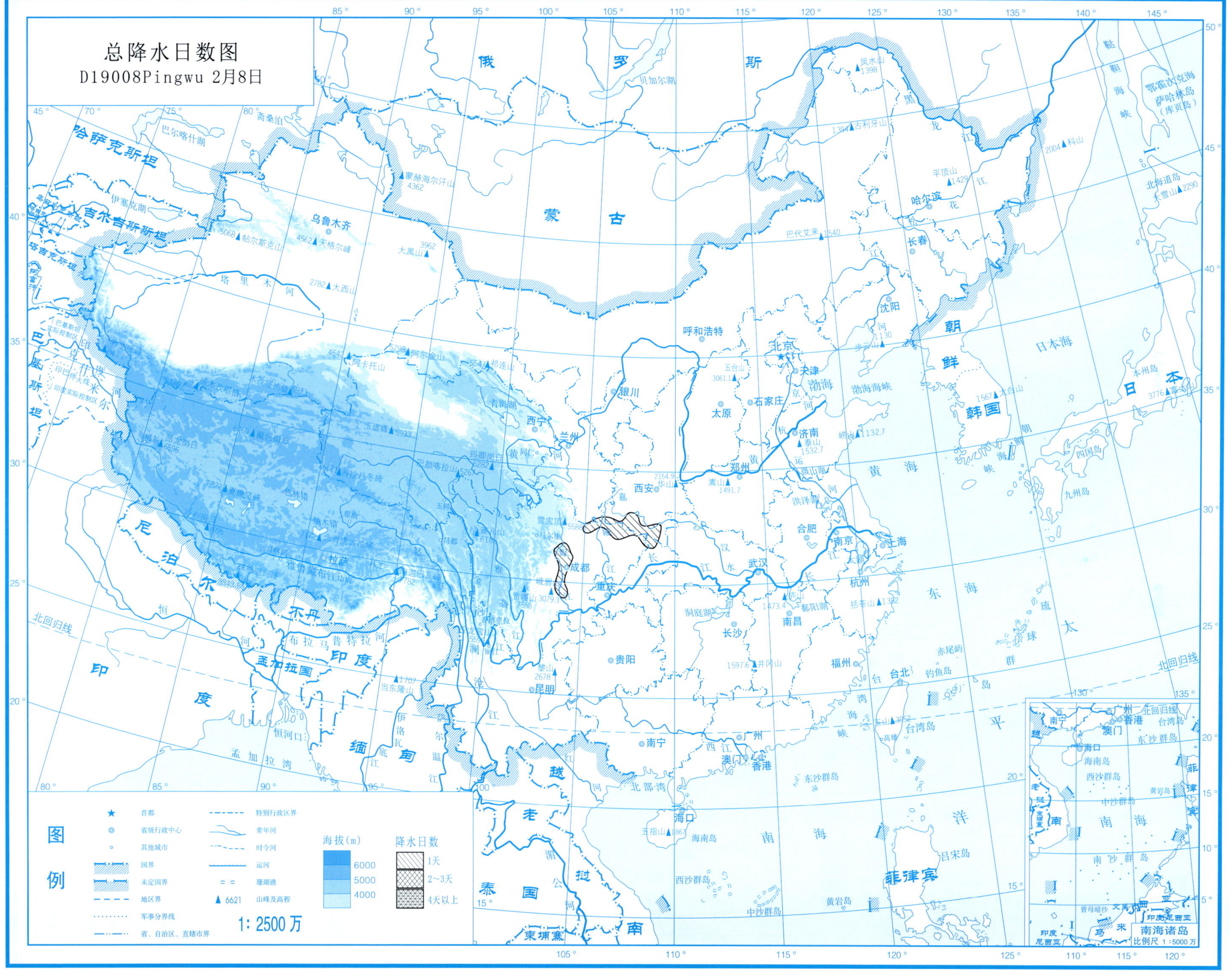
总降水日数图
D19008Pingwu 2月8日
图例
首都
省级行政中心
其他城市
国界
未定国界
地区界
军事分界线
省、自治区、直辖市界
特别行政区界
常年河
时令河
运河
珊瑚礁
山峰及高程
海拔(m)
6000
5000
4000
降水日数
1天
2~3天
4天以上
1: 2500 万
俄 罗 斯
蒙 古
哈萨克斯坦
吉尔吉斯斯坦
塔吉克斯坦
巴基斯坦
尼泊尔
不丹
印度
孟加拉国
缅甸
老挝
越南
泰国
柬埔寨
菲律宾
朝鲜
韩国
日本
日本海
渤海
黄海
东海
南海
太平洋
北京
天津
石家庄
太原
呼和浩特
沈阳
长春
哈尔滨
济南
郑州
西安
银川
兰州
西宁
乌鲁木齐
拉萨
成都
重庆
贵阳
昆明
南宁
广州
长沙
武汉
南昌
合肥
南京
上海
杭州
福州
台北
香港
澳门
海口
北回归线
南海诸岛
比例尺 1:5000 万

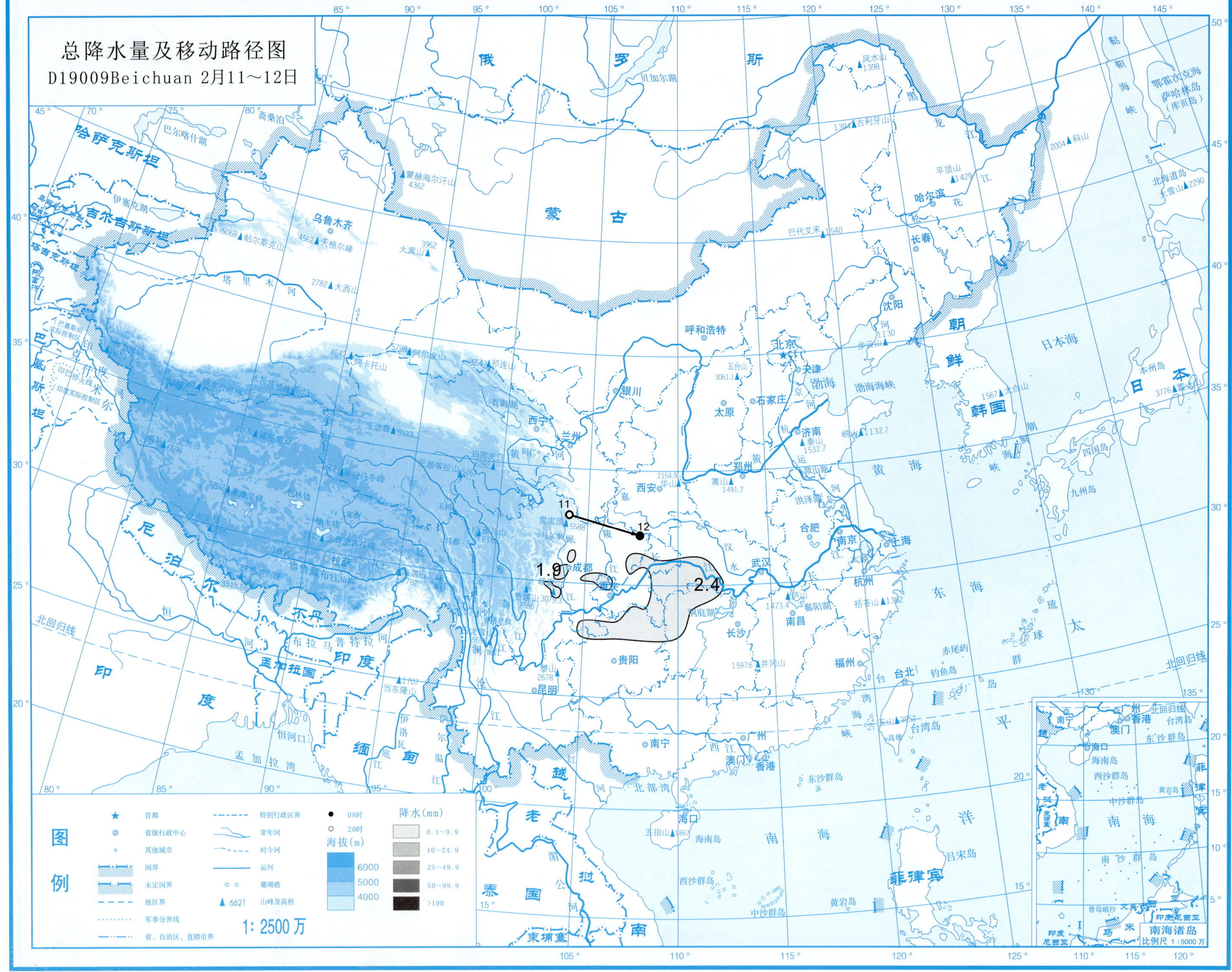
总降水量及移动路径图
D19009Beichuan 2月11～12日
11
12
1.9
2.4
图例
首都
省级行政中心
其他城市
国界
未定国界
地区界
军事分界线
省、自治区、直辖市界
特别行政区界
常年河
时令河
运河
珊瑚礁
6621 山峰及高程
08时
20时
海拔(m)
6000
5000
4000
降水(mm)
0.1～9.9
10～24.9
25～49.9
50～99.9
>100
1: 2500万
南海诸岛
比例尺 1:5000万

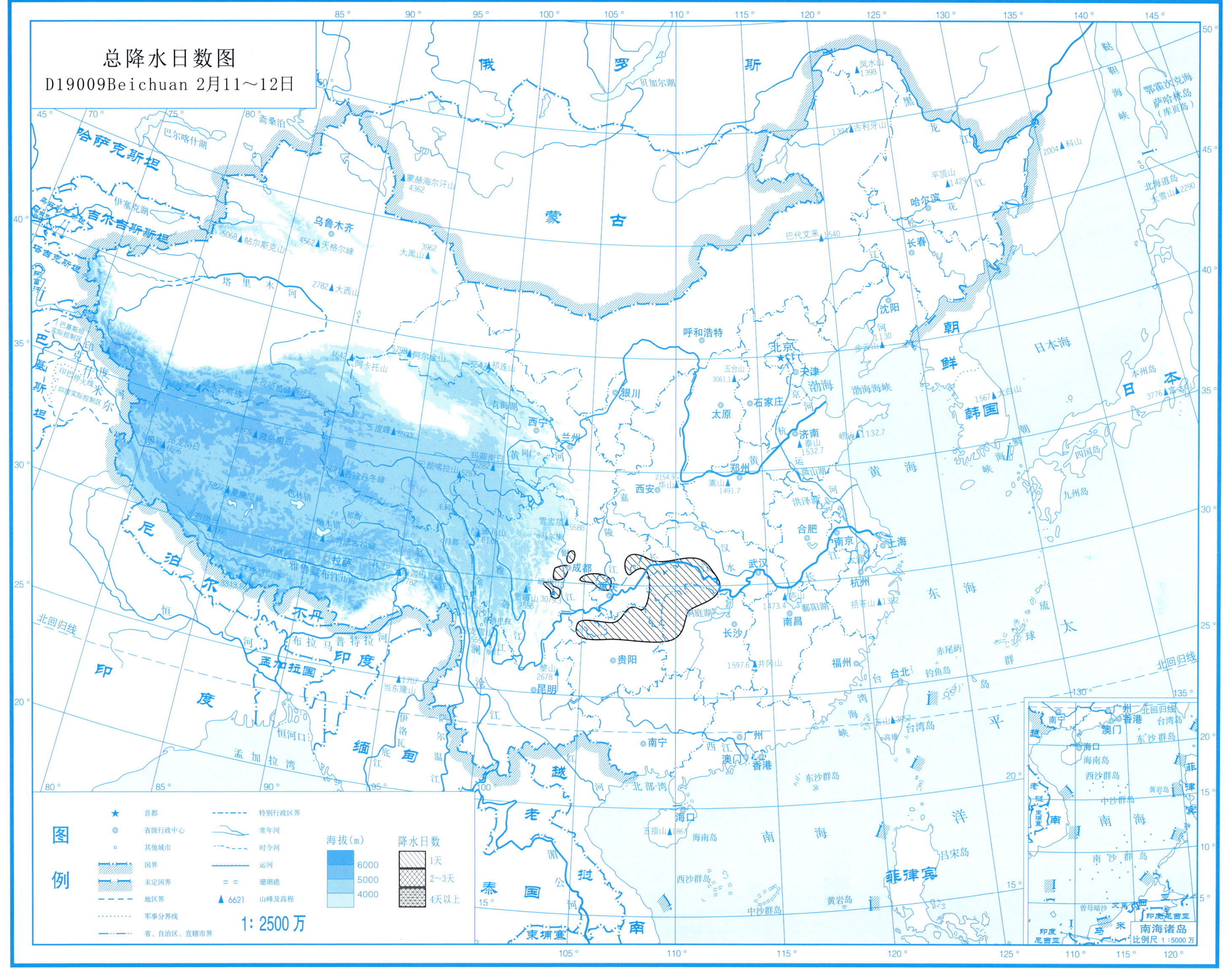

总降水日数图
D19009Beichuan 2月11～12日
图例
首都
省级行政中心
其他城市
国界
未定国界
地区界
军事分界线
省、自治区、直辖市界
特别行政区界
常年河
时令河
运河
珊瑚礁
6621 山峰及高程
海拔(m)
6000
5000
4000
降水日数
1天
2～3天
4天以上
1:2500万
俄 罗 斯
蒙 古
哈萨克斯坦
吉尔吉斯斯坦
塔吉克斯坦
阿富汗
巴基斯坦
尼 泊 尔
不丹
孟加拉国
印 度
缅 甸
老 挝
越 南
泰 国
柬埔寨
朝 鲜
韩国
日 本
菲律宾
北京
天津
上海
呼和浩特
银川
西宁
兰州
太原
石家庄
济南
郑州
西安
成都
武汉
合肥
南京
杭州
南昌
长沙
贵阳
昆明
南宁
广州
福州
台北
香港
澳门
海口
乌鲁木齐
拉萨
哈尔滨
长春
沈阳
贝加尔湖
巴尔喀什湖
伊塞克湖
斋桑泊
青海湖
洞庭湖
鄱阳湖
洪泽湖
太湖
渤海
黄 海
东 海
南 海
日本海
北回归线
南海诸岛
比例尺 1:5000万

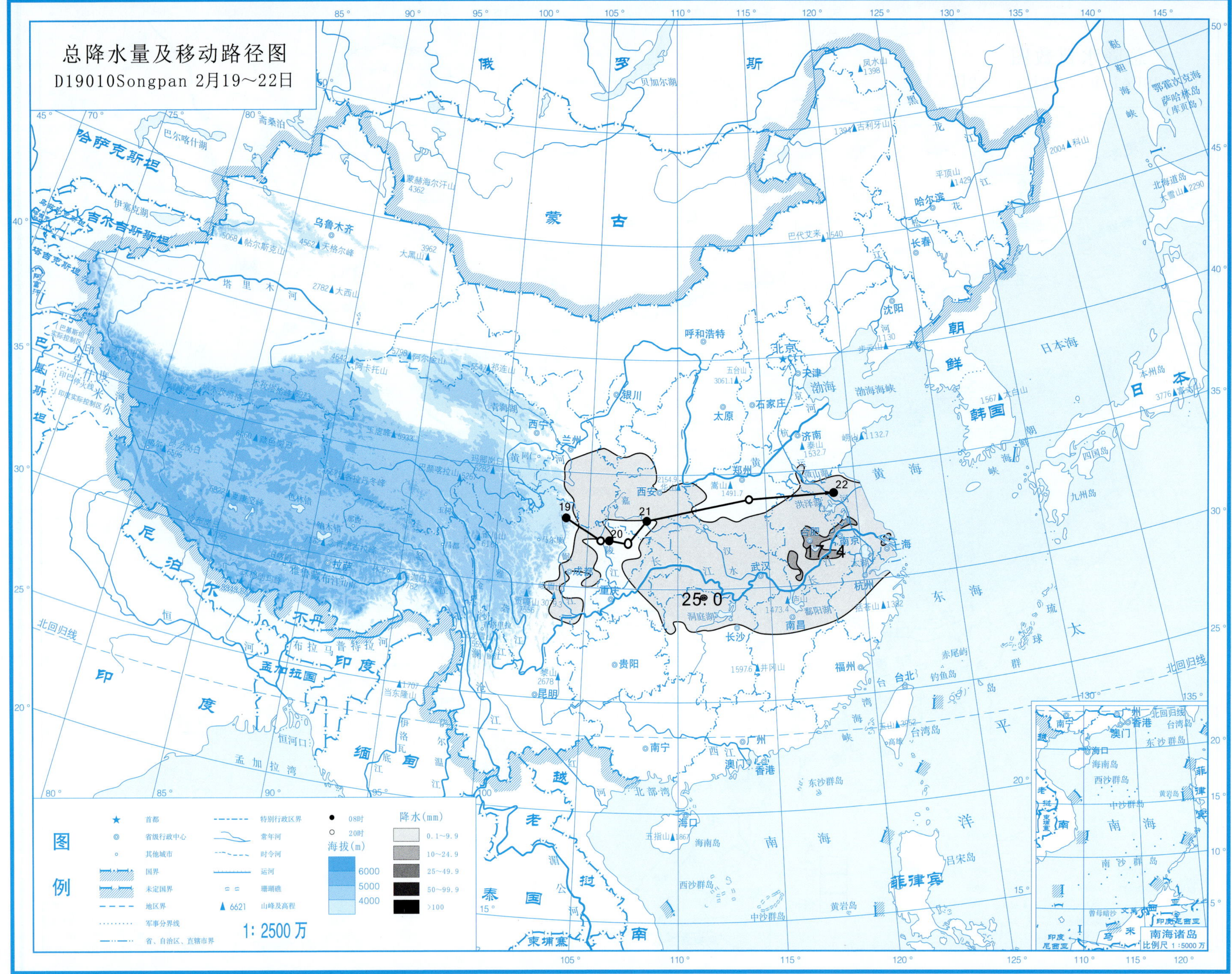

总降水量及移动路径图
D19010Songpan 2月19～22日
19
20
21
22
25.0
17.4
图例
首都
省级行政中心
其他城市
国界
未定国界
地区界
军事分界线
省、自治区、直辖市界
特别行政区界
常年河
时令河
运河
珊瑚礁
6621 山峰及高程
08时
20时
海拔(m)
6000
5000
4000
降水(mm)
0.1～9.9
10～24.9
25～49.9
50～99.9
>100
1:2500万
南海诸岛
比例尺 1:5000万
俄罗斯
蒙古
哈萨克斯坦
吉尔吉斯斯坦
塔吉克斯坦
巴基斯坦
尼泊尔
不丹
印度
孟加拉国
缅甸
老挝
泰国
柬埔寨
越南
菲律宾
朝鲜
韩国
日本
北京
天津
石家庄
太原
呼和浩特
银川
兰州
西宁
西安
郑州
济南
南京
上海
合肥
武汉
杭州
南昌
长沙
重庆
成都
贵阳
昆明
南宁
广州
香港
澳门
福州
台北
海口
拉萨
乌鲁木齐
哈尔滨
长春
沈阳
渤海
黄海
东海
日本海
南海
太平洋
台湾岛
海南岛
洞庭湖
鄱阳湖
洪泽湖
北回归线

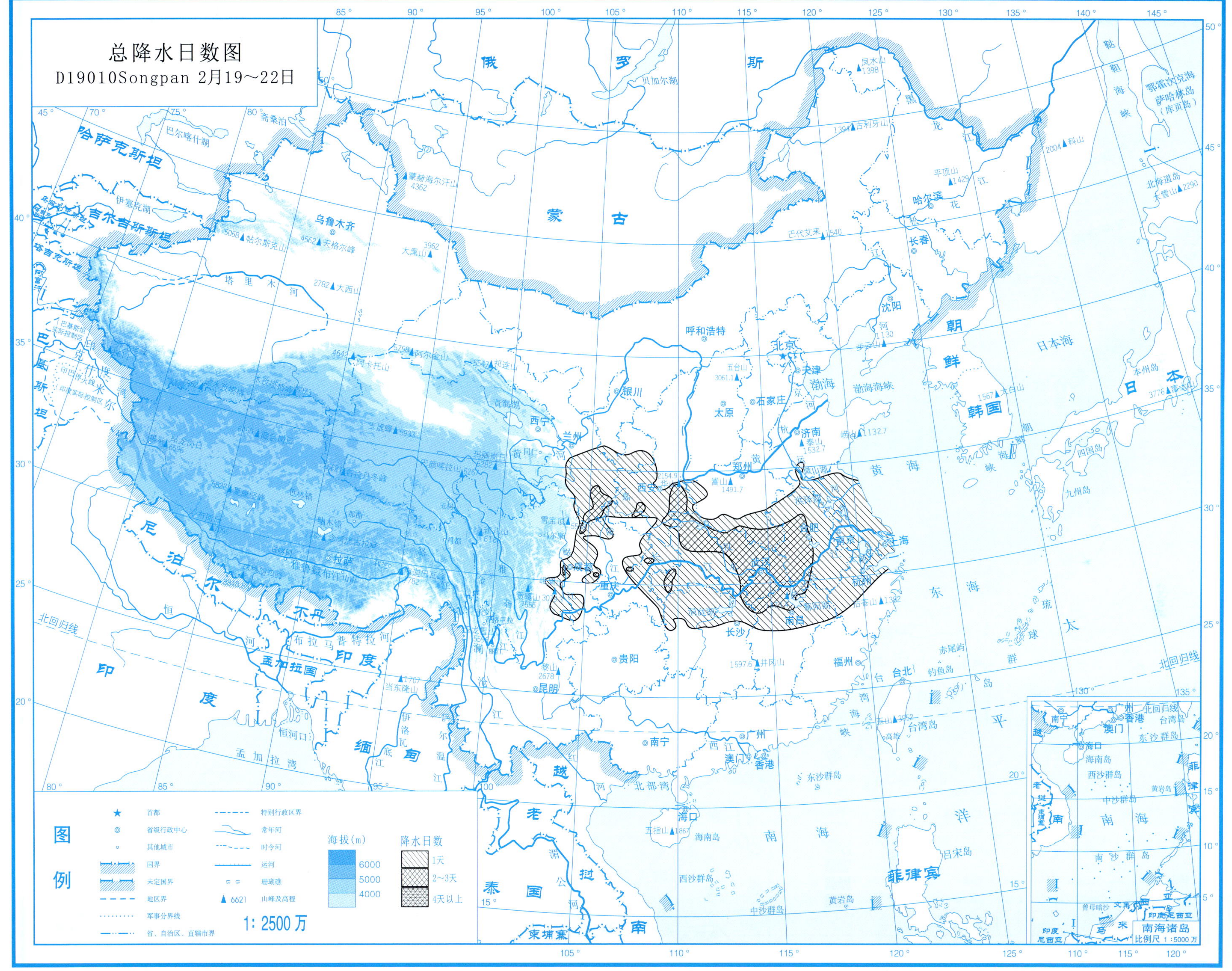
总降水日数图
D19010Songpan 2月19～22日
图例
首都
省级行政中心
其他城市
国界
未定国界
地区界
军事分界线
省、自治区、直辖市界
特别行政区界
常年河
时令河
运河
珊瑚礁
山峰及高程
海拔(m)
6000
5000
4000
降水日数
1天
2～3天
4天以上
1:2500万
南海诸岛
比例尺 1:5000万

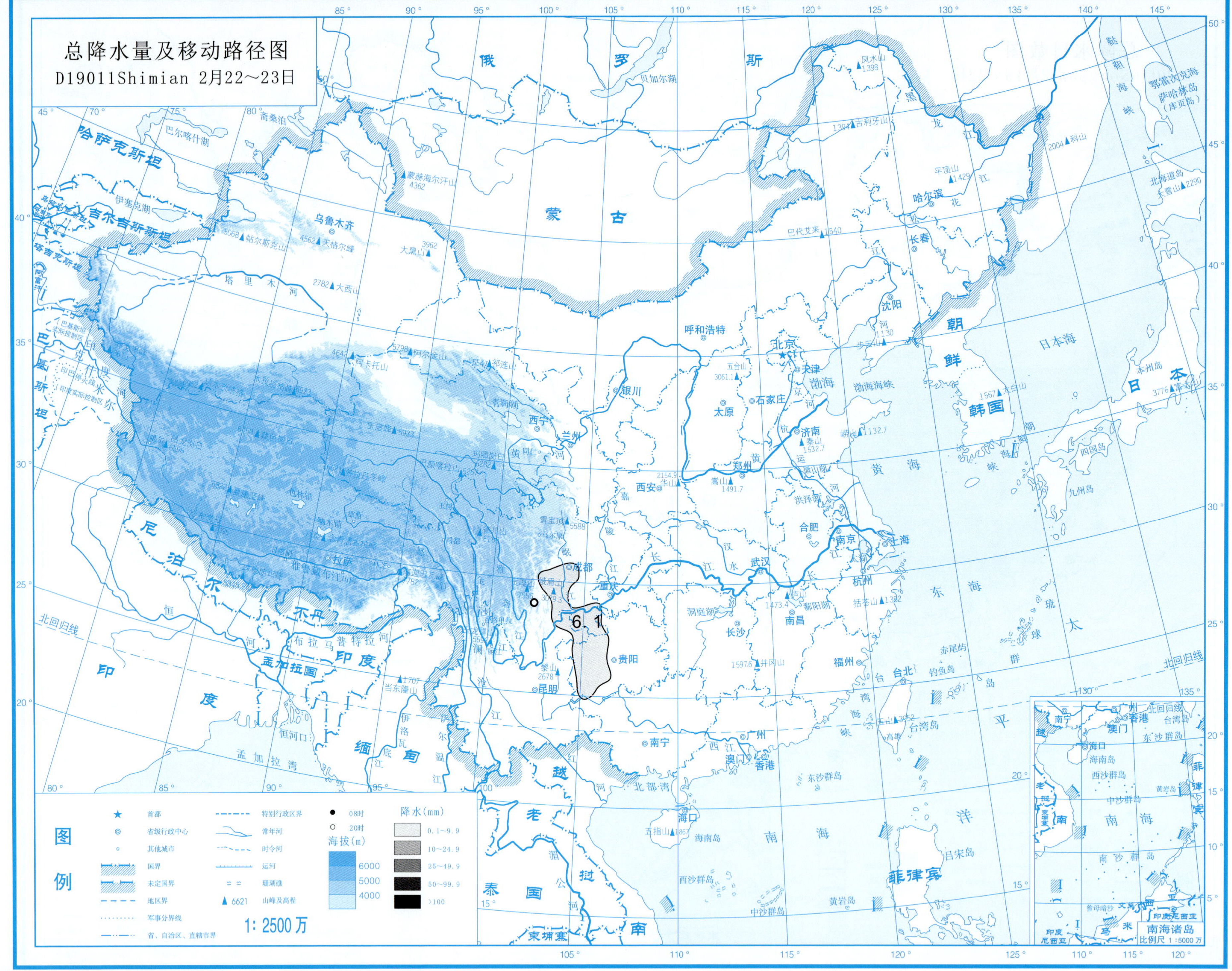
总降水量及移动路径图
D19011Shimian 2月22～23日
6.1
图例
首都
省级行政中心
其他城市
国界
未定国界
地区界
军事分界线
省、自治区、直辖市界
特别行政区界
常年河
时令河
运河
珊瑚礁
6621 山峰及高程
08时
20时
海拔(m)
6000
5000
4000
降水(mm)
0.1～9.9
10～24.9
25～49.9
50～99.9
>100
1: 2500万
南海诸岛
比例尺 1:5000万

总降水日数图

D19011Shimian 2月22～23日

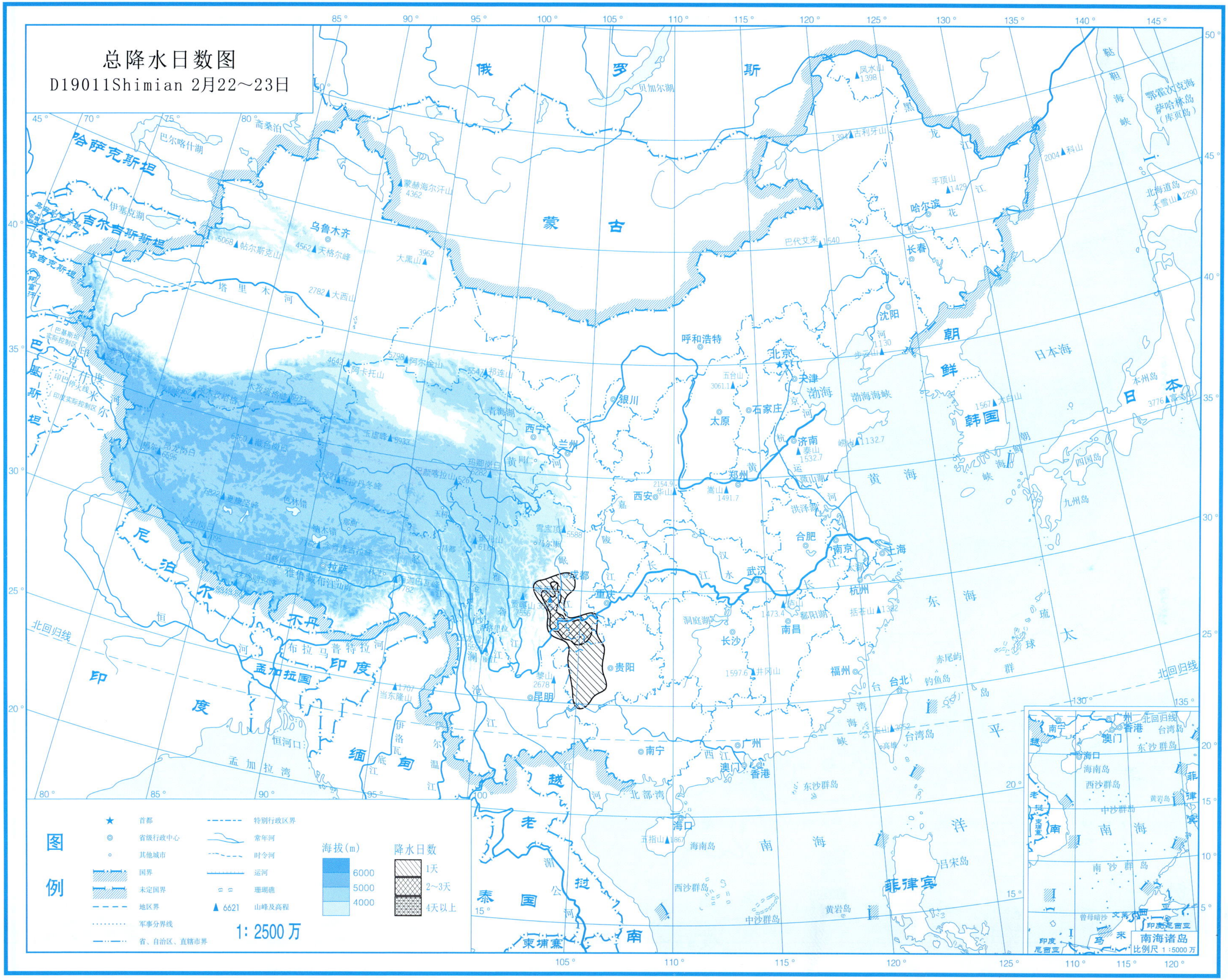

图例

★ 首都
◎ 省级行政中心
○ 其他城市
国界
未定国界
地区界
军事分界线
省、自治区、直辖市界
特别行政区界
常年河
时令河
运河
珊瑚礁
▲6621 山峰及高程

海拔(m)
6000
5000
4000

降水日数
1天
2～3天
4天以上

1: 2500 万

南海诸岛
比例尺 1:5000 万

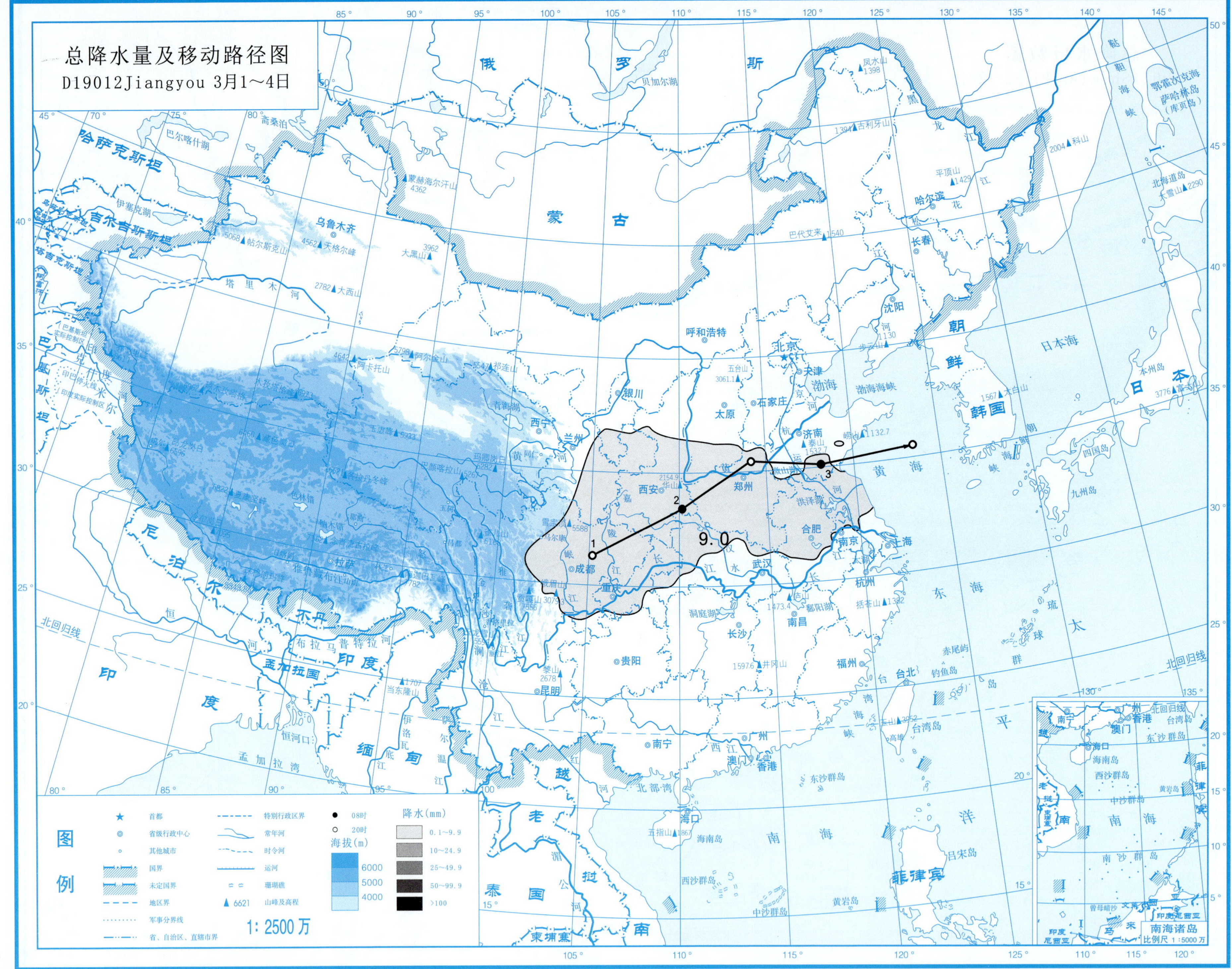
总降水量及移动路径图
D19012Jiangyou 3月1～4日
9.0
1
2
3
图例
首都
省级行政中心
其他城市
国界
未定国界
地区界
军事分界线
特别行政区界
常年河
时令河
运河
珊瑚礁
6621 山峰及高程
省、自治区、直辖市界
08时
20时
海拔(m)
6000
5000
4000
降水(mm)
0.1～9.9
10～24.9
25～49.9
50～99.9
>100
1: 2500 万
南海诸岛
比例尺 1:5000 万

总降水日数图

D19012Jiangyou 3月1～4日

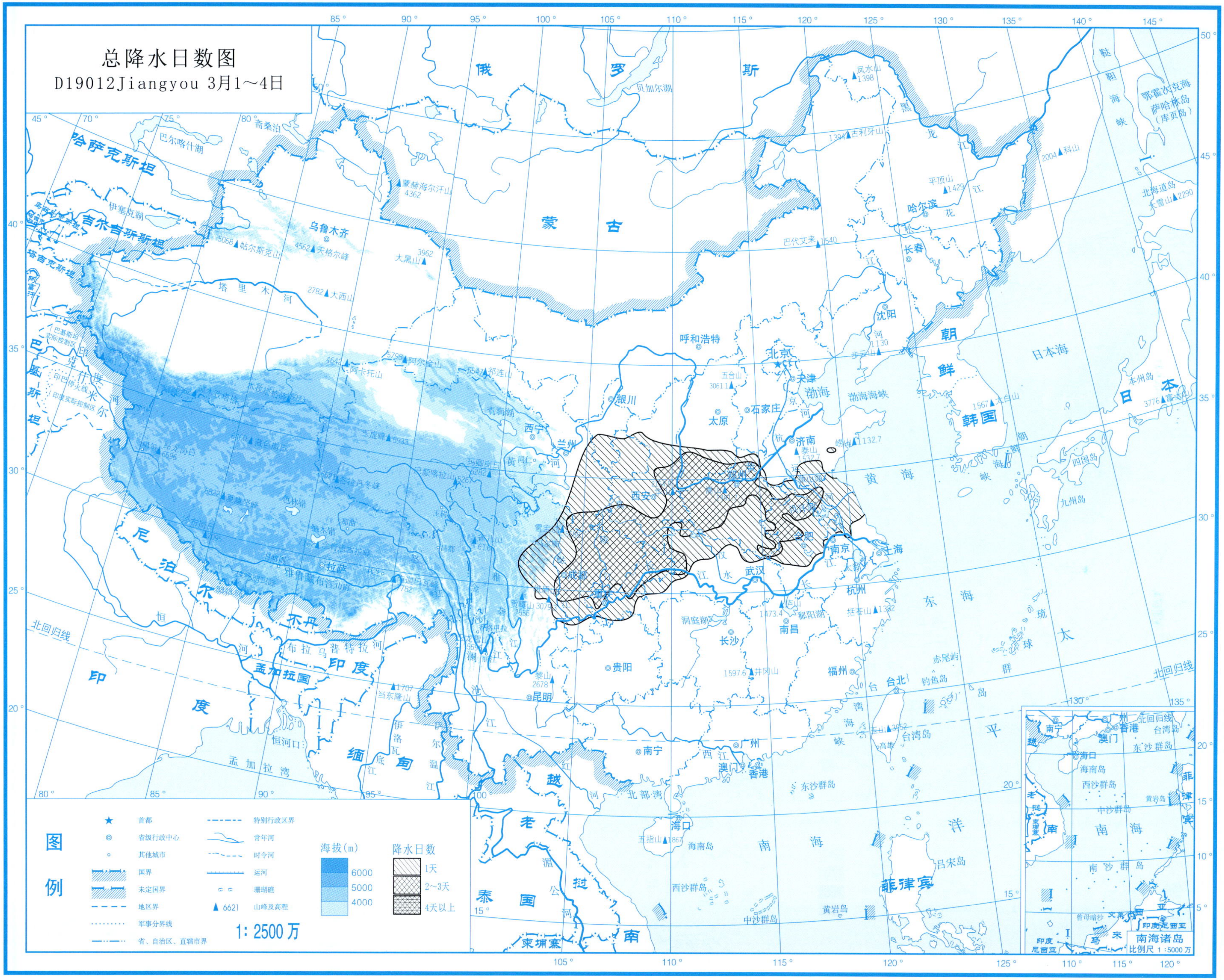

图例

★ 首都
◎ 省级行政中心
○ 其他城市
国界
未定国界
地区界
军事分界线
省、自治区、直辖市界
特别行政区界
常年河
时令河
运河
珊瑚礁
▲6621 山峰及高程

海拔(m)
6000
5000
4000

降水日数
1天
2～3天
4天以上

1：2500万

南海诸岛
比例尺 1：5000万

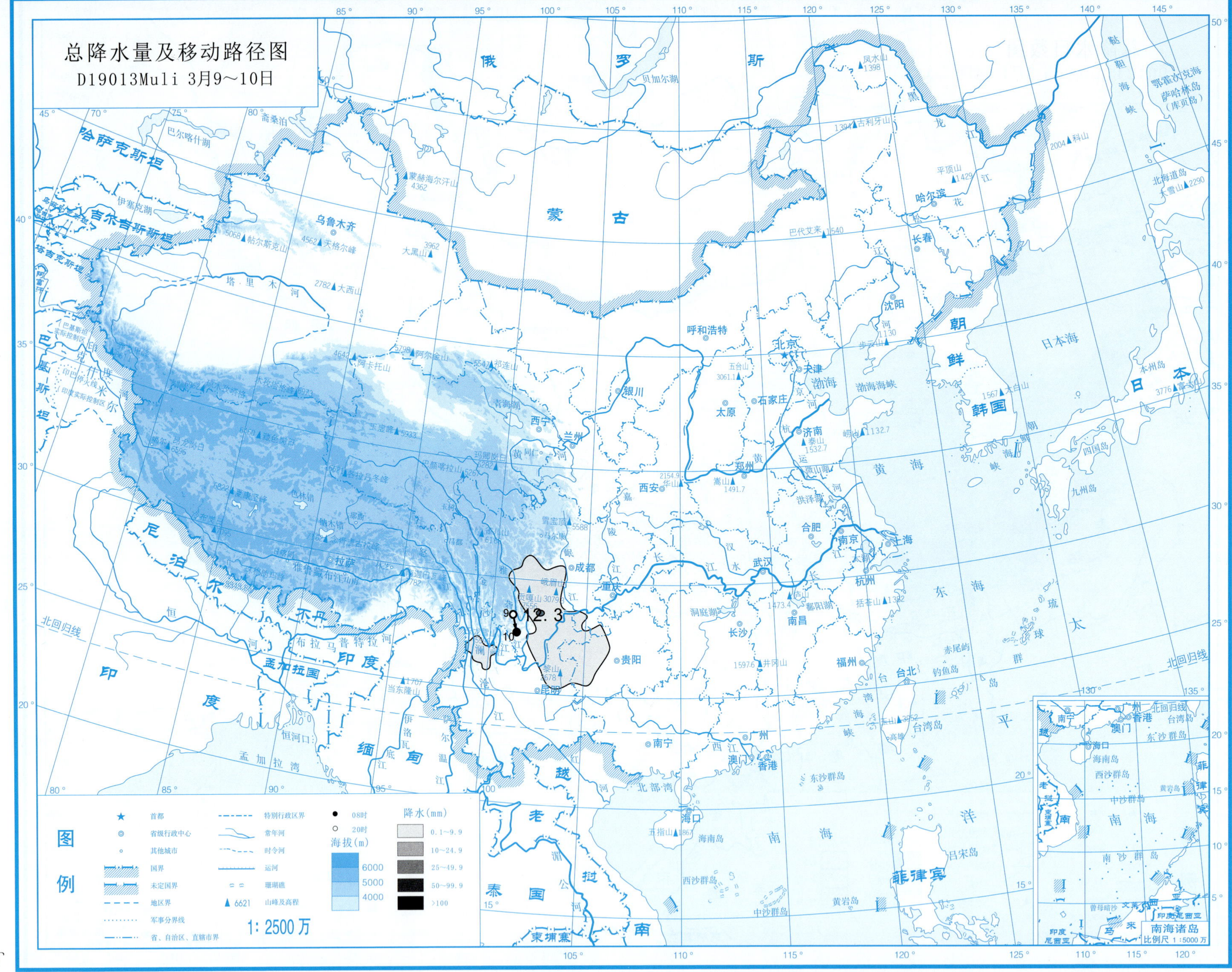
总降水量及移动路径图
D19013Muli 3月9～10日
图例
首都
省级行政中心
其他城市
国界
未定国界
地区界
军事分界线
省、自治区、直辖市界
特别行政区界
常年河
时令河
运河
珊瑚礁
山峰及高程
08时
20时
海拔(m)
6000
5000
4000
降水(mm)
0.1～9.9
10～24.9
25～49.9
50～99.9
>100
1: 2500 万
12. 3
南海诸岛
比例尺 1:5000 万

总降水日数图

D19013Muli 3月9～10日

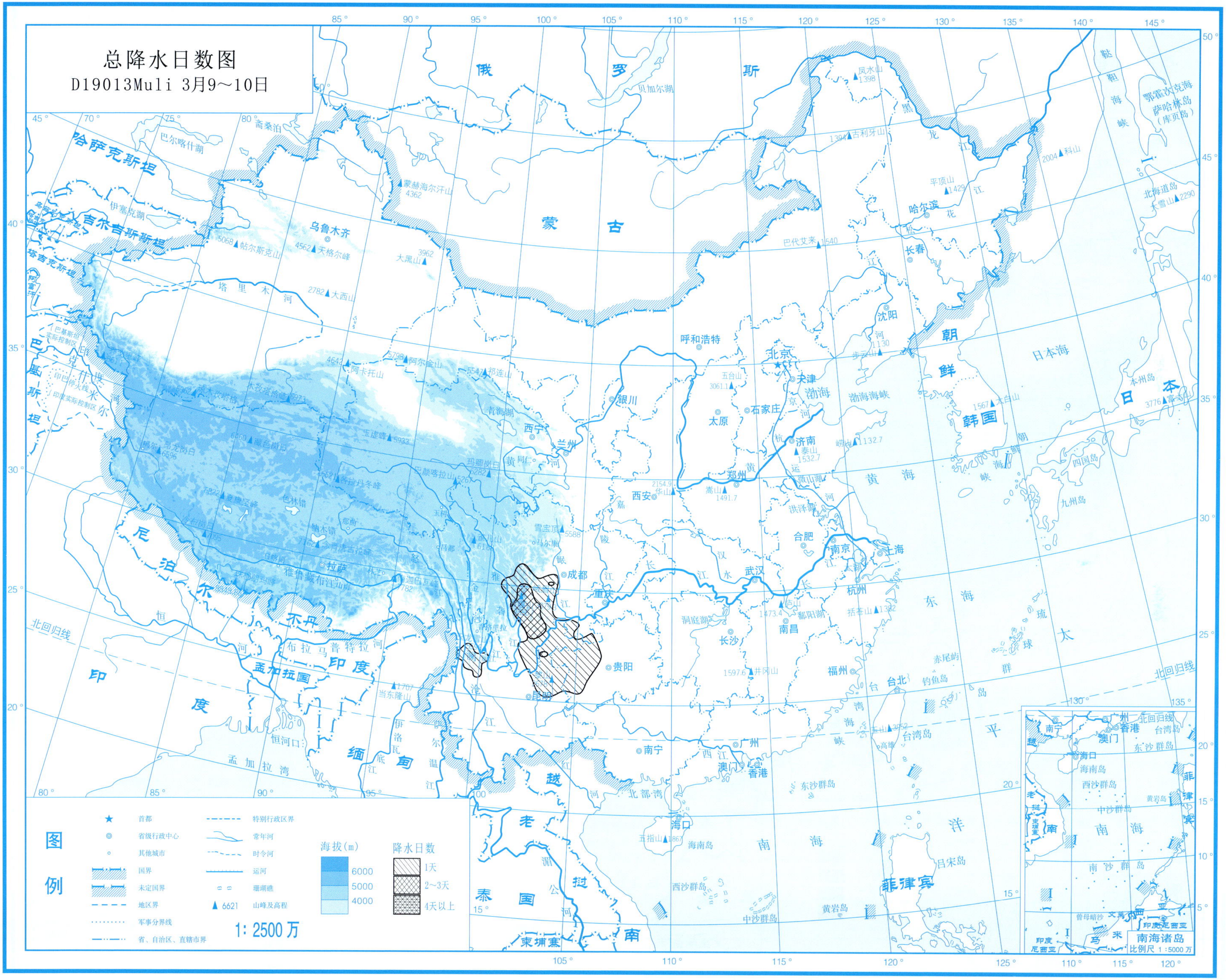

图例

★ 首都
◎ 省级行政中心
○ 其他城市
国界
未定国界
地区界
军事分界线
省、自治区、直辖市界
特别行政区界
常年河
时令河
运河
珊瑚礁
▲6621 山峰及高程

海拔(m)
6000
5000
4000

降水日数
1天
2～3天
4天以上

1: 2500 万

南海诸岛
比例尺 1 : 5000 万

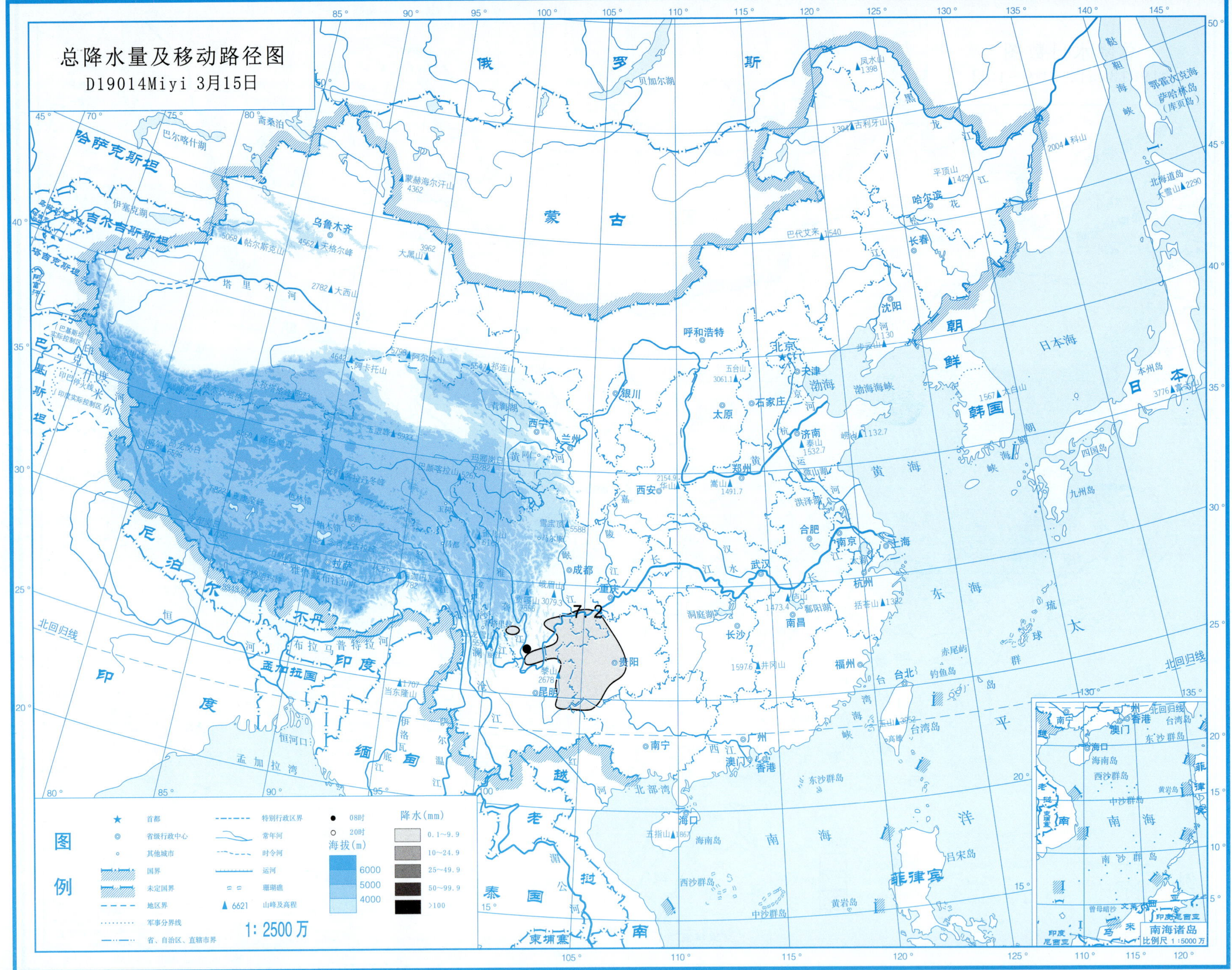
总降水量及移动路径图
D19014Miyi 3月15日
7-2
图例
首都
省级行政中心
其他城市
国界
未定国界
地区界
军事分界线
省、自治区、直辖市界
特别行政区界
常年河
时令河
运河
珊瑚礁
6621 山峰及高程
08时
20时
海拔(m)
6000
5000
4000
降水(mm)
0.1～9.9
10～24.9
25～49.9
50～99.9
>100
1：2500万
南海诸岛
比例尺 1：5000万

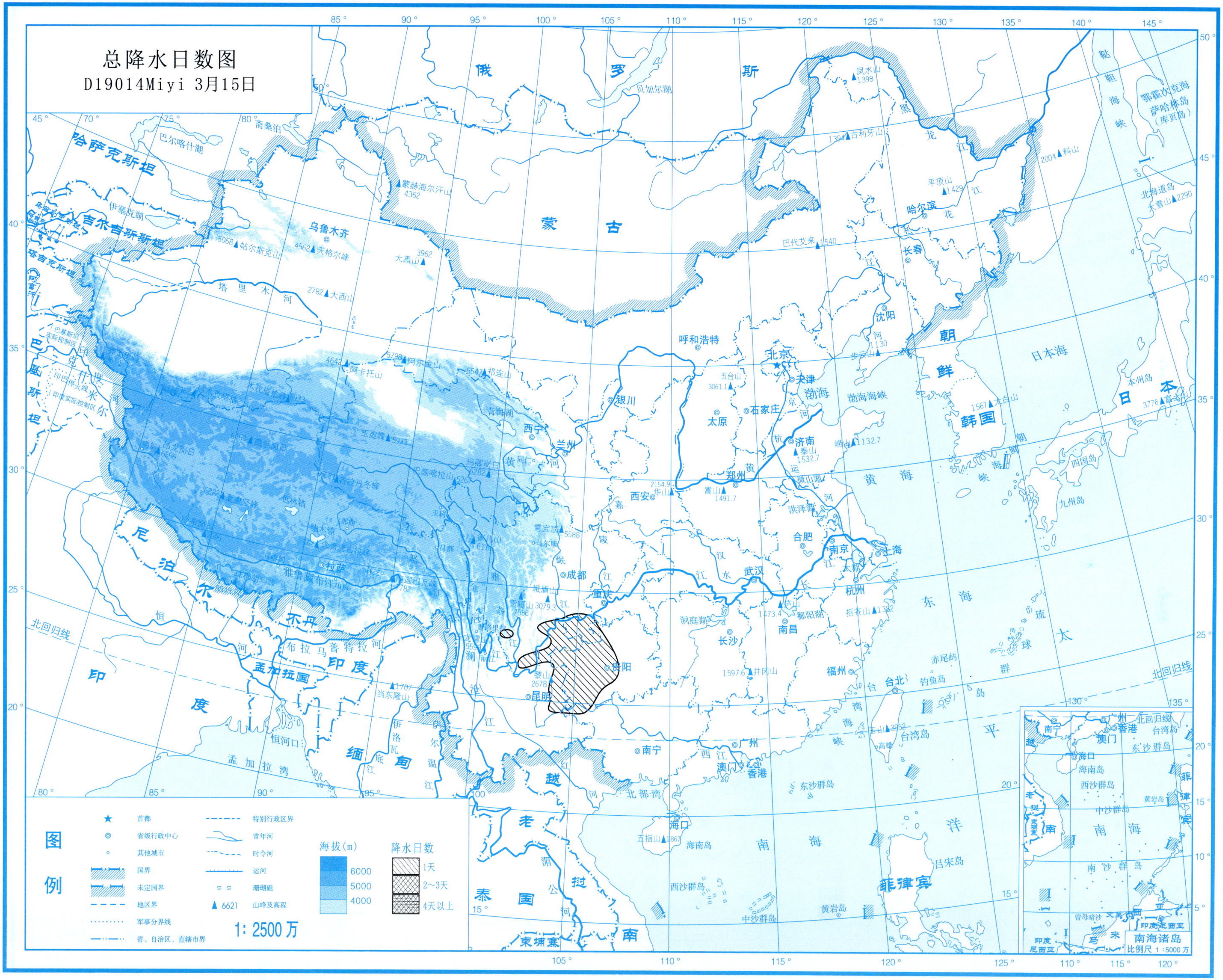

总降水日数图

D19014Miyi 3月15日

图例

★ 首都
◎ 省级行政中心
○ 其他城市
国界
未定国界
地区界
军事分界线
省、自治区、直辖市界
特别行政区界
常年河
时令河
运河
珊瑚礁
▲ 6621 山峰及高程

海拔(m)
6000
5000
4000

降水日数
1天
2~3天
4天以上

1: 2500万

南海诸岛
比例尺 1:5000万

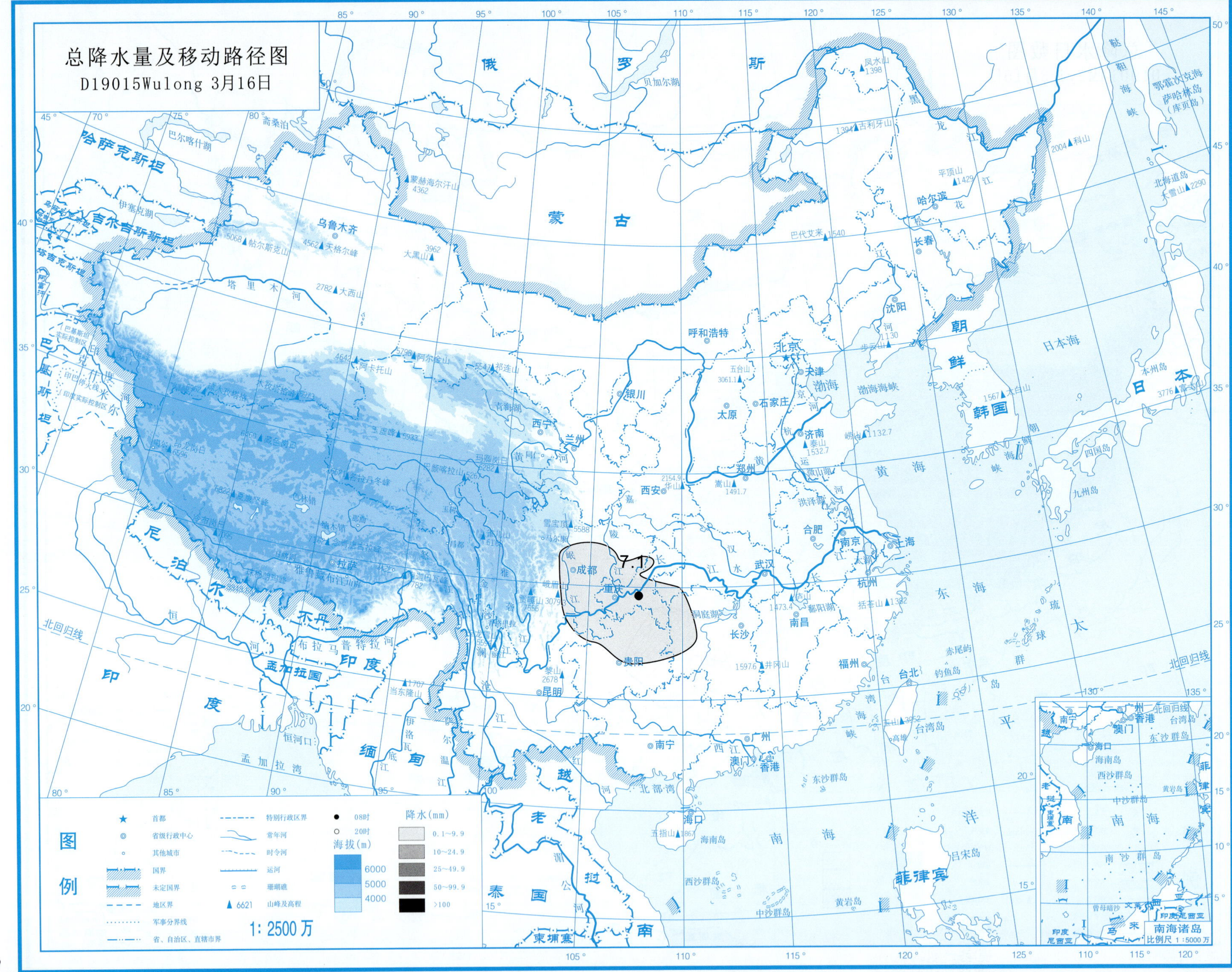
总降水量及移动路径图
D19015Wulong 3月16日
7.17
图例
首都
省级行政中心
其他城市
国界
未定国界
地区界
军事分界线
省、自治区、直辖市界
特别行政区界
常年河
时令河
运河
珊瑚礁
山峰及高程
08时
20时
海拔(m)
6000
5000
4000
降水(mm)
0.1~9.9
10~24.9
25~49.9
50~99.9
>100
1：2500万
南海诸岛
比例尺 1：5000万

总降水日数图

D19015Wulong 3月16日

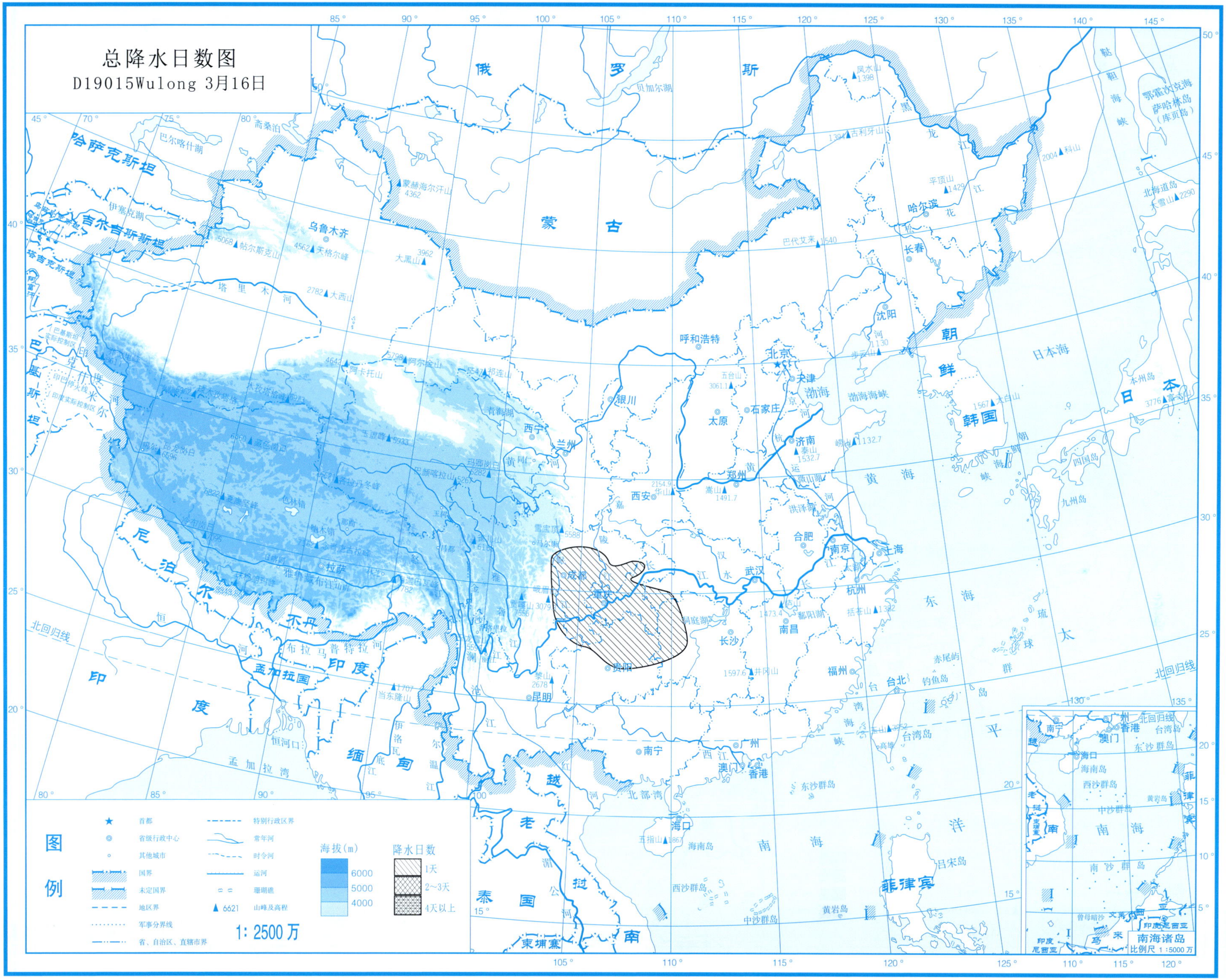

图例

★ 首都
◎ 省级行政中心
○ 其他城市
国界
未定国界
地区界
军事分界线
省、自治区、直辖市界
特别行政区界
常年河
时令河
运河
珊瑚礁
▲6621 山峰及高程

海拔(m)
6000
5000
4000

降水日数
1天
2~3天
4天以上

1: 2500万

南海诸岛
比例尺 1:5000万

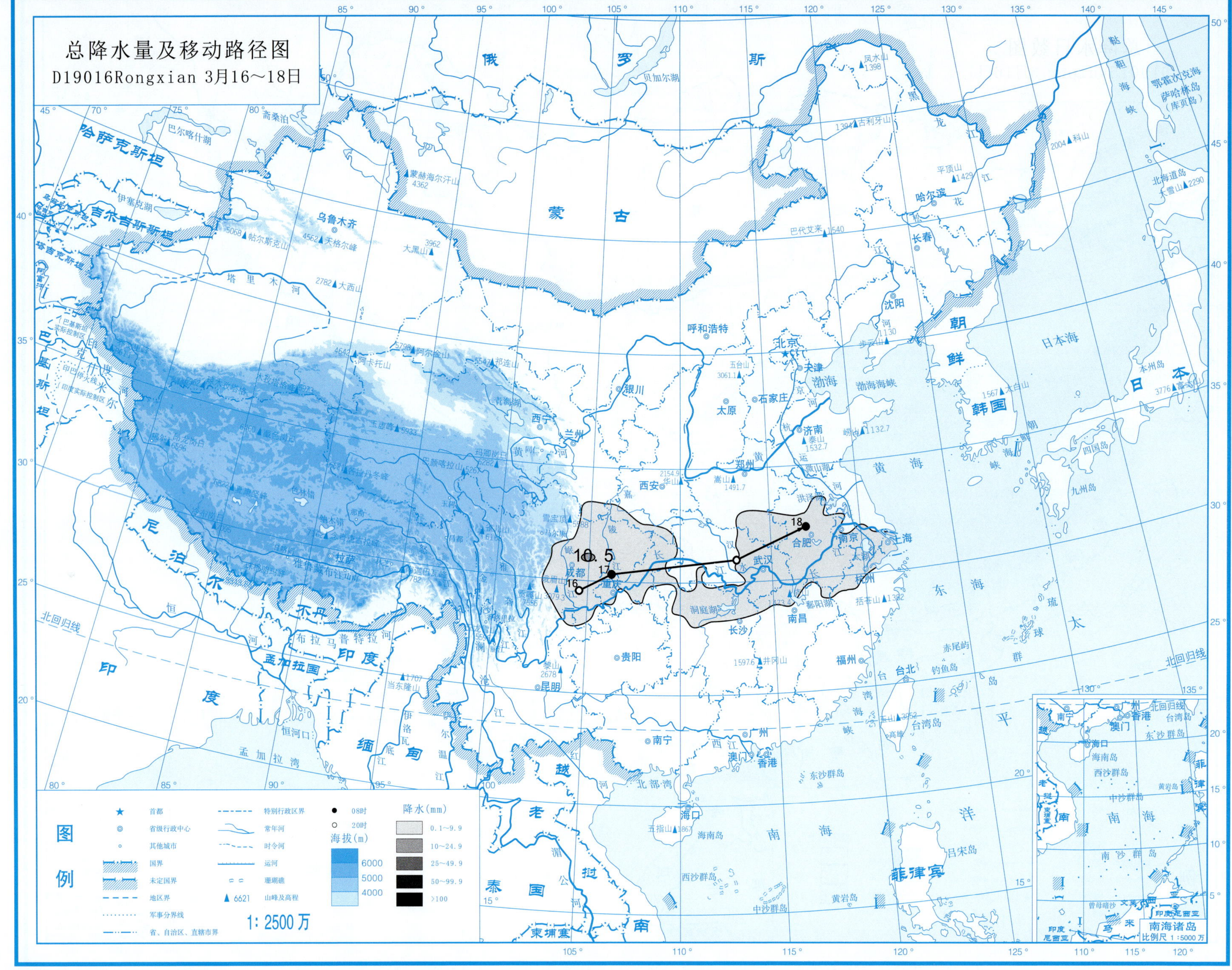
总降水量及移动路径图
D19016Rongxian 3月16～18日
10.5
16
17
18
图例
首都
省级行政中心
其他城市
国界
未定国界
地区界
军事分界线
省、自治区、直辖市界
特别行政区界
常年河
时令河
运河
珊瑚礁
6621 山峰及高程
08时
20时
海拔(m)
6000
5000
4000
降水(mm)
0.1～9.9
10～24.9
25～49.9
50～99.9
>100
1: 2500 万
南海诸岛
比例尺 1:5000 万

总降水日数图

D19016Rongxian 3月16～18日

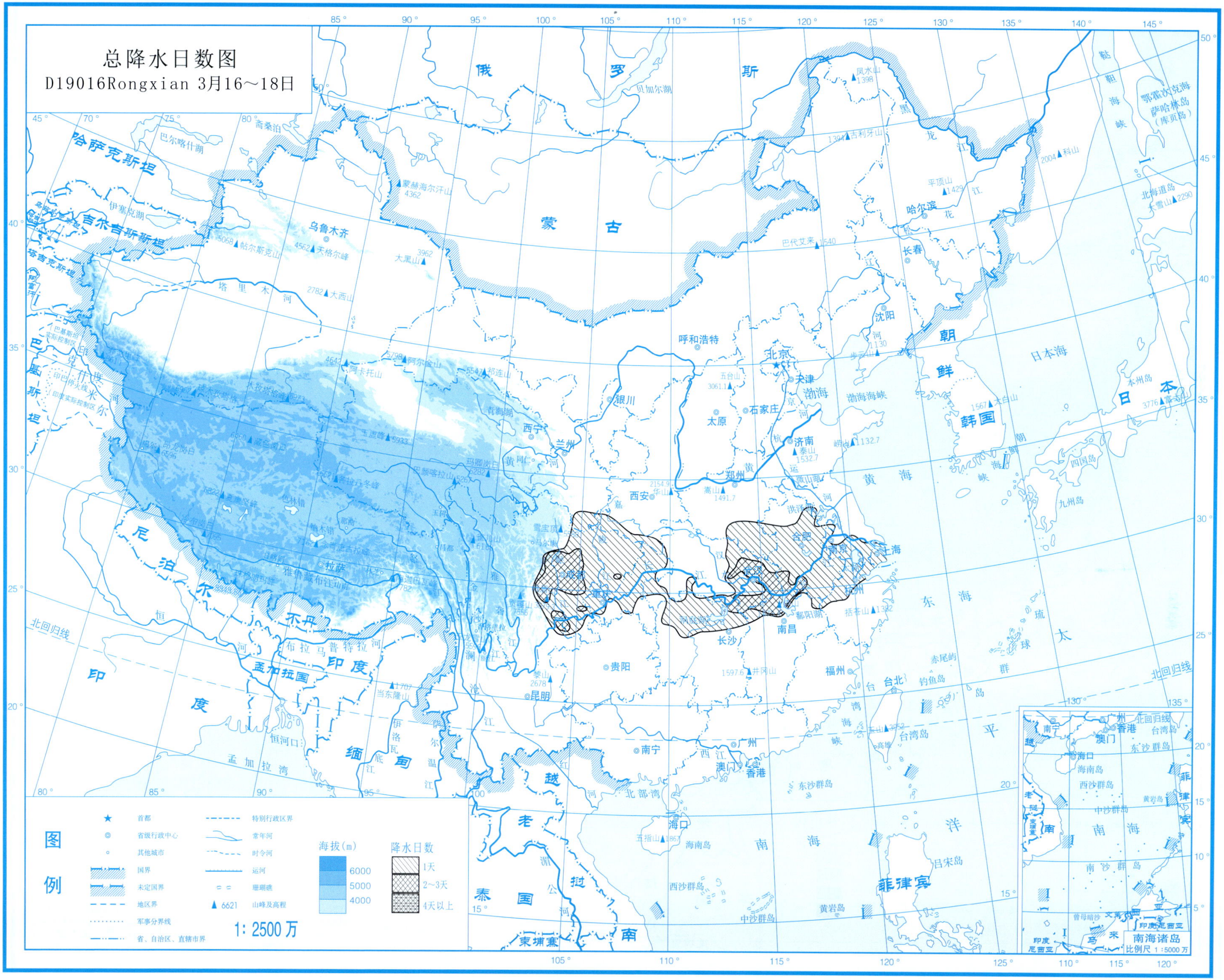

图例

★ 首都
◎ 省级行政中心
○ 其他城市
国界
未定国界
地区界
军事分界线
省、自治区、直辖市界
特别行政区界
常年河
时令河
运河
珊瑚礁
▲6621 山峰及高程

海拔(m)
6000
5000
4000

降水日数
1天
2～3天
4天以上

1: 2500 万

南海诸岛
比例尺 1:5000 万

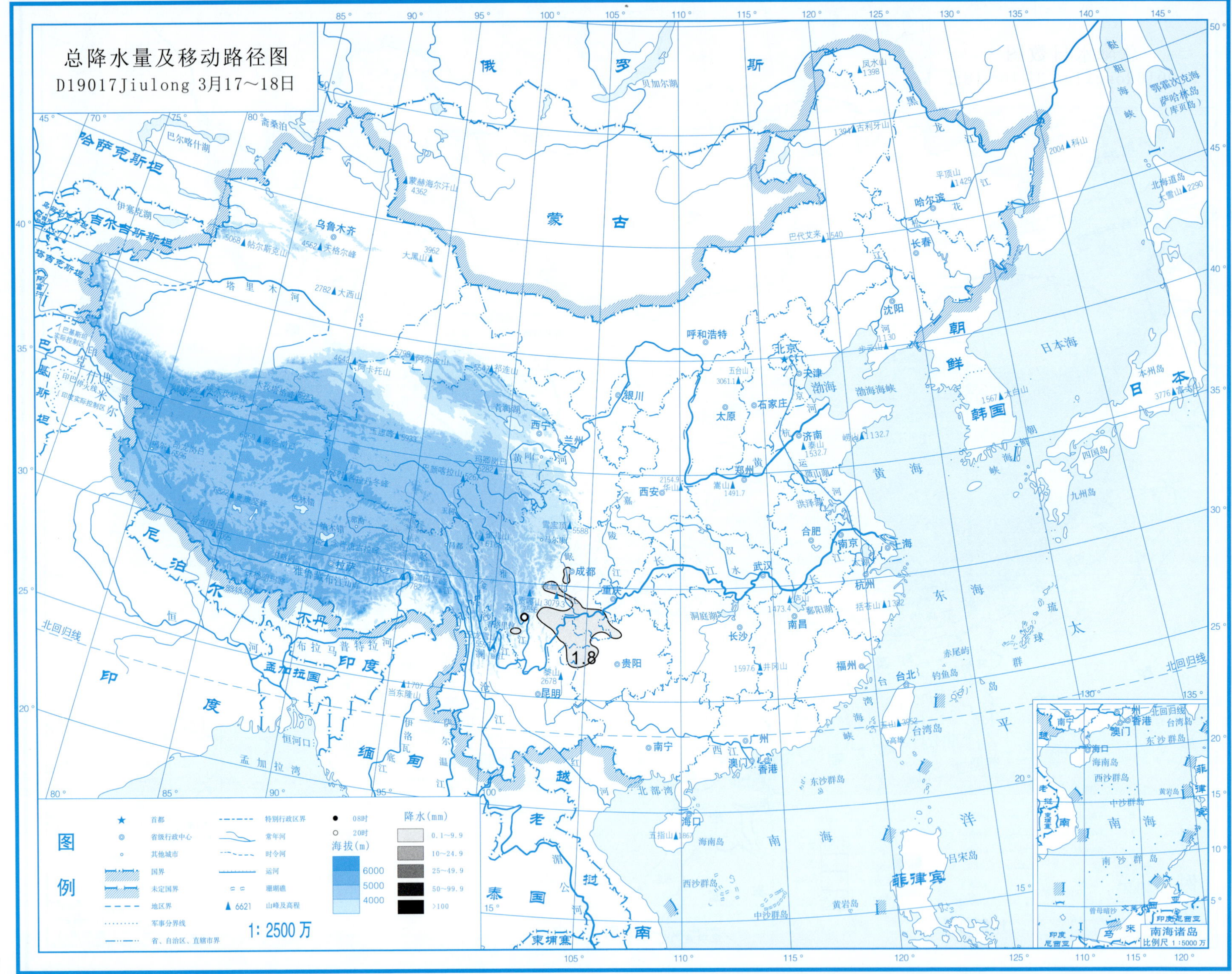

总降水量及移动路径图
D19017Jiulong 3月17～18日
图例
首都
省级行政中心
其他城市
国界
未定国界
地区界
军事分界线
省、自治区、直辖市界
特别行政区界
常年河
时令河
运河
珊瑚礁
6621 山峰及高程
08时
20时
海拔(m)
6000
5000
4000
降水(mm)
0.1～9.9
10～24.9
25～49.9
50～99.9
>100
1: 2500万
南海诸岛
比例尺 1:5000万

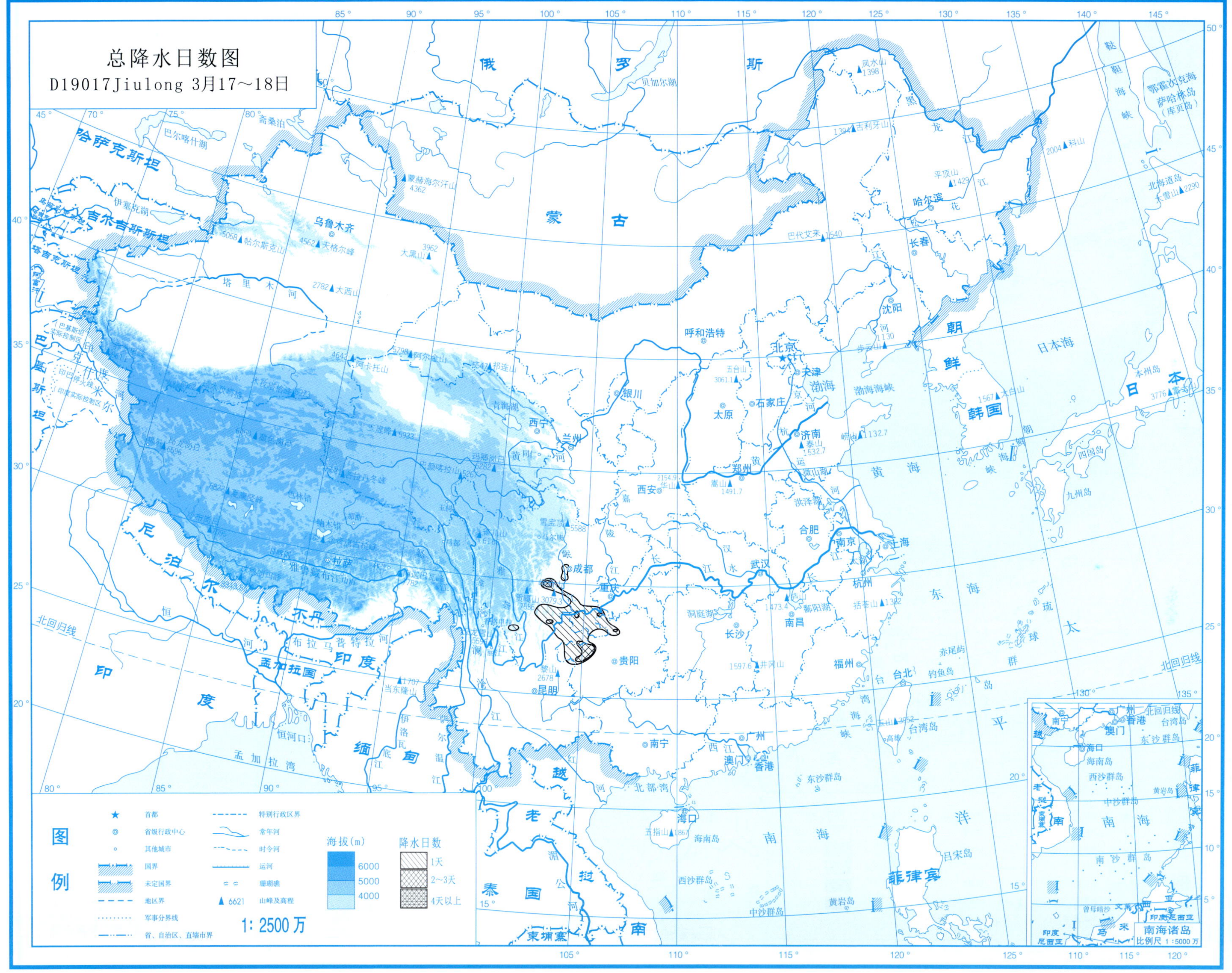

总降水日数图
D19017Jiulong 3月17～18日
图例
首都
省级行政中心
其他城市
国界
未定国界
地区界
军事分界线
省、自治区、直辖市界
特别行政区界
常年河
时令河
运河
珊瑚礁
6621 山峰及高程
海拔(m)
6000
5000
4000
降水日数
1天
2～3天
4天以上
1: 2500 万
南海诸岛
比例尺 1:5000 万

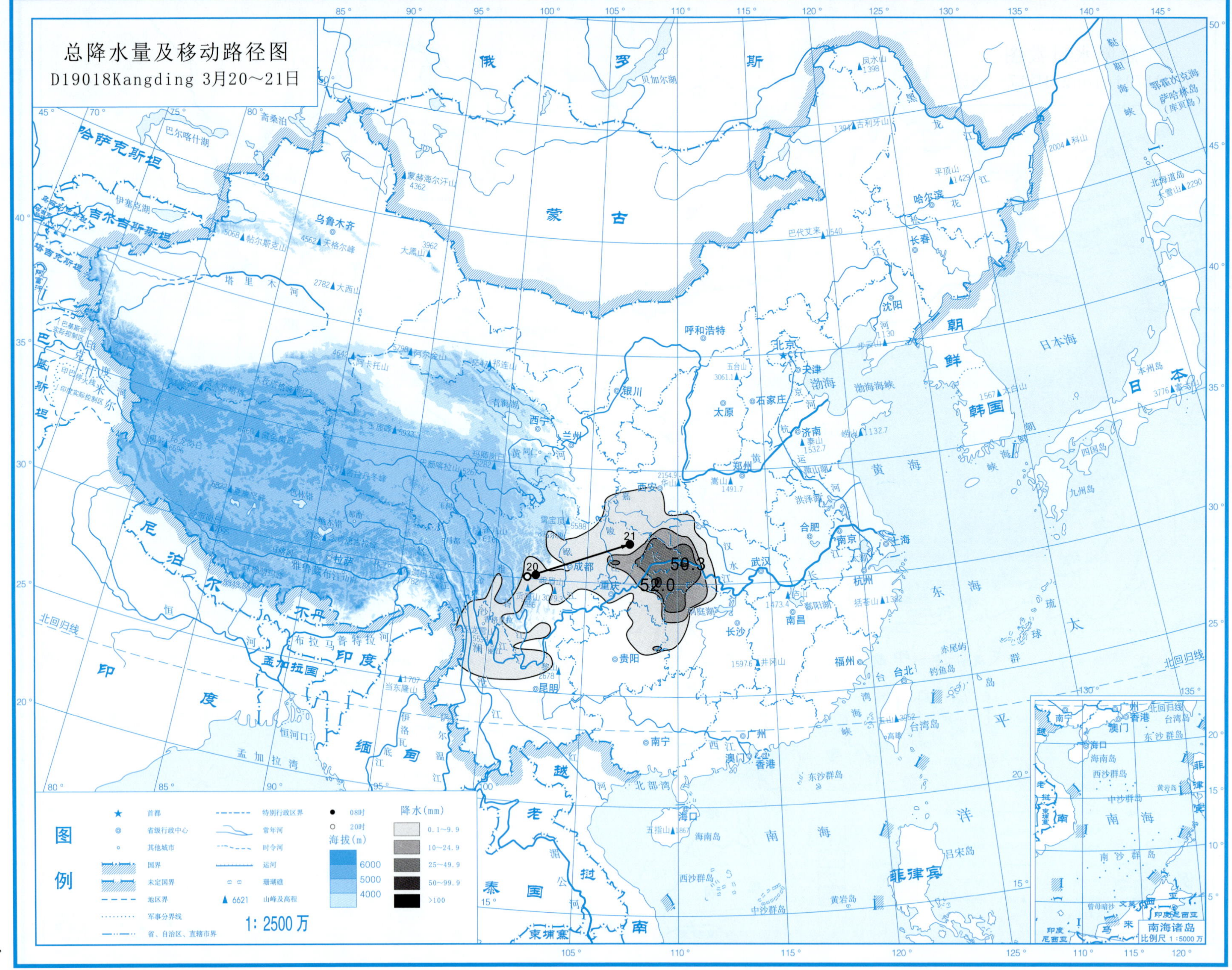
总降水量及移动路径图
D19018Kangding 3月20～21日
图例
1:2500万
降水(mm)
0.1～9.9
10～24.9
25～49.9
50～99.9
>100
52.0
50.3

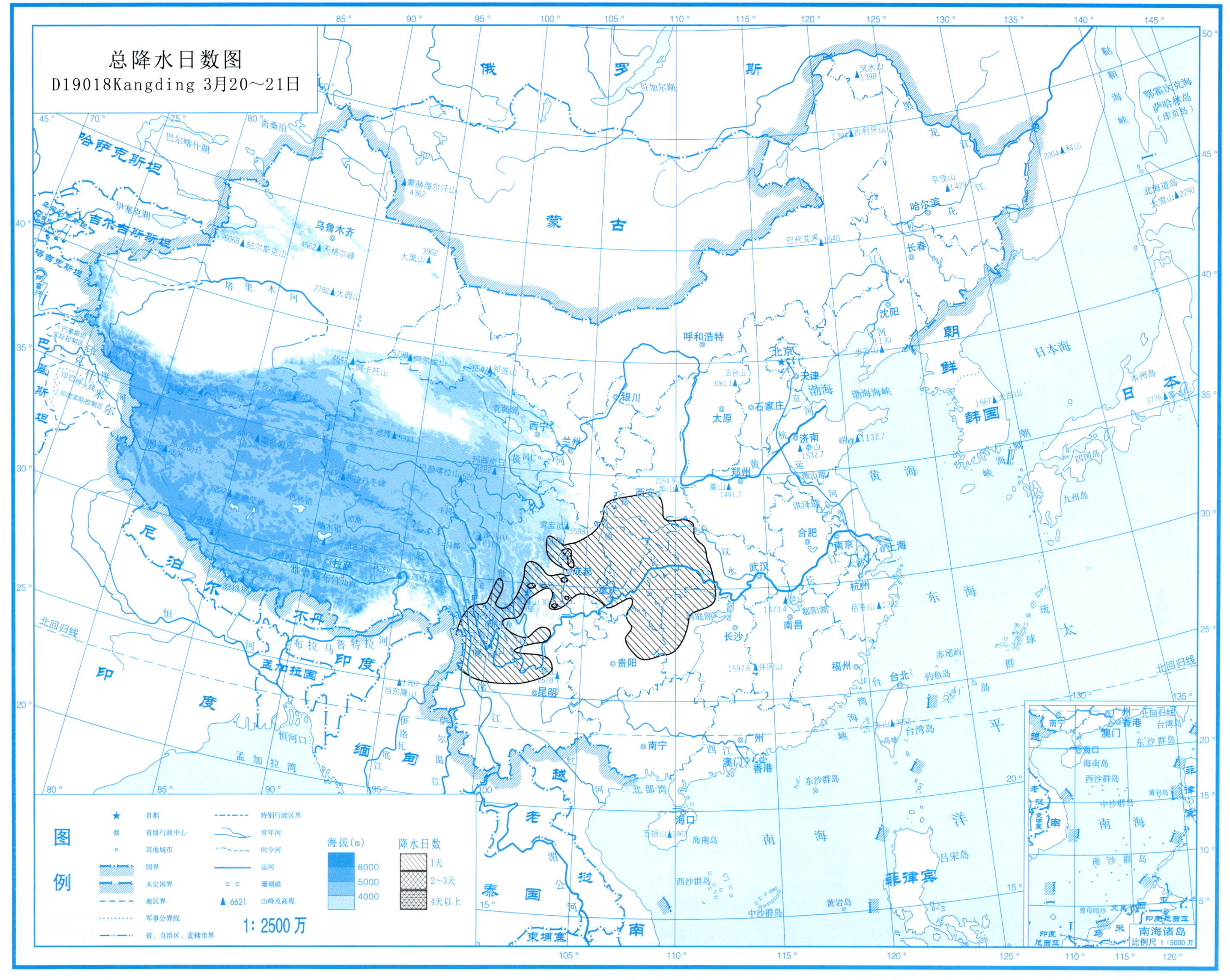
总降水日数图
D19018Kangding 3月20～21日
图例
首都
省级行政中心
其他城市
国界
未定国界
地区界
军事分界线
省、自治区、直辖市界
特别行政区界
常年河
时令河
运河
珊瑚礁
6621 山峰及高程
海拔(m)
6000
5000
4000
降水日数
1天
2～3天
4天以上
1∶2500万
俄
罗
斯
蒙
古
哈萨克斯坦
吉尔吉斯斯坦
塔吉克斯坦
巴基斯坦
尼泊尔
不丹
印度
孟加拉国
缅甸
老挝
越南
泰国
柬埔寨
菲律宾
朝鲜
韩国
日本
北京
天津
石家庄
太原
呼和浩特
沈阳
长春
哈尔滨
济南
郑州
西安
银川
兰州
西宁
乌鲁木齐
拉萨
成都
重庆
贵阳
昆明
南宁
长沙
武汉
南昌
合肥
南京
上海
杭州
福州
台北
广州
香港
澳门
海口
渤海
黄海
东海
南海
日本海
太平洋
南海诸岛
比例尺 1∶5000万

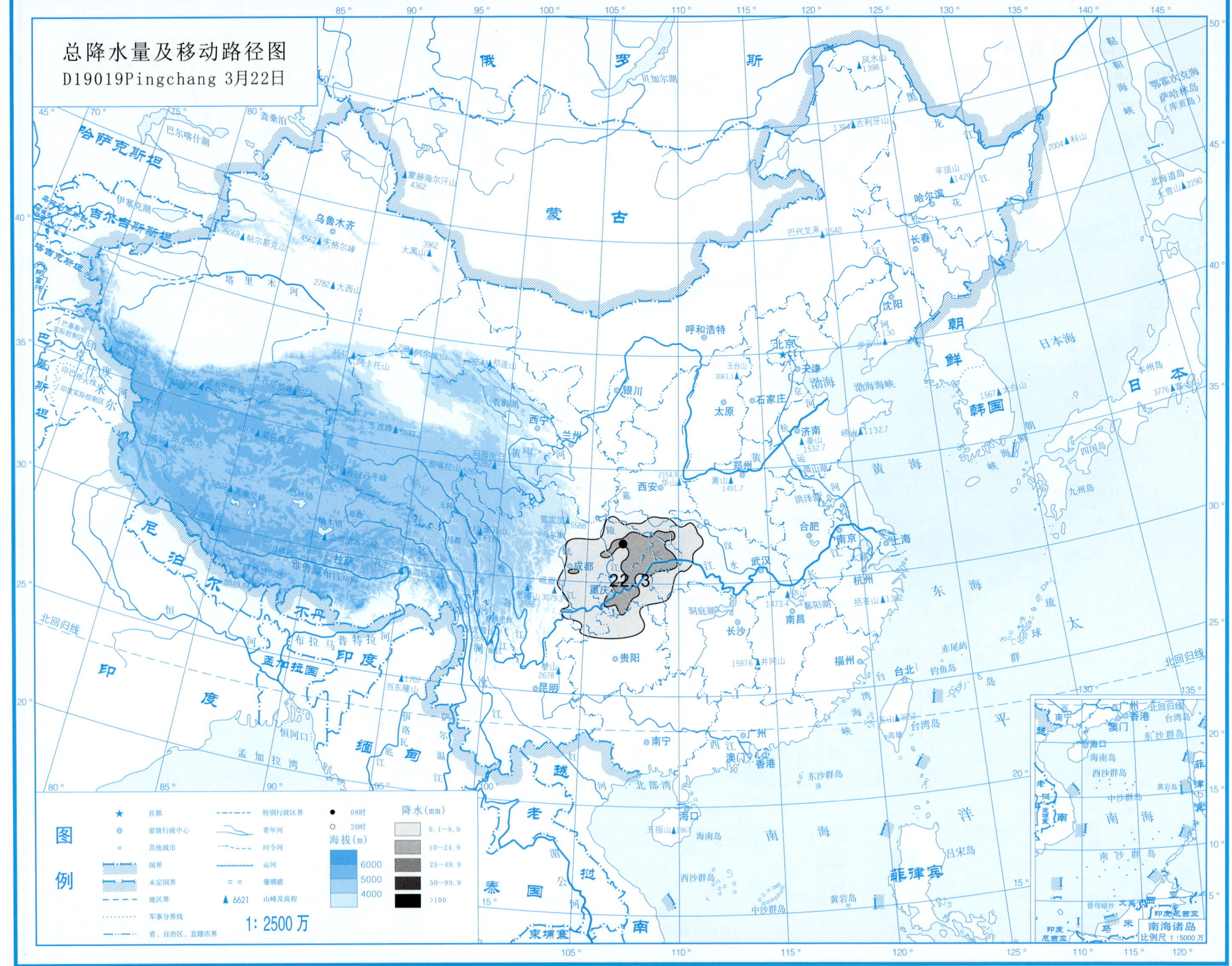
总降水量及移动路径图
D19019Pingchang 3月22日
22 03
图例
首都
省级行政中心
其他城市
国界
未定国界
地区界
军事分界线
特别行政区界
常年河
时令河
运河
珊瑚礁
6621 山峰及高程
省、自治区、直辖市界
08时
20时
海拔(m)
6000
5000
4000
降水(mm)
0.1~9.9
10~24.9
25~49.9
50~99.9
>100
1: 2500 万
南海诸岛
比例尺 1:5000 万
俄
罗
斯
蒙
古
哈萨克斯坦
吉尔吉斯斯坦
塔吉克斯坦
尼
泊
尔
不丹
印
度
孟加拉国
缅
甸
越
老
泰
国
柬埔寨
朝
鲜
韩国
日
本
菲律宾
北京
天津
石家庄
太原
呼和浩特
沈阳
长春
哈尔滨
济南
郑州
西安
银川
兰州
西宁
乌鲁木齐
拉萨
成都
重庆
贵阳
昆明
南宁
广州
香港
澳门
海口
长沙
武汉
南昌
合肥
南京
上海
杭州
福州
台北
日本海
渤海
黄
海
东
海
南
海
太
平
洋
北回归线

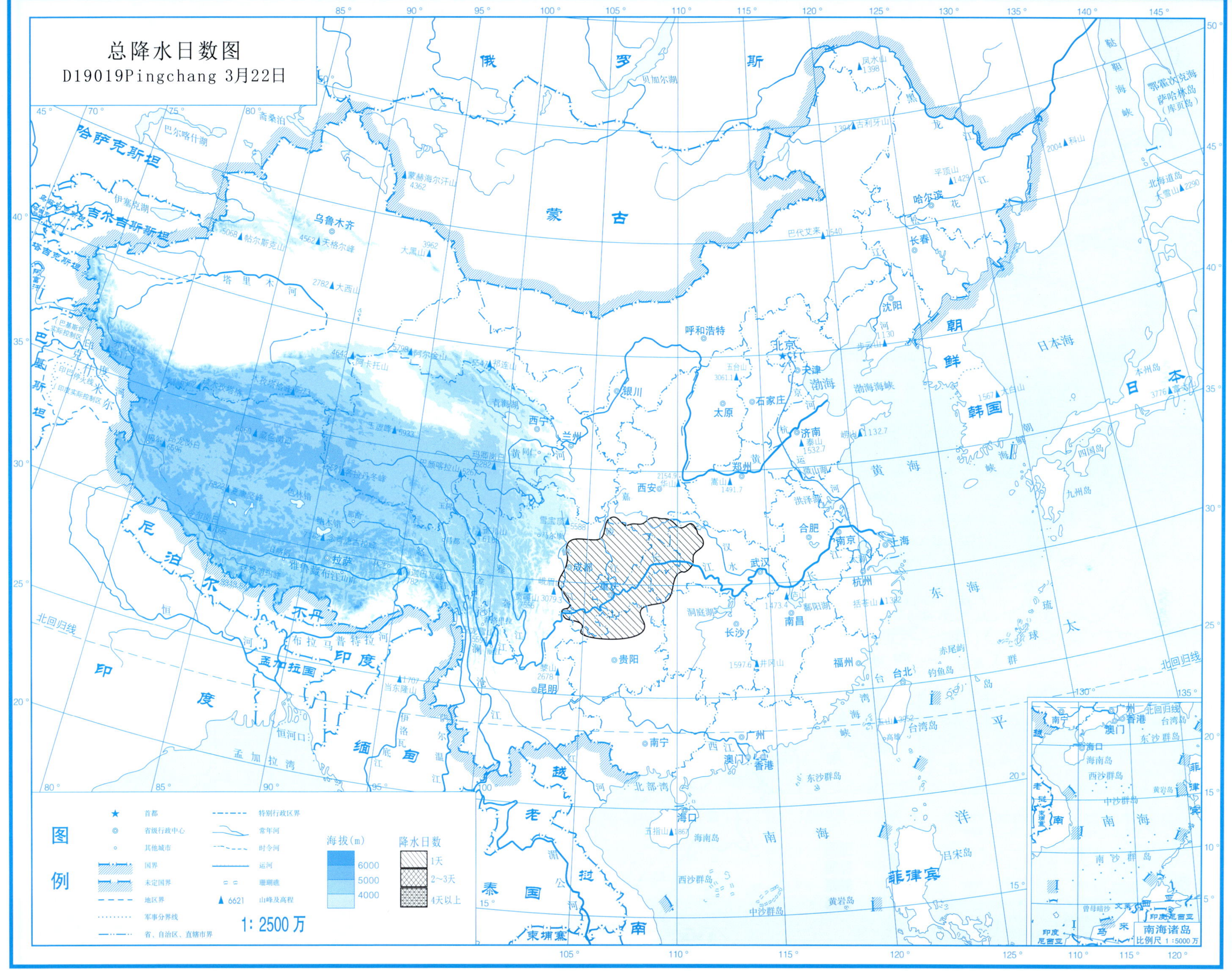
总降水日数图
D19019Pingchang 3月22日
俄 罗 斯
蒙 古
哈萨克斯坦
吉尔吉斯斯坦
塔吉克斯坦
巴基斯坦
尼 泊 尔
不丹
孟加拉国
印 度
缅 甸
老 挝
越 南
泰 国
柬埔寨
朝 鲜
韩国
日 本
菲律宾
北京
天津
呼和浩特
银川
西宁
兰州
太原
石家庄
济南
郑州
西安
成都
重庆
贵阳
昆明
南宁
广州
香港
澳门
海口
长沙
武汉
南昌
合肥
南京
上海
杭州
福州
台北
沈阳
长春
哈尔滨
乌鲁木齐
拉萨
渤海
黄 海
东 海
南 海
日本海
太 平 洋
孟 加 拉 湾
北回归线
图 例
首都
省级行政中心
其他城市
国界
未定国界
地区界
军事分界线
省、自治区、直辖市界
特别行政区界
常年河
时令河
运河
珊瑚礁
山峰及高程
海拔(m)
6000
5000
4000
降水日数
1天
2~3天
4天以上
1:2500万
南海诸岛
比例尺 1:5000万

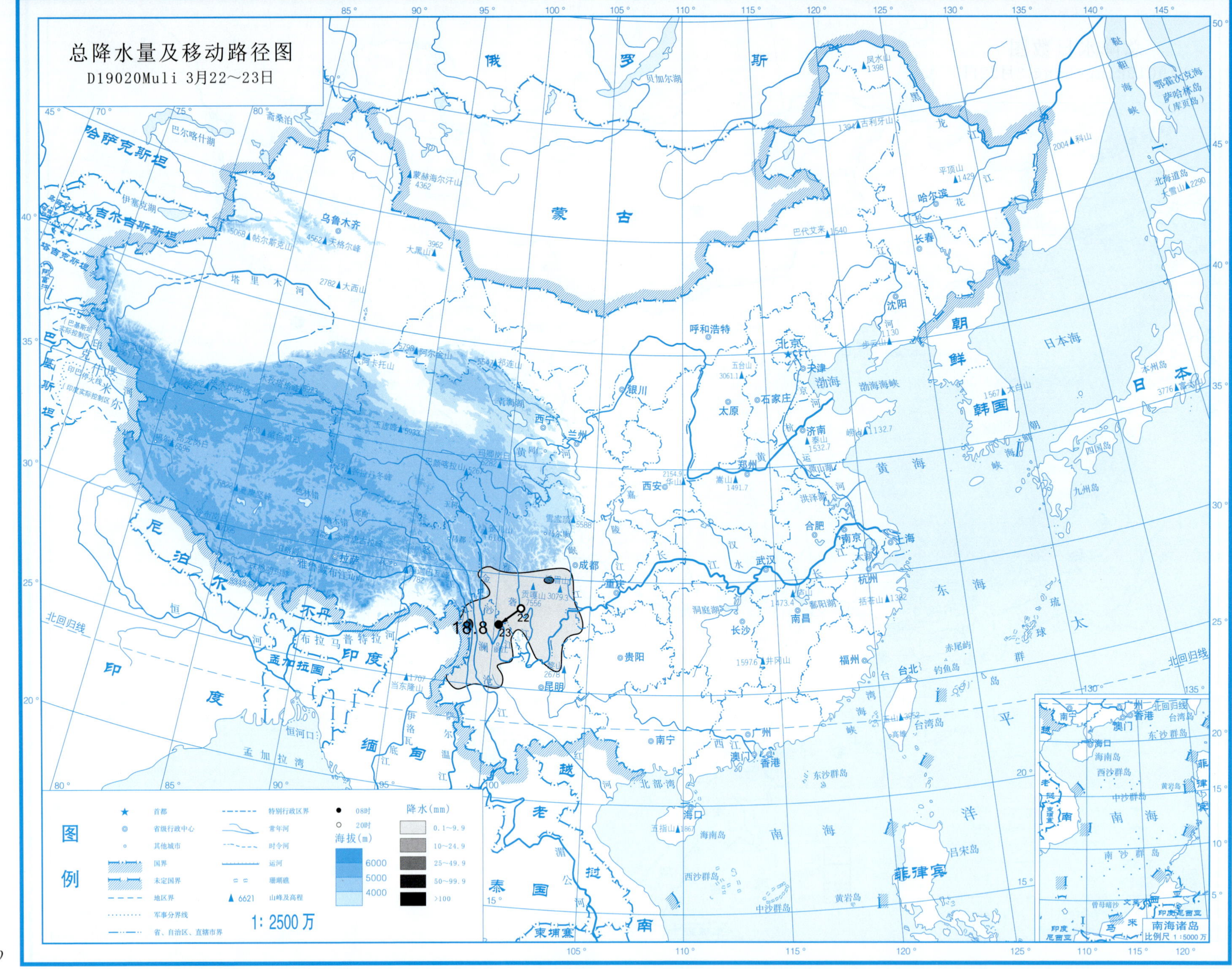

总降水量及移动路径图
D19020Muli 3月22～23日
18.8
22
23
图例
首都
省级行政中心
其他城市
国界
未定国界
地区界
军事分界线
省、自治区、直辖市界
特别行政区界
常年河
时令河
运河
珊瑚礁
6621 山峰及高程
08时
20时
海拔(m)
6000
5000
4000
降水(mm)
0.1～9.9
10～24.9
25～49.9
50～99.9
>100
1:2500万
南海诸岛
比例尺 1:5000万

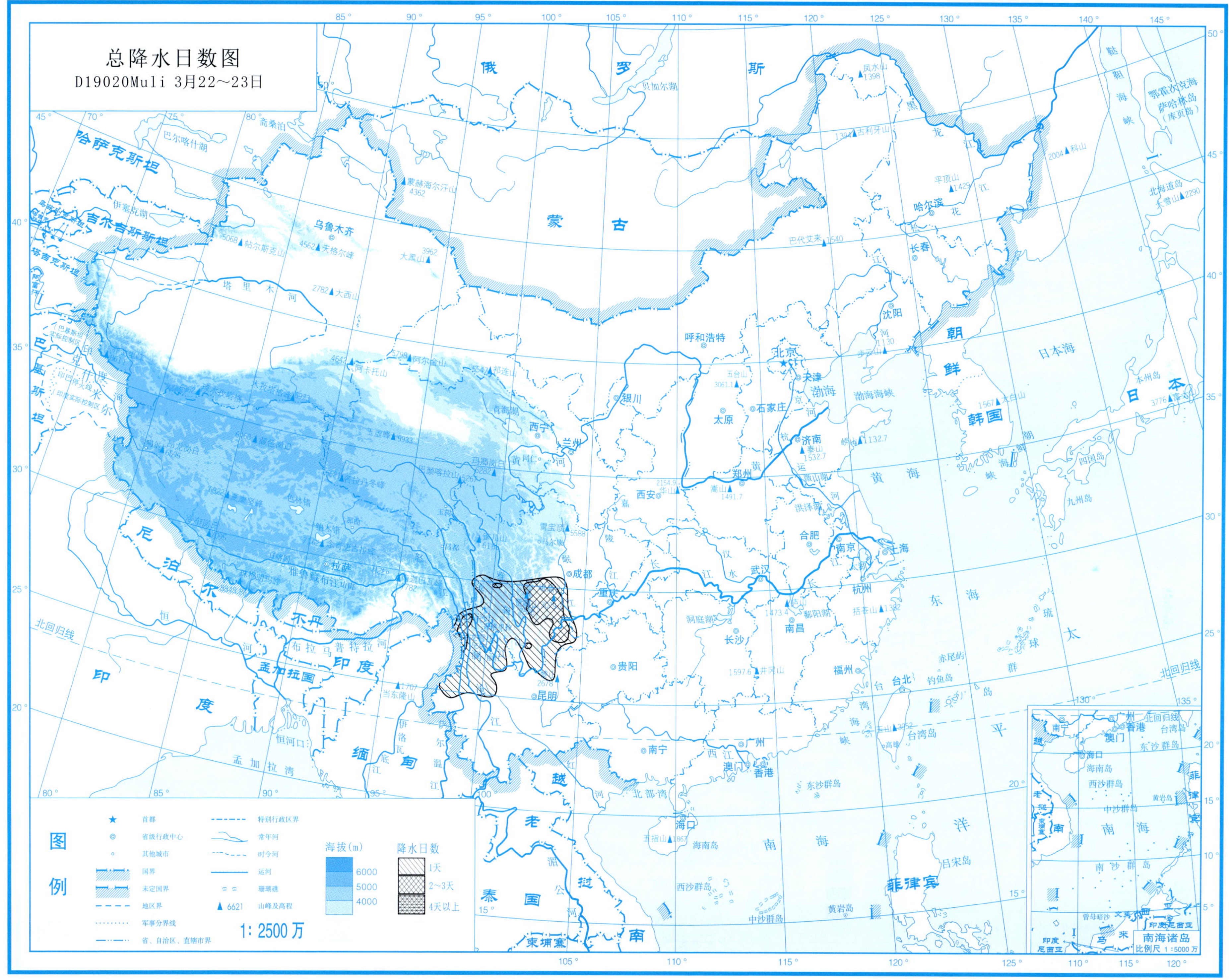
总降水日数图
D19020Muli 3月22～23日
图例
首都
省级行政中心
其他城市
国界
未定国界
地区界
军事分界线
省、自治区、直辖市界
特别行政区界
常年河
时令河
运河
珊瑚礁
6621 山峰及高程
海拔(m)
6000
5000
4000
降水日数
1天
2～3天
4天以上
1: 2500 万
俄 罗 斯
蒙 古
哈萨克斯坦
吉尔吉斯斯坦
塔吉克斯坦
巴基斯坦
尼泊尔
不丹
印度
孟加拉国
缅甸
老挝
泰国
越南
柬埔寨
朝鲜
韩国
日本
菲律宾
日本海
黄 海
东 海
南 海
太 平 洋
南海诸岛
比例尺 1 :5000 万

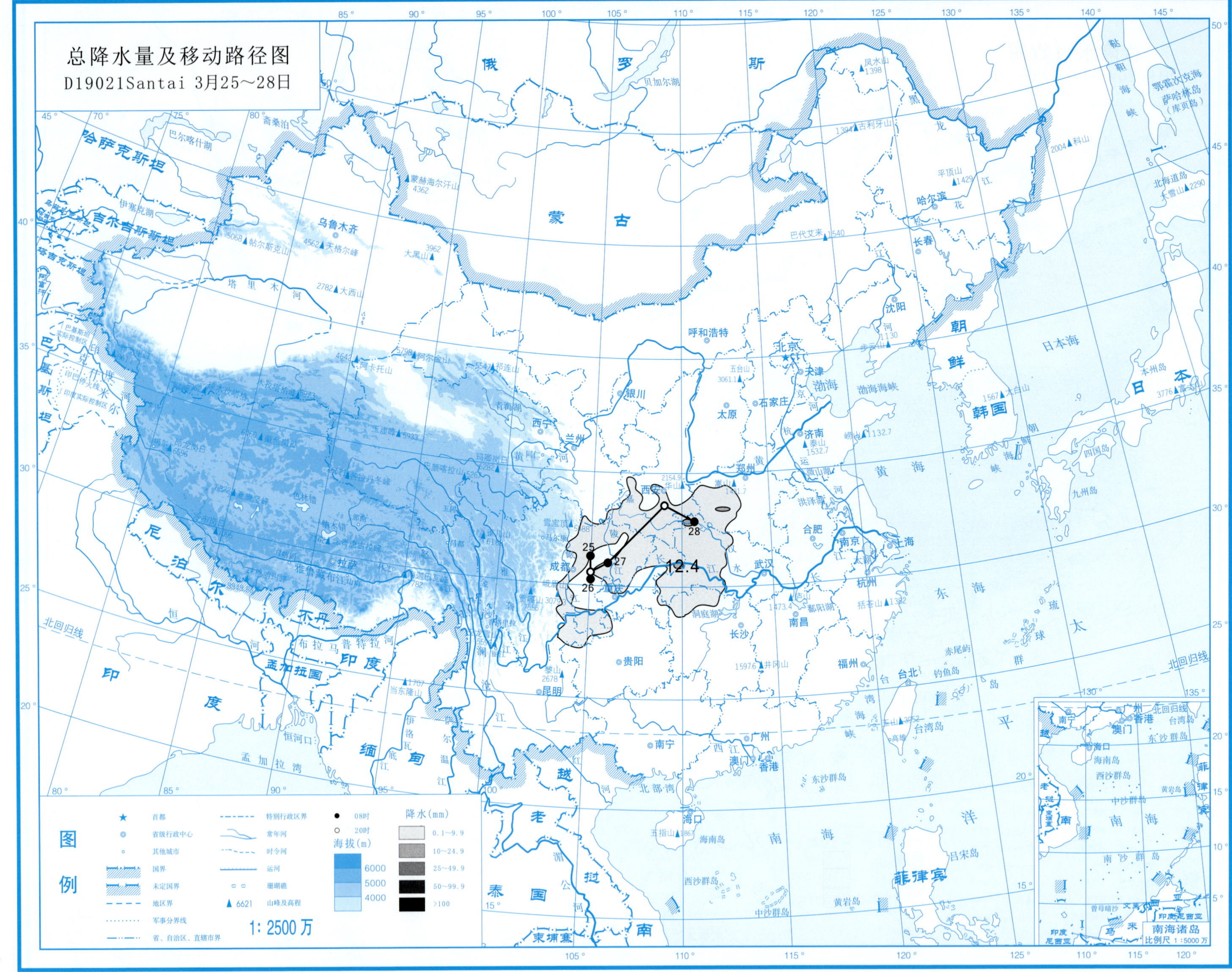
总降水量及移动路径图
D19021Santai 3月25～28日
25
26
27
28
12.4
图例
首都
省级行政中心
其他城市
国界
未定国界
地区界
军事分界线
省、自治区、直辖市界
特别行政区界
常年河
时令河
运河
珊瑚礁
山峰及高程
08时
20时
海拔(m)
6000
5000
4000
降水(mm)
0.1～9.9
10～24.9
25～49.9
50～99.9
>100
1: 2500 万
南海诸岛
比例尺 1:5000 万

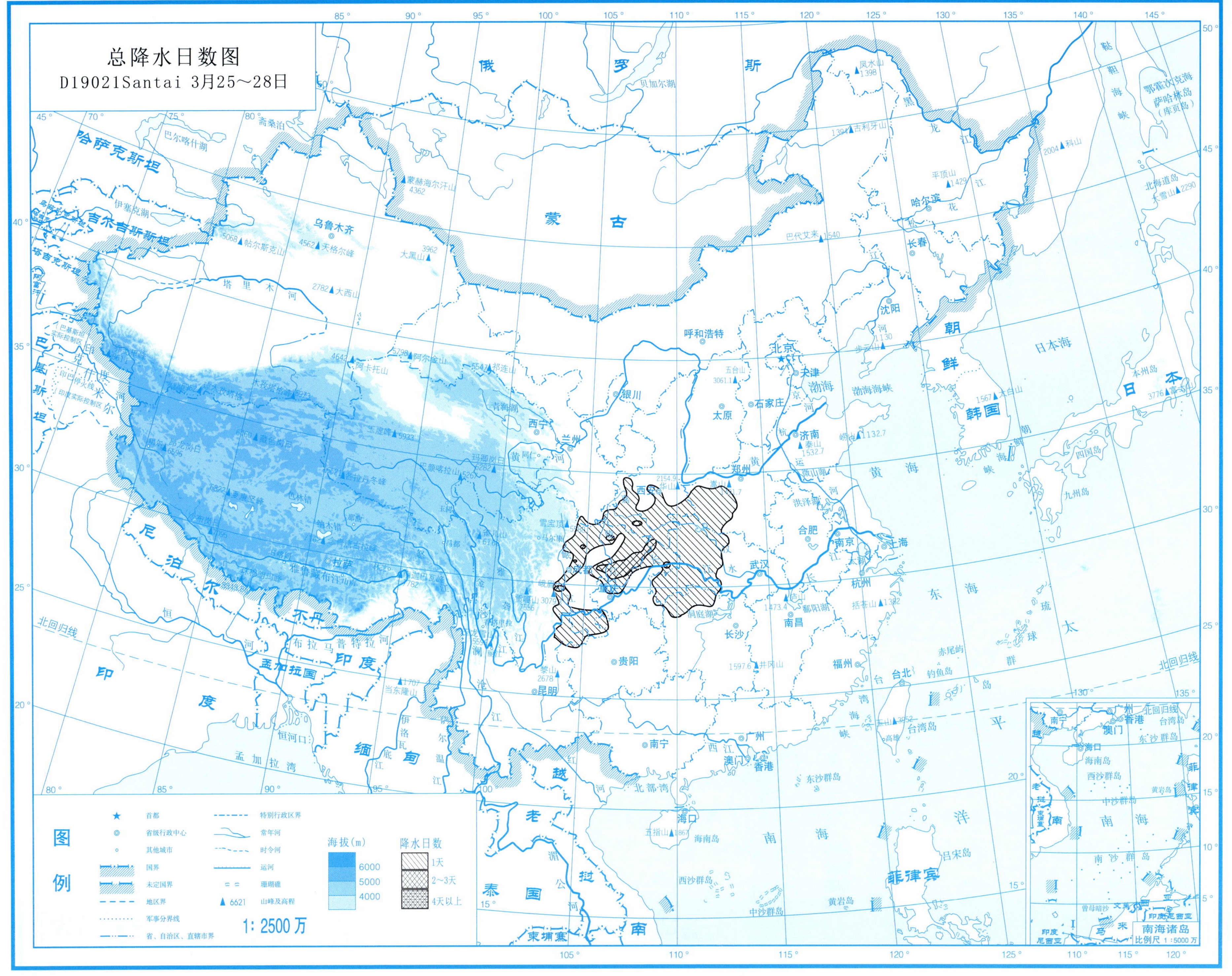
总降水日数图
D19021Santai 3月25～28日
图例
首都
省级行政中心
其他城市
国界
未定国界
地区界
军事分界线
省、自治区、直辖市界
特别行政区界
常年河
时令河
运河
珊瑚礁
6621 山峰及高程
海拔(m)
6000
5000
4000
降水日数
1天
2～3天
4天以上
1: 2500 万
南海诸岛
比例尺 1：5000 万
俄罗斯
蒙古
哈萨克斯坦
吉尔吉斯斯坦
塔吉克斯坦
阿富汗
巴基斯坦
印度
尼泊尔
不丹
孟加拉国
缅甸
老挝
泰国
越南
柬埔寨
菲律宾
朝鲜
韩国
日本
日本海
黄海
东海
南海
太平洋
北京
天津
石家庄
太原
呼和浩特
沈阳
长春
哈尔滨
济南
郑州
西安
兰州
银川
西宁
乌鲁木齐
拉萨
成都
重庆
贵阳
昆明
南宁
广州
长沙
武汉
南昌
合肥
南京
上海
杭州
福州
台北
海口
香港
澳门
北回归线

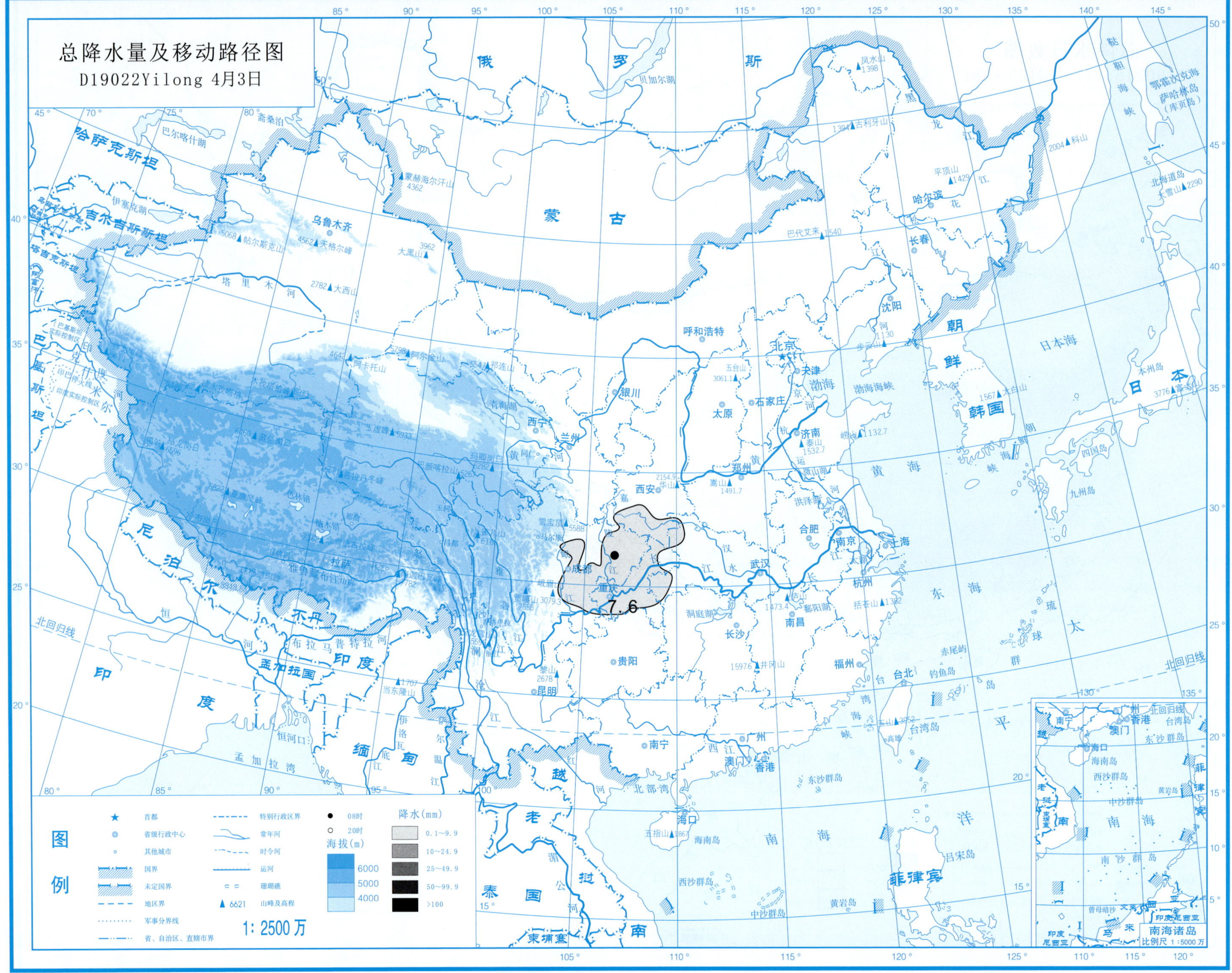
总降水量及移动路径图
D19022Yilong 4月3日
7.6
图例
首都
省级行政中心
其他城市
国界
未定国界
地区界
军事分界线
省、自治区、直辖市界
特别行政区界
常年河
时令河
运河
珊瑚礁
6621 山峰及高程
08时
20时
海拔(m)
6000
5000
4000
降水(mm)
0.1~9.9
10~24.9
25~49.9
50~99.9
>100
1: 2500 万
南海诸岛
比例尺 1:5000 万

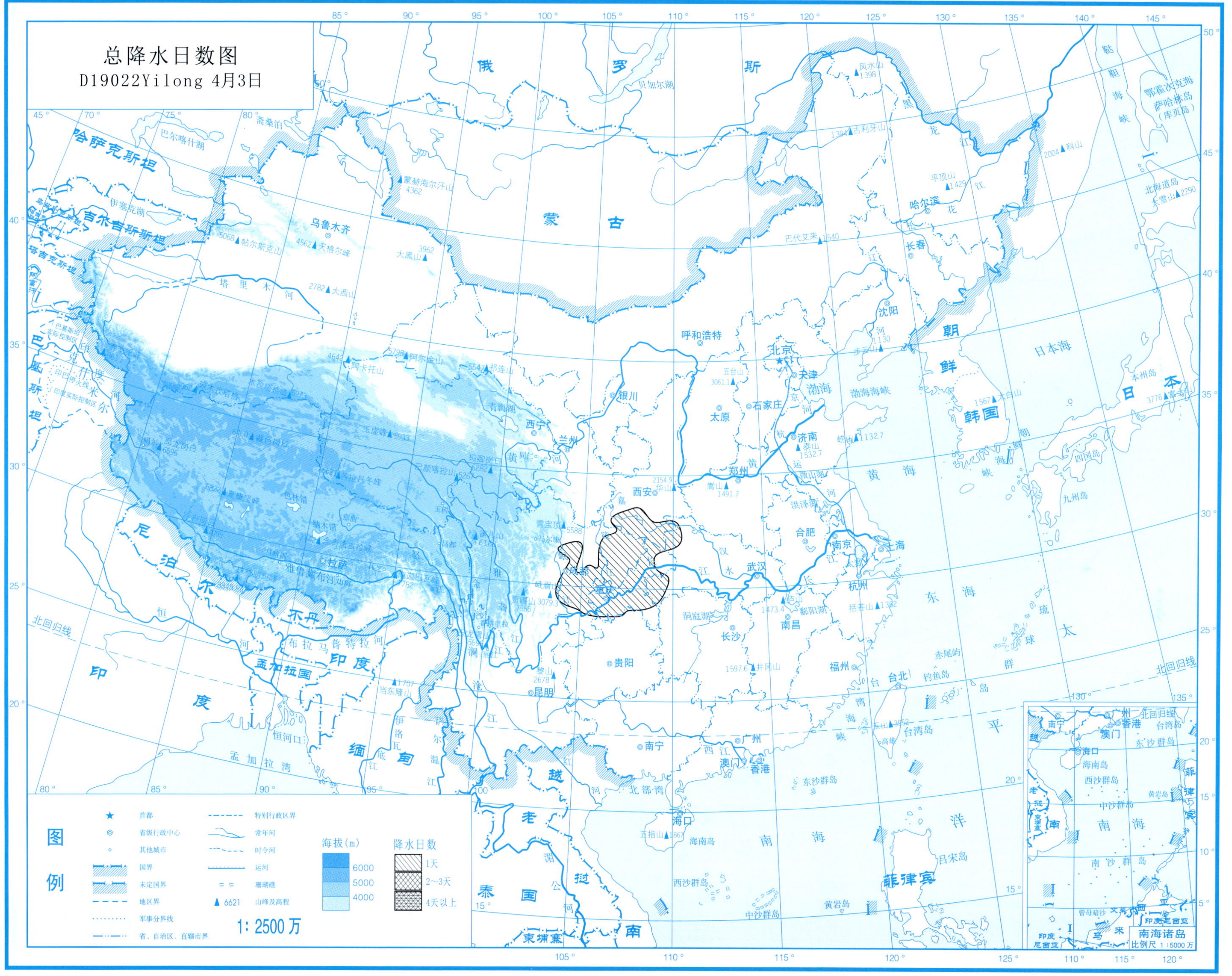
总降水日数图
D19022Yilong 4月3日
图例
首都
省级行政中心
其他城市
国界
未定国界
地区界
军事分界线
省、自治区、直辖市界
特别行政区界
常年河
时令河
运河
珊瑚礁
山峰及高程
海拔(m)
6000
5000
4000
降水日数
1天
2~3天
4天以上
1: 2500万
南海诸岛
比例尺 1:5000万

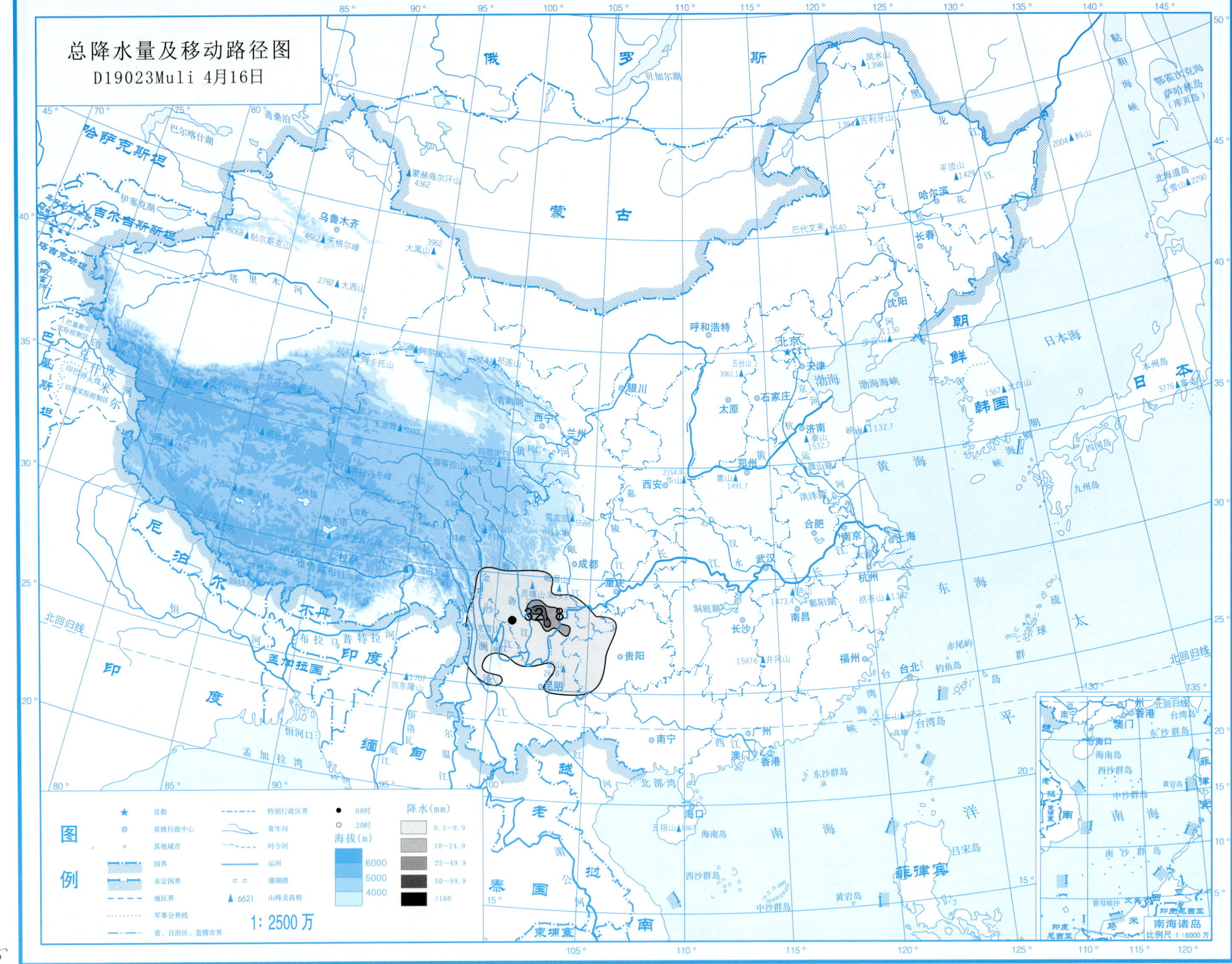
总降水量及移动路径图
D19023Muli 4月16日
32.8
图例
首都
省级行政中心
其他城市
国界
未定国界
地区界
军事分界线
省、自治区、直辖市界
特别行政区界
常年河
时令河
运河
珊瑚礁
6621 山峰及高程
08时
20时
海拔(m)
6000
5000
4000
降水(mm)
0.1~9.9
10~24.9
25~49.9
50~99.9
>100
1: 2500万
南海诸岛
比例尺 1:5000万

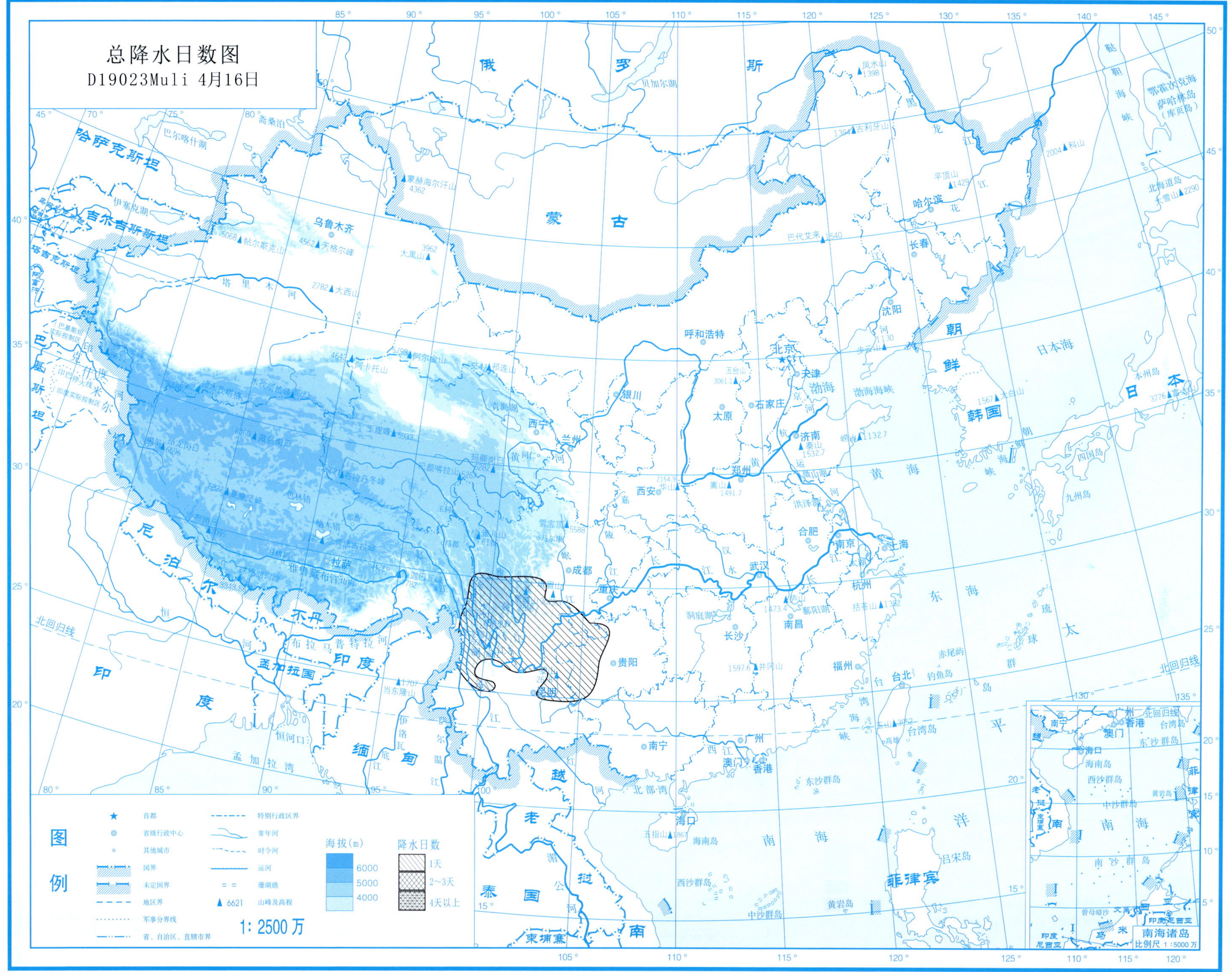

总降水日数图
D19023Muli 4月16日
图例
首都
省级行政中心
其他城市
国界
未定国界
地区界
军事分界线
省、自治区、直辖市界
特别行政区界
常年河
时令河
运河
珊瑚礁
6621 山峰及高程
海拔(m)
6000
5000
4000
降水日数
1天
2~3天
4天以上
1:2500万
南海诸岛
比例尺 1:5000万

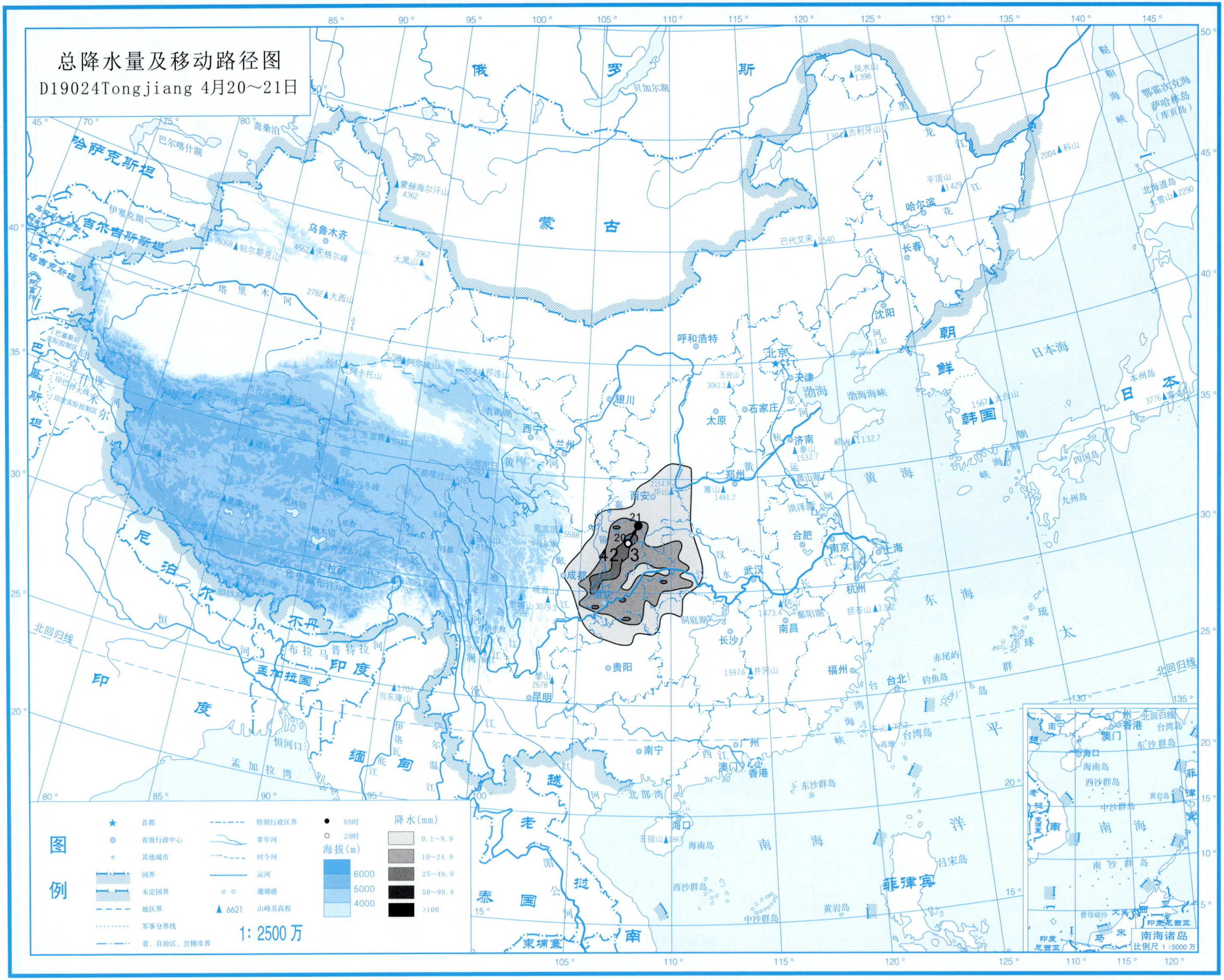

总降水量及移动路径图

D19024Tongjiang 4月20～21日

21
20
42.3

图例

★	首都
◎	省级行政中心
○	其他城市
	国界
	未定国界
	地区界
	军事分界线
	省、自治区、直辖市界
	特别行政区界
	常年河
	时令河
	运河
	珊瑚礁
▲ 6621	山峰及高程
●	08时
○	20时

海拔(m)：6000、5000、4000

降水(mm)：0.1~9.9、10~24.9、25~49.9、50~99.9、>100

1: 2500 万

南海诸岛 比例尺 1:5000 万

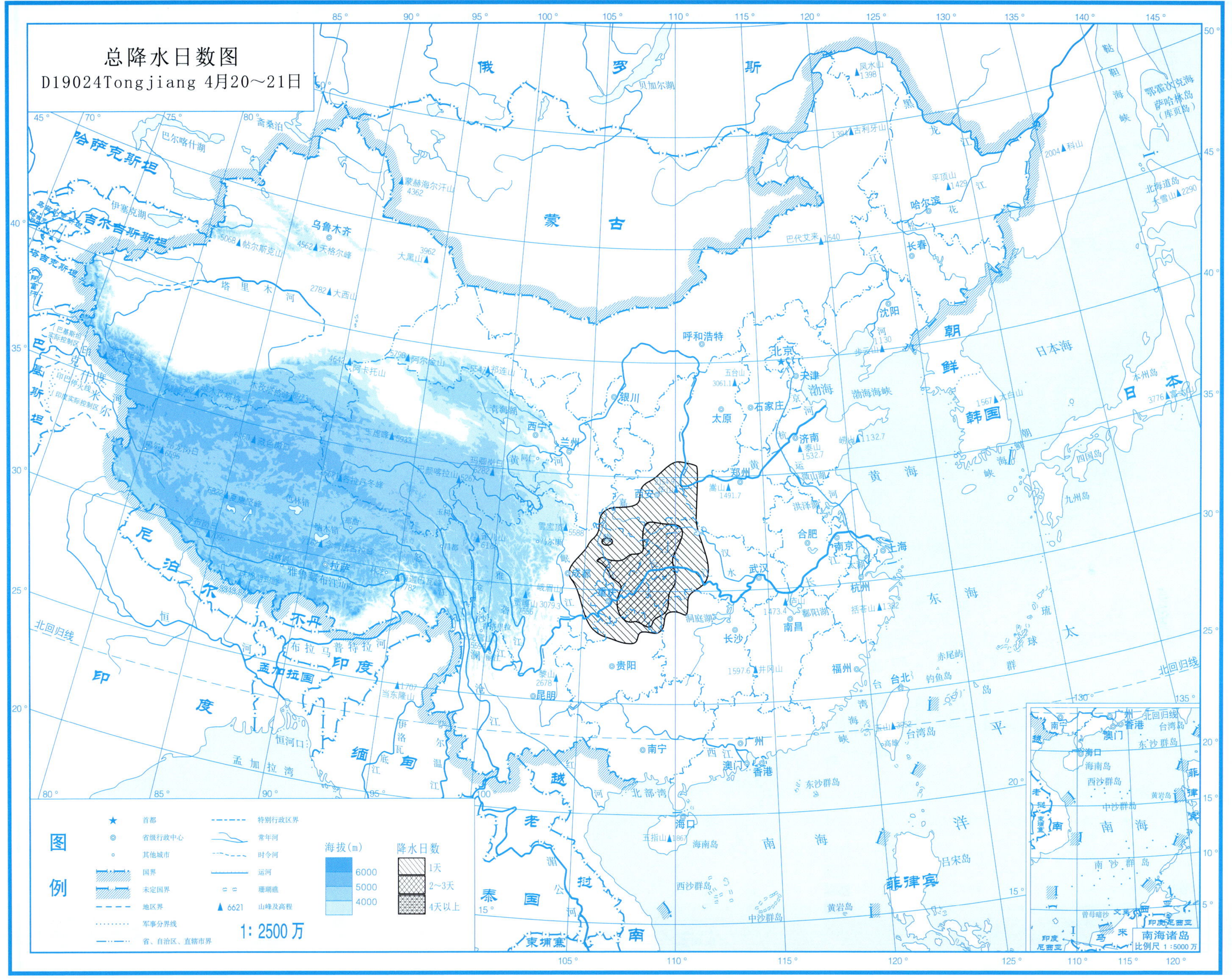
总降水日数图
D19024Tongjiang 4月20～21日
图例
首都
省级行政中心
其他城市
国界
未定国界
地区界
军事分界线
省、自治区、直辖市界
特别行政区界
常年河
时令河
运河
珊瑚礁
6621 山峰及高程
海拔(m)
6000
5000
4000
降水日数
1天
2～3天
4天以上
1: 2500万
南海诸岛
比例尺 1:5000万

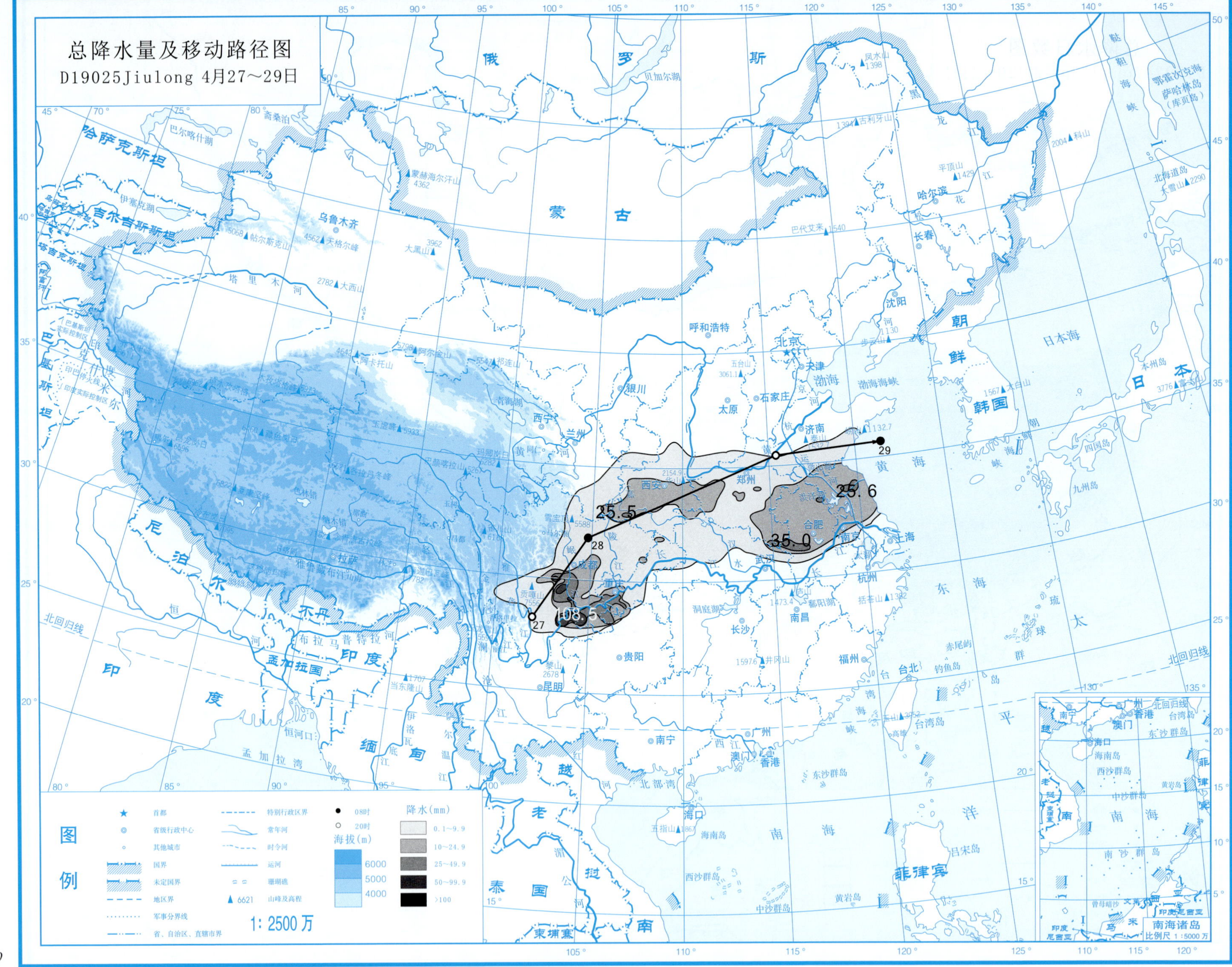
总降水量及移动路径图
D19025Jiulong 4月27～29日
25.5
25.6
35.0
108.5
27
28
29
图例
降水(mm)
0.1～9.9
10～24.9
25～49.9
50～99.9
>100
海拔(m)
6000
5000
4000
1:2500万

总降水日数图

D19025Jiulong 4月27～29日

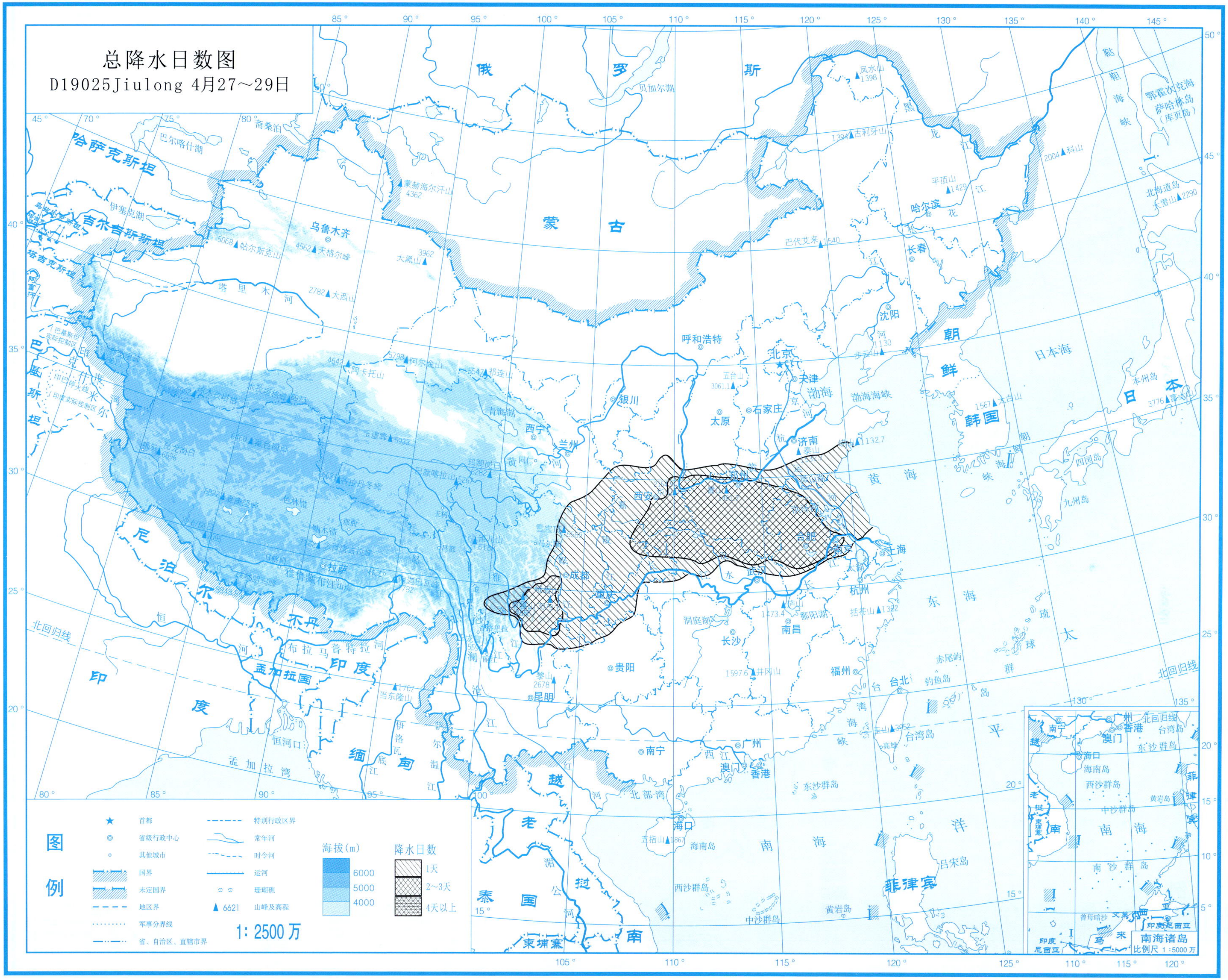

图例

★ 首都
◎ 省级行政中心
○ 其他城市
国界
未定国界
地区界
军事分界线
省、自治区、直辖市界
特别行政区界
常年河
时令河
运河
珊瑚礁
▲ 6621 山峰及高程

海拔(m)
6000
5000
4000

降水日数
1天
2～3天
4天以上

1：2500万

南海诸岛
比例尺 1：5000万

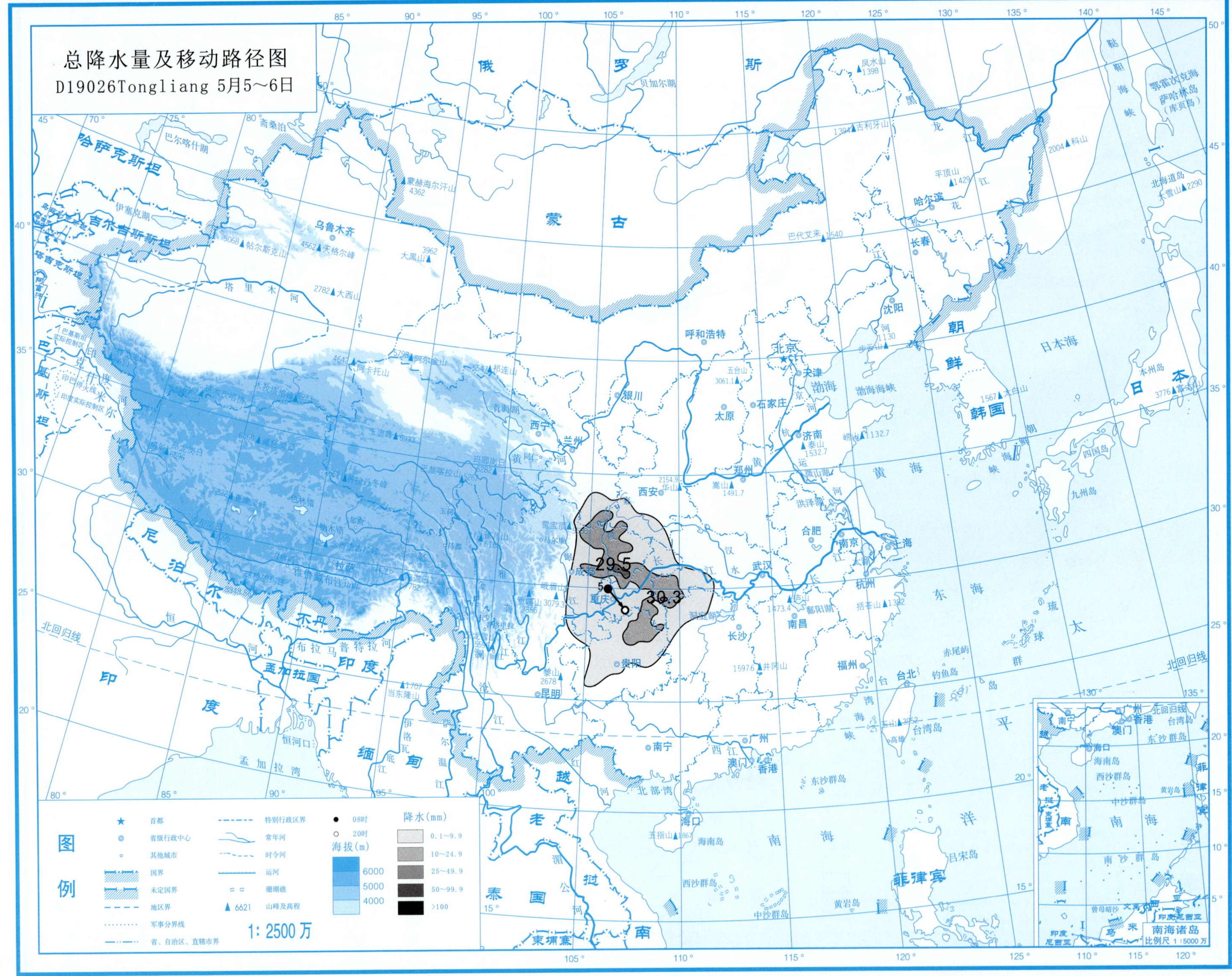
总降水量及移动路径图
D19026Tongliang 5月5～6日
29.5
30.3
5
图例
首都
省级行政中心
其他城市
国界
未定国界
地区界
军事分界线
省、自治区、直辖市界
特别行政区界
常年河
时令河
运河
珊瑚礁
6621 山峰及高程
08时
20时
海拔(m)
6000
5000
4000
降水(mm)
0.1～9.9
10～24.9
25～49.9
50～99.9
>100
1∶2500万
南海诸岛
比例尺 1∶5000万

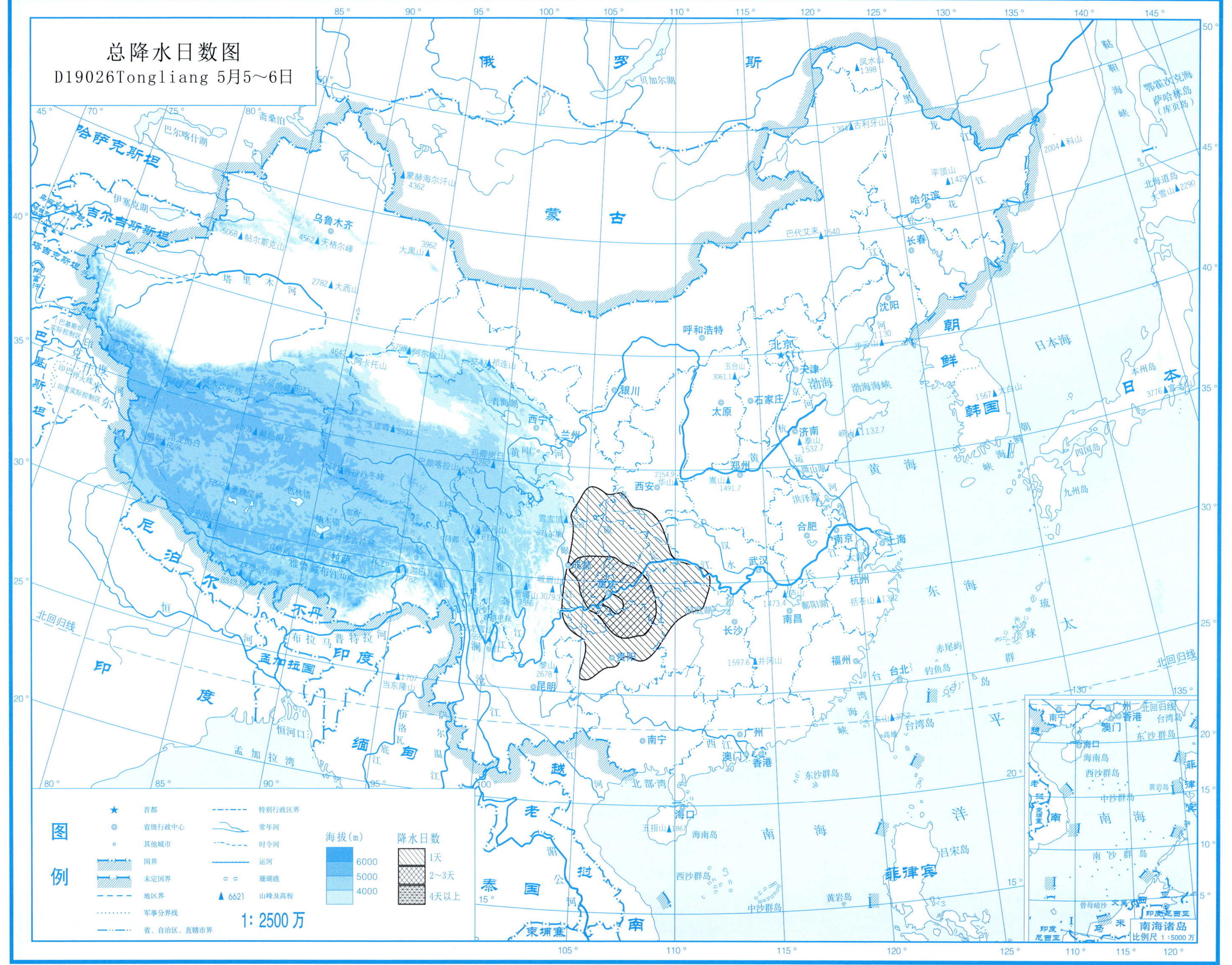

总降水日数图
D19026Tongliang 5月5～6日
图例
首都
省级行政中心
其他城市
国界
未定国界
地区界
军事分界线
省、自治区、直辖市界
特别行政区界
常年河
时令河
运河
珊瑚礁
6621 山峰及高程
1: 2500 万
海拔(m)
6000
5000
4000
降水日数
1天
2～3天
4天以上
南海诸岛
比例尺 1:5000 万

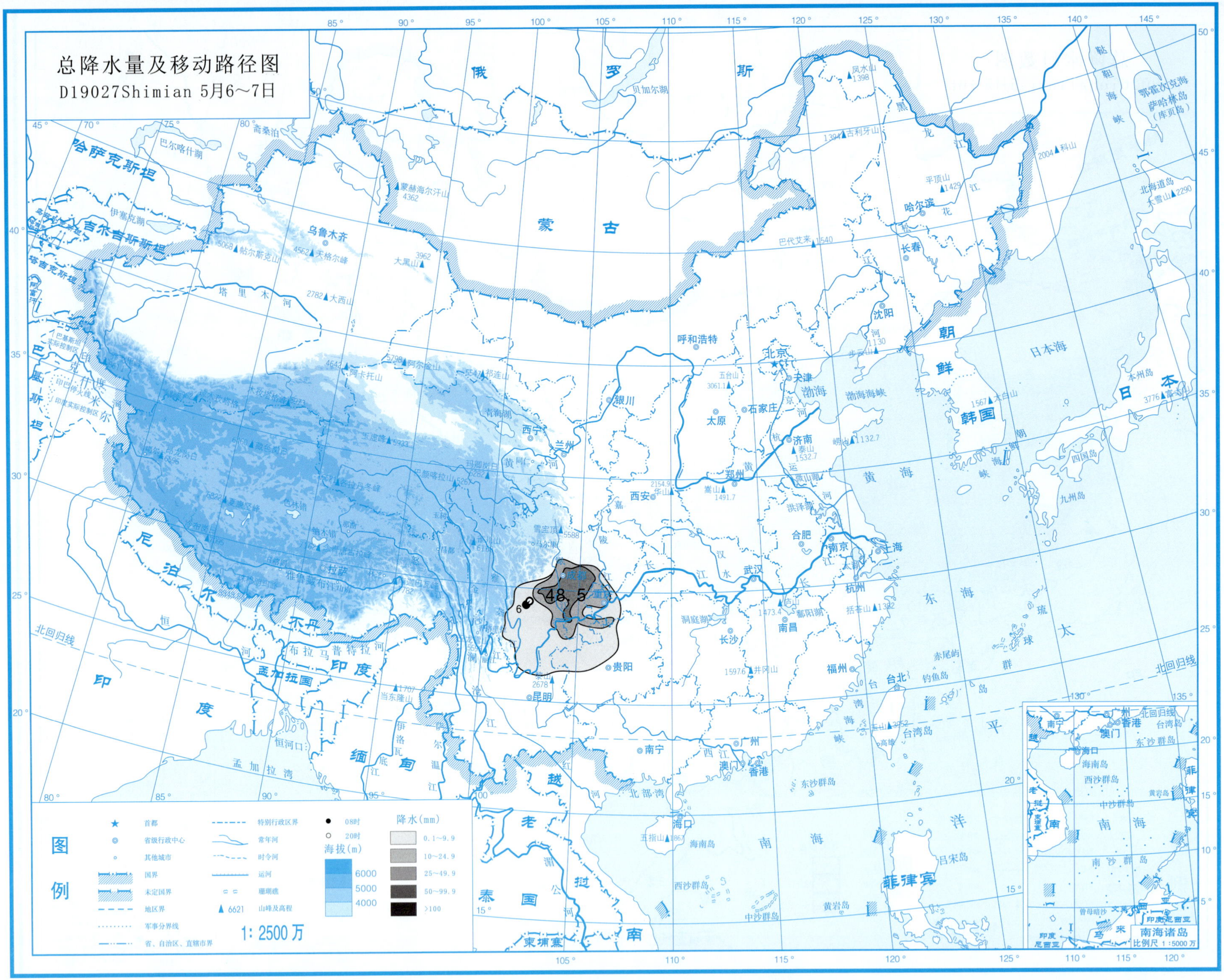

总降水量及移动路径图

D19027Shimian 5月6～7日

48.5

6

图例

★	首都
◎	省级行政中心
○	其他城市
	国界
	未定国界
	地区界
	军事分界线
	省、自治区、直辖市界
	特别行政区界
	常年河
	时令河
	运河
	珊瑚礁
▲ 6621	山峰及高程
●	08时
○	20时

海拔(m)：6000、5000、4000

降水(mm)：0.1～9.9、10～24.9、25～49.9、50～99.9、>100

1:2500万

南海诸岛 比例尺 1:5000万

总降水日数图

D19027Shimian 5月6～7日

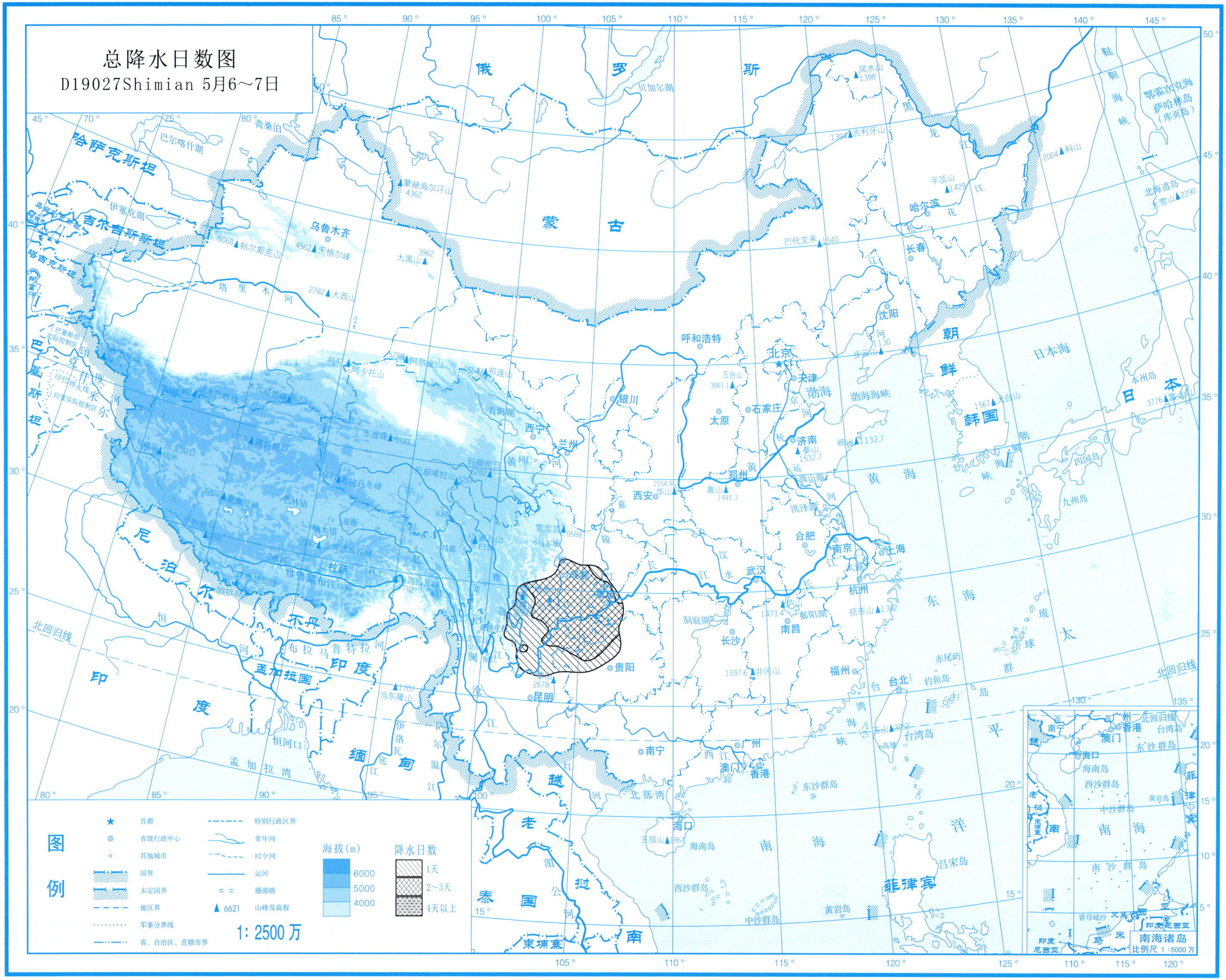

图例

- ★ 首都
- ◎ 省级行政中心
- ○ 其他城市
- 国界
- 未定国界
- 地区界
- 军事分界线
- 省、自治区、直辖市界
- 特别行政区界
- 常年河
- 时令河
- 运河
- 珊瑚礁
- ▲ 6621 山峰及高程

海拔(m)：6000、5000、4000

降水日数：1天、2～3天、4天以上

1∶2500万

南海诸岛 比例尺 1∶5000 万

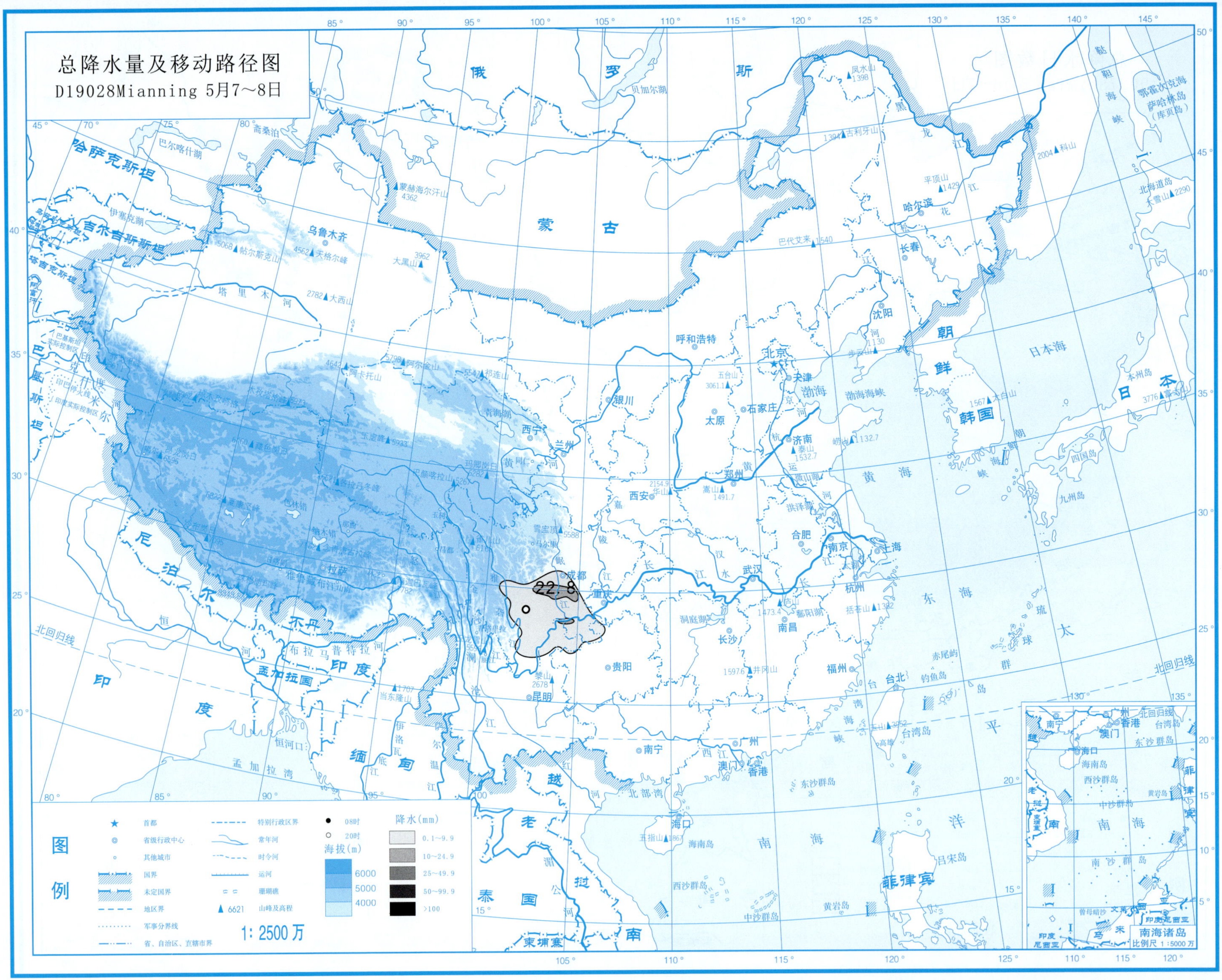

总降水量及移动路径图

D19028Mianning 5月7～8日

22.8

图例

- ★ 首都
- ◎ 省级行政中心
- ∘ 其他城市
- 国界
- 未定国界
- 地区界
- 军事分界线
- 省、自治区、直辖市界
- 特别行政区界
- 常年河
- 时令河
- 运河
- 珊瑚礁
- ▲ 6621 山峰及高程
- ● 08时
- ○ 20时

海拔(m)：6000、5000、4000

降水(mm)：0.1～9.9；10～24.9；25～49.9；50～99.9；>100

1：2500 万

南海诸岛 比例尺 1：5000 万

总降水日数图

D19028Mianning 5月7～8日

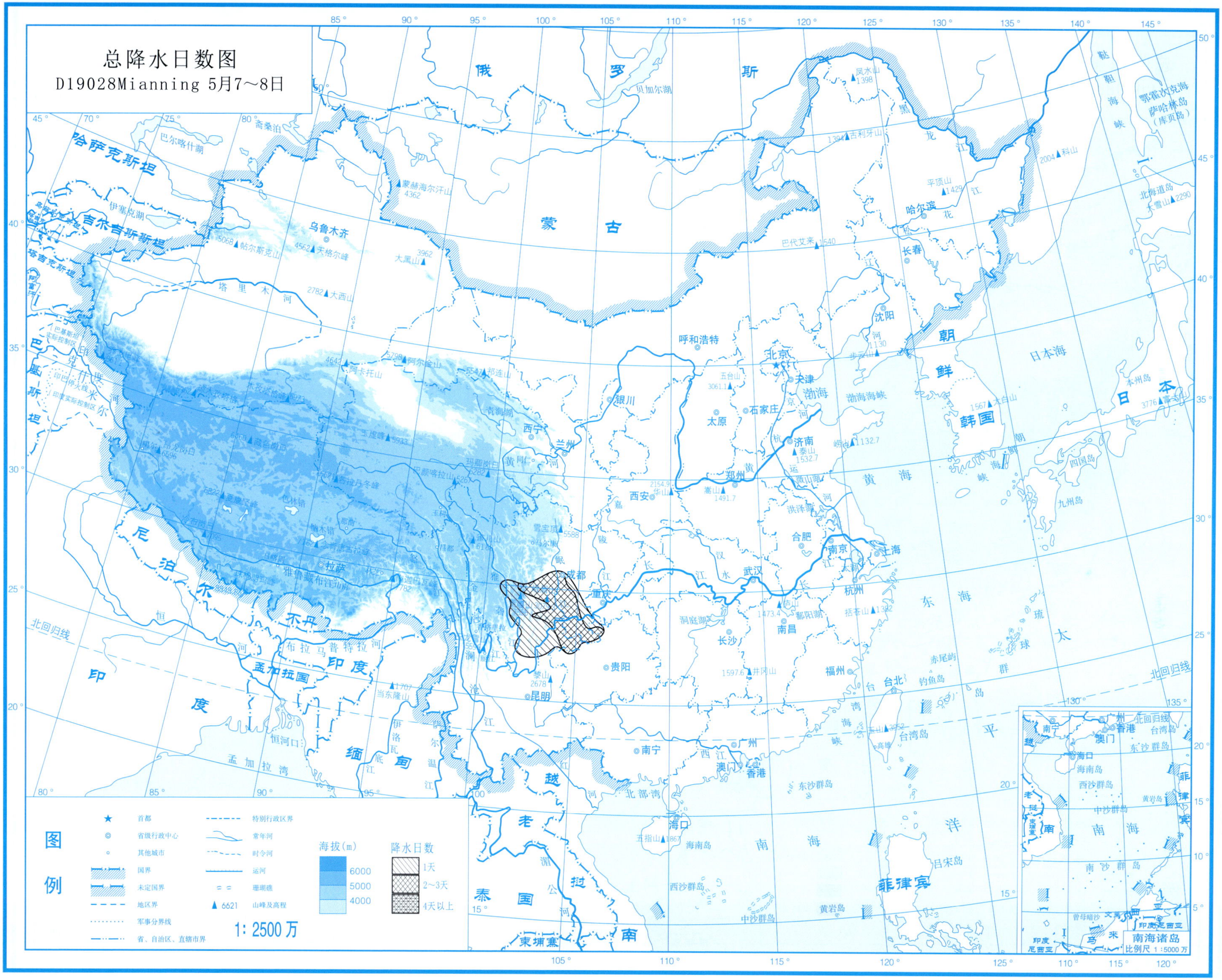

图例

★ 首都
◎ 省级行政中心
◦ 其他城市
国界
未定国界
地区界
军事分界线
省、自治区、直辖市界
特别行政区界
常年河
时令河
运河
珊瑚礁
▲ 6621 山峰及高程

1: 2500 万

海拔(m)
6000
5000
4000

降水日数
1天
2～3天
4天以上

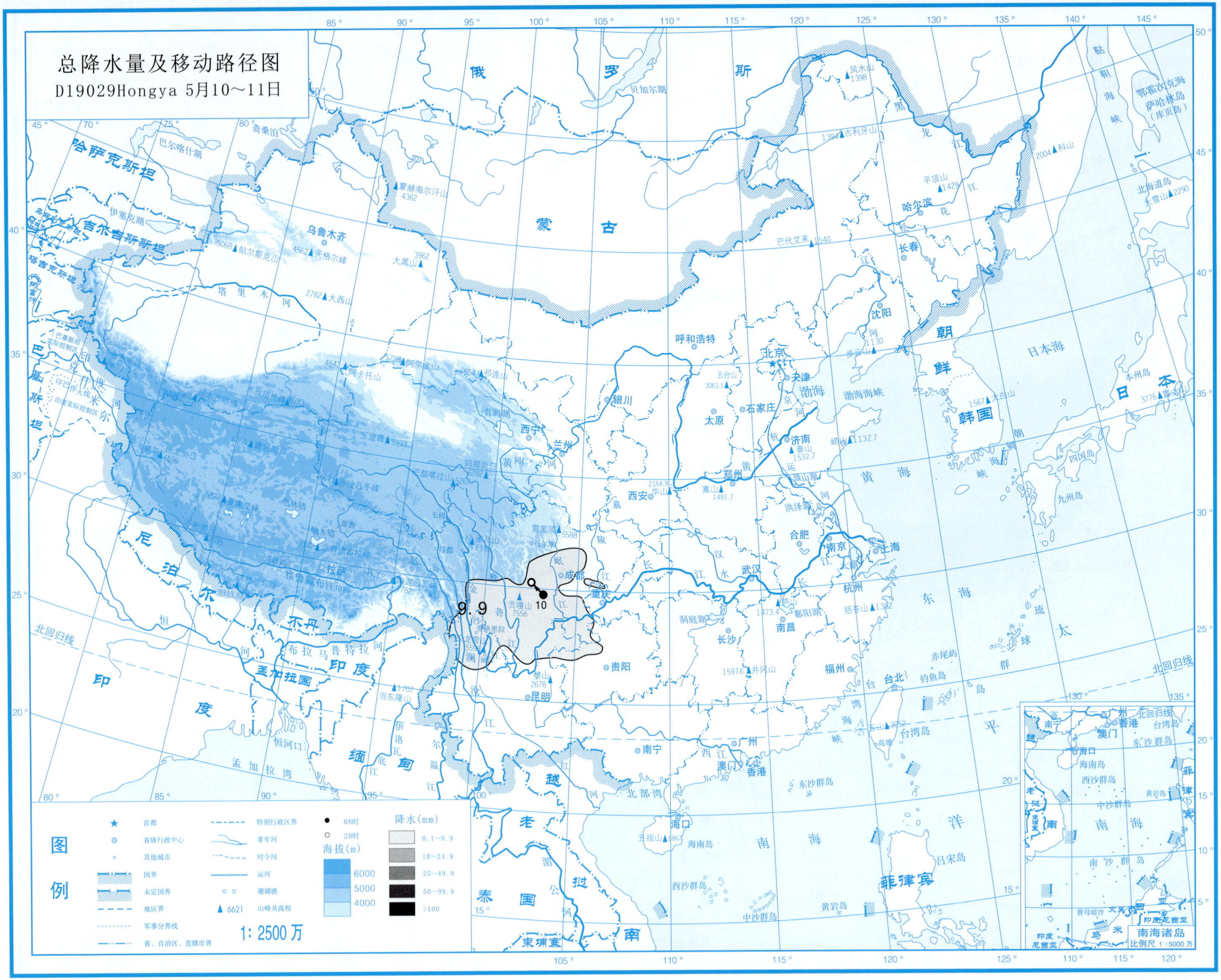

总降水量及移动路径图

D19029Hongya 5月10~11日

图例

符号	说明
★	首都
◎	省级行政中心
○	其他城市
	国界
	未定国界
	地区界
	军事分界线
	省、自治区、直辖市界
	特别行政区界
	常年河
	时令河
	运河
	珊瑚礁
▲ 6621	山峰及高程
●	08时
○	20时

降水(mm)：0.1~9.9；10~24.9；25~49.9；50~99.9；>100

海拔(m)：6000；5000；4000

1: 2500万

南海诸岛 比例尺 1:5000万

总降水日数图

D19029Hongya 5月10～11日

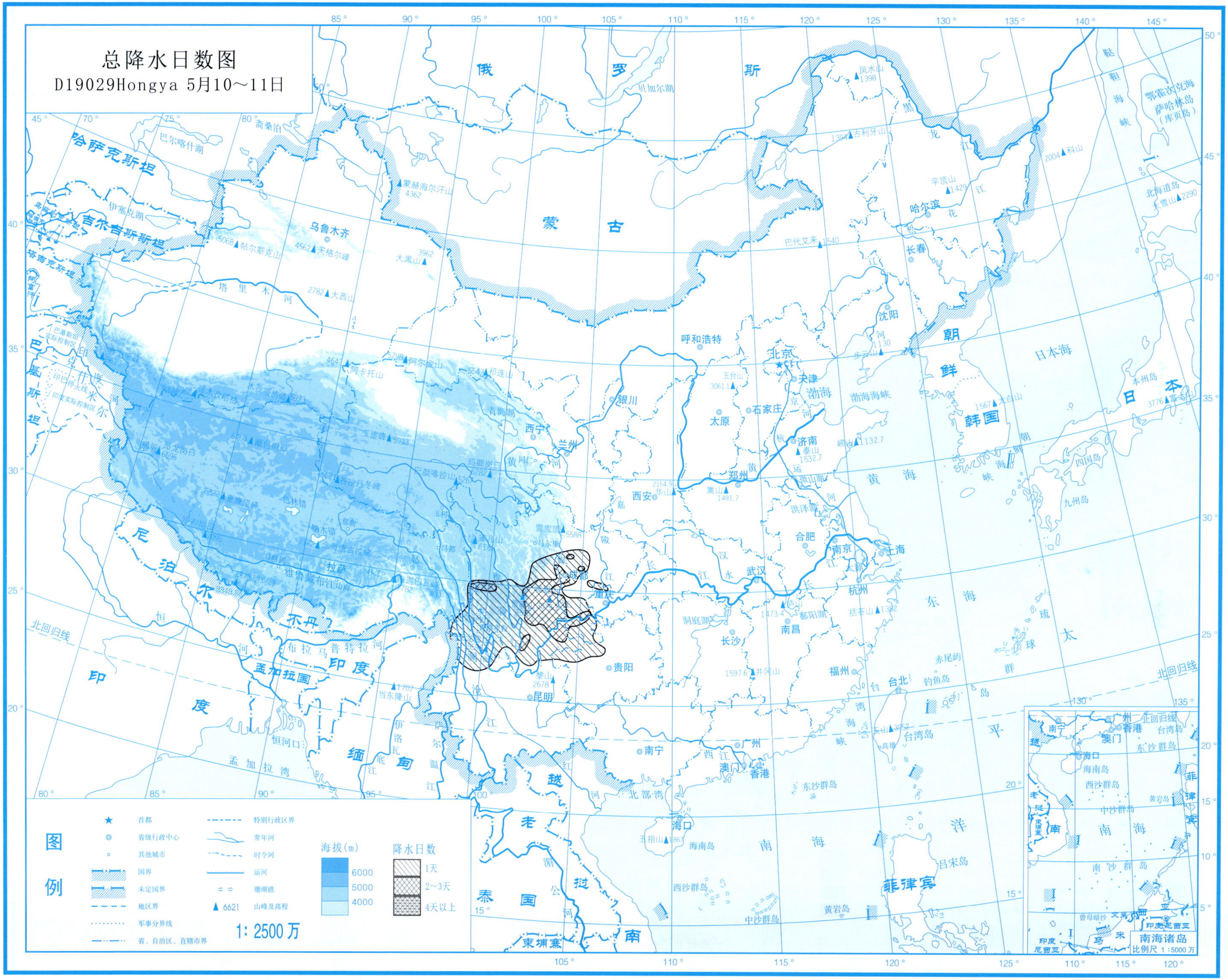

图例
首都
省级行政中心
其他城市
国界
未定国界
地区界
军事分界线
省、自治区、直辖市界
特别行政区界
常年河
时令河
运河
珊瑚礁
6621 山峰及高程
1: 2500 万
海拔(m)
6000
5000
4000
降水日数
1天
2~3天
4天以上
俄 罗 斯
蒙 古
哈萨克斯坦
吉尔吉斯斯坦
尼泊尔
不丹
印度
孟加拉国
缅甸
老挝
越南
泰国
柬埔寨
朝鲜
韩国
日本
菲律宾
北京
天津
石家庄
太原
呼和浩特
沈阳
长春
哈尔滨
济南
郑州
西安
银川
兰州
西宁
乌鲁木齐
拉萨
成都
重庆
贵阳
昆明
南宁
广州
香港
澳门
海口
长沙
武汉
南昌
合肥
南京
上海
杭州
福州
台北
日本海
黄海
东海
南海
渤海
太平洋
南海诸岛
比例尺 1:5000 万

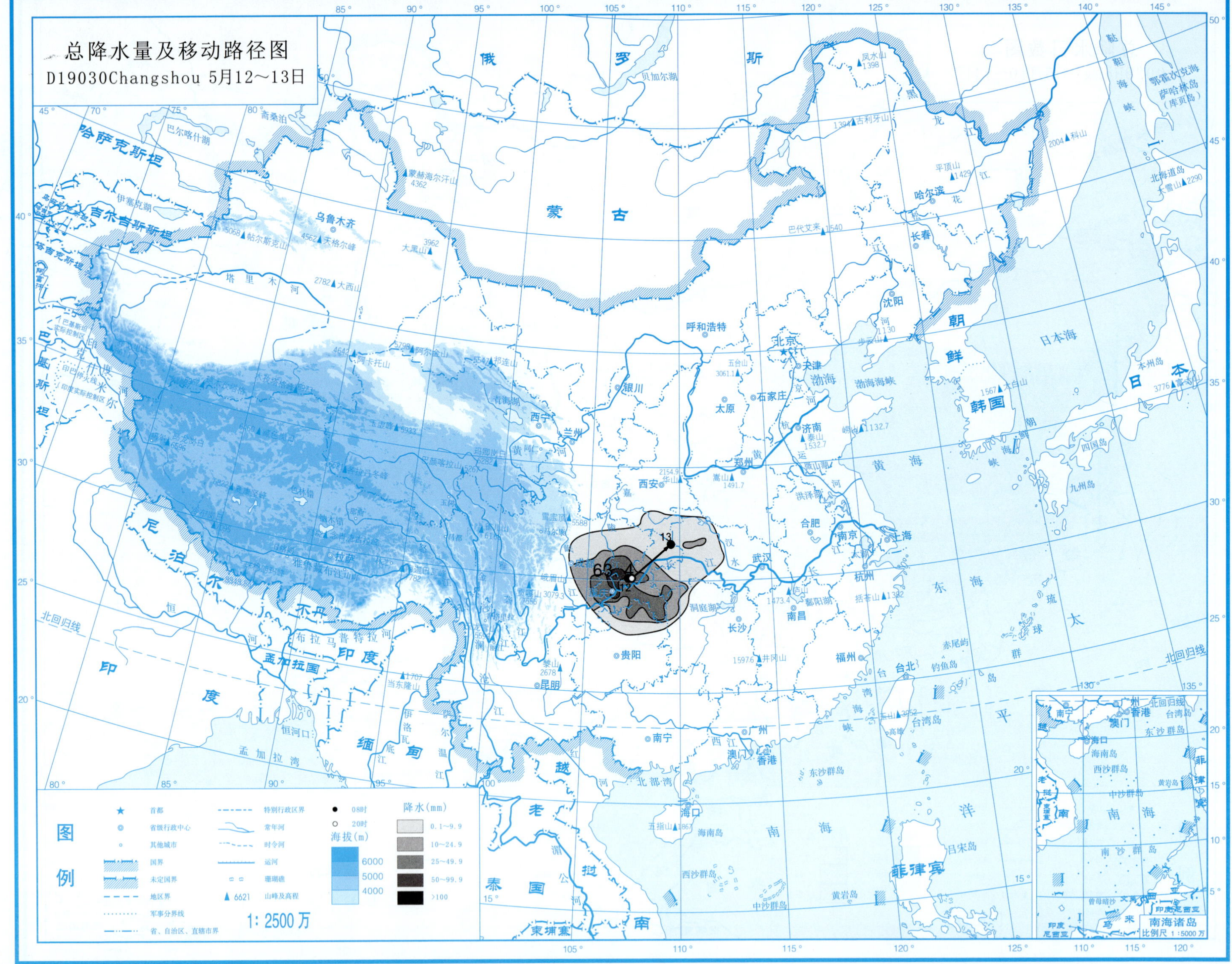
总降水量及移动路径图
D19030Changshou 5月12～13日
图例
首都
省级行政中心
其他城市
国界
未定国界
地区界
军事分界线
省、自治区、直辖市界
特别行政区界
常年河
时令河
运河
珊瑚礁
6621 山峰及高程
08时
20时
海拔(m)
6000
5000
4000
降水(mm)
0.1～9.9
10～24.9
25～49.9
50～99.9
>100
1：2500万
南海诸岛
比例尺 1：5000万

总降水日数图

D19030Changshou 5月12～13日

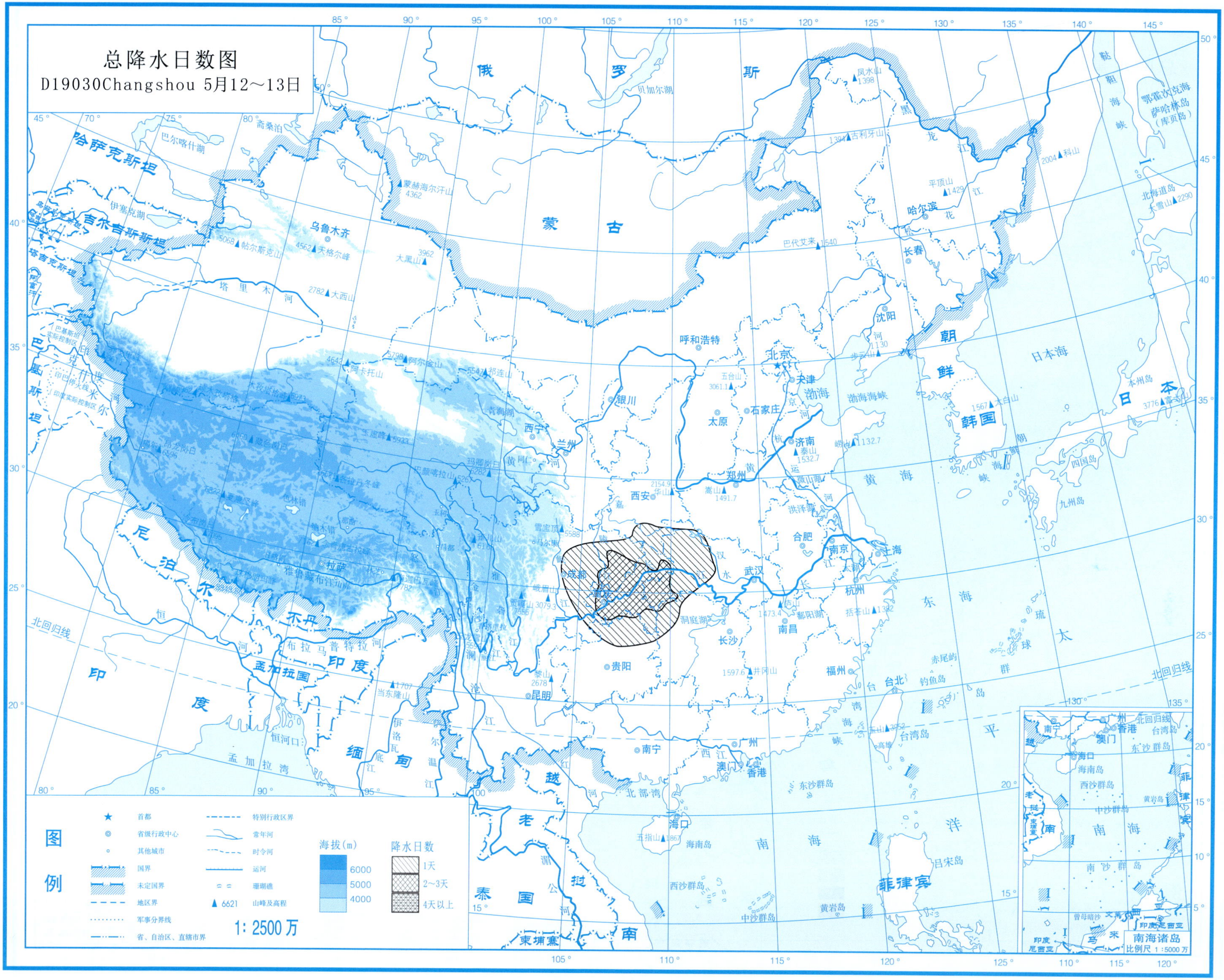

图例

★ 首都
◎ 省级行政中心
∘ 其他城市
国界
未定国界
地区界
军事分界线
省、自治区、直辖市界
特别行政区界
常年河
时令河
运河
珊瑚礁
▲ 6621 山峰及高程

海拔(m)

6000
5000
4000

降水日数

1天
2～3天
4天以上

1：2500万

南海诸岛

比例尺 1：5000万

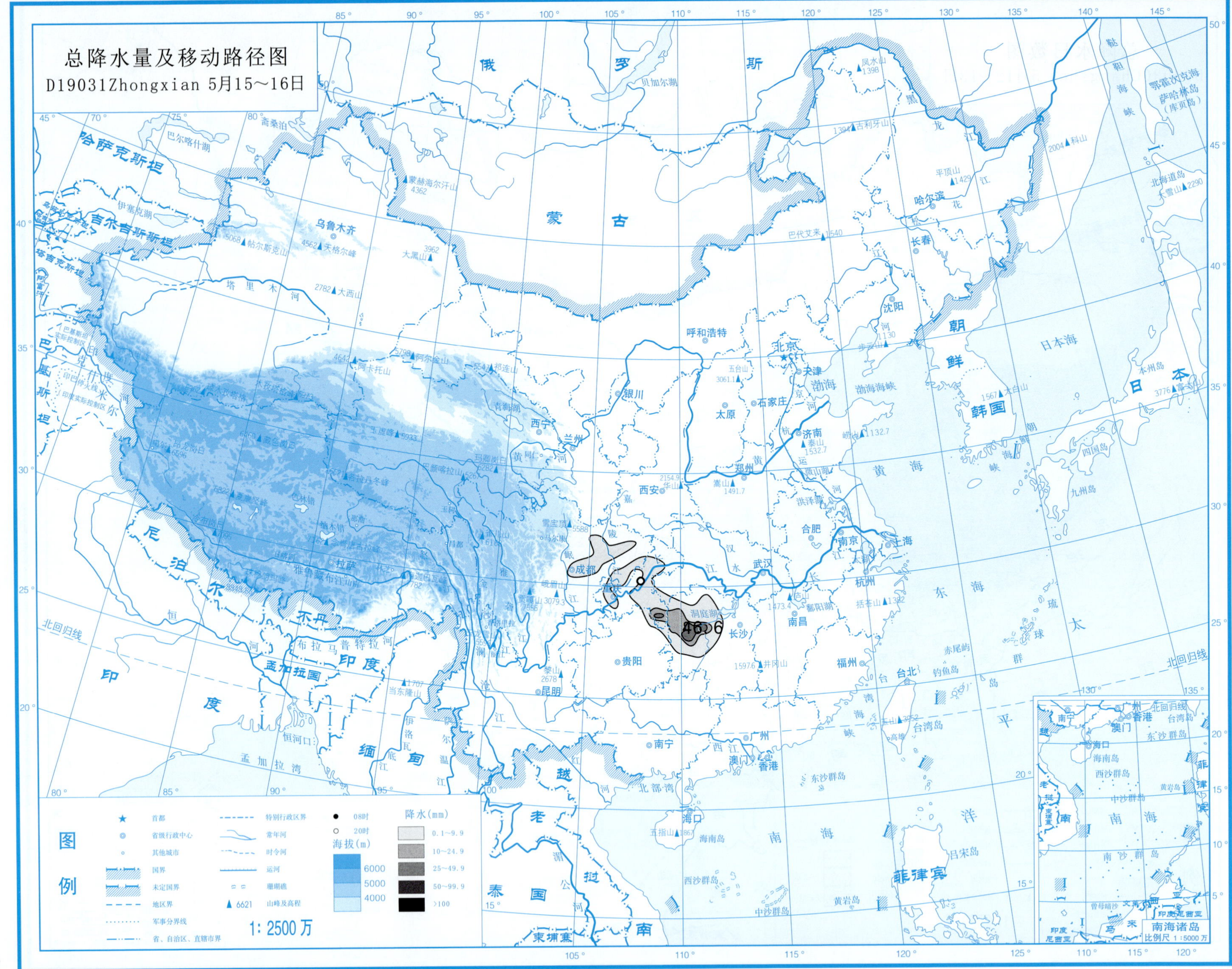
总降水量及移动路径图
D19031Zhongxian 5月15～16日
图例
首都
省级行政中心
其他城市
国界
未定国界
地区界
军事分界线
省、自治区、直辖市界
特别行政区界
常年河
时令河
运河
珊瑚礁
山峰及高程
08时
20时
降水(mm)
0.1～9.9
10～24.9
25～49.9
50～99.9
>100
海拔(m)
6000
5000
4000
1:2500万
南海诸岛
比例尺 1:5000万

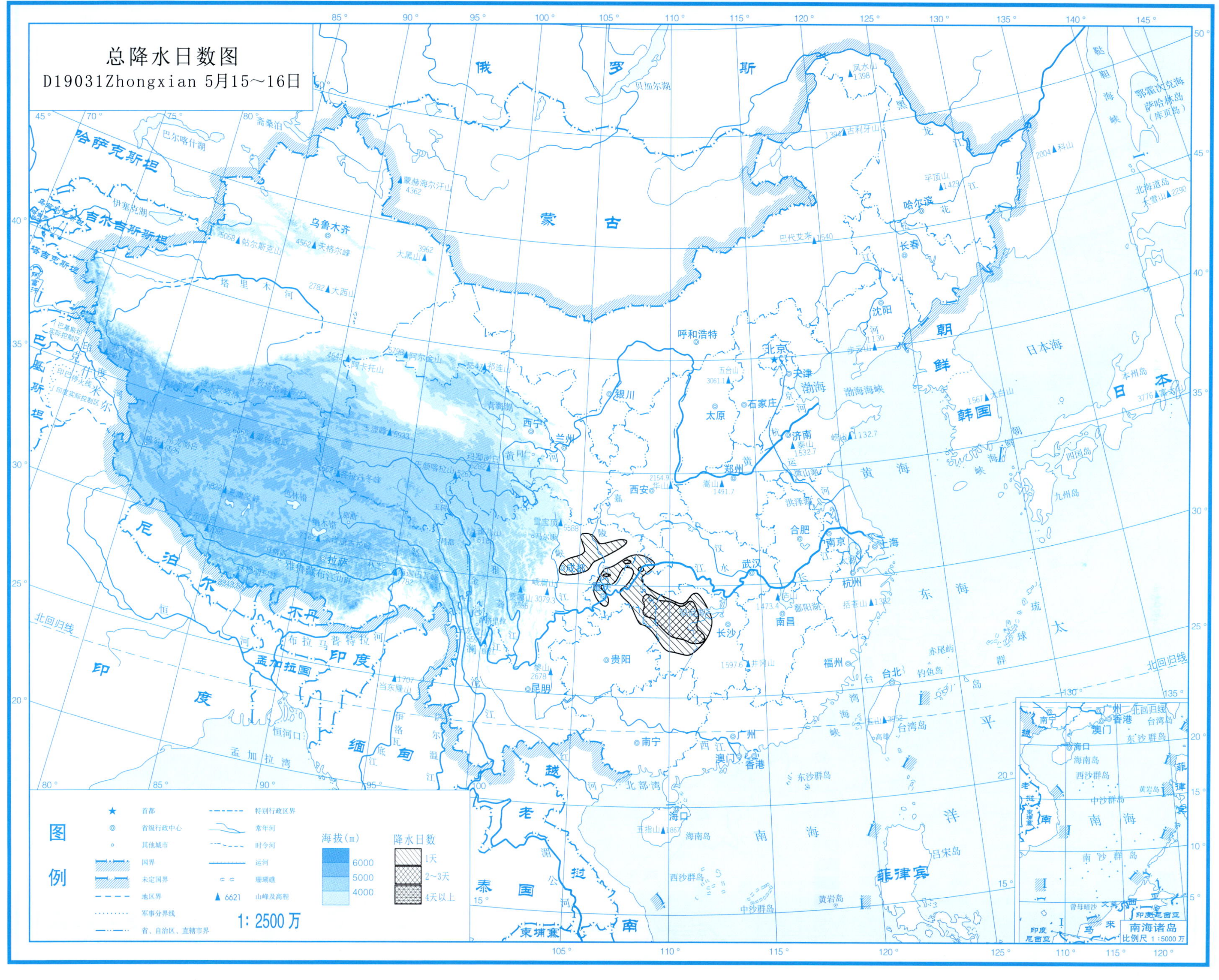

总降水日数图
D19031Zhongxian 5月15~16日
图例
首都
省级行政中心
其他城市
国界
未定国界
地区界
军事分界线
省、自治区、直辖市界
特别行政区界
常年河
时令河
运河
珊瑚礁
6621 山峰及高程
海拔(m)
6000
5000
4000
降水日数
1天
2~3天
4天以上
1: 2500 万
南海诸岛
比例尺 1:5000 万
俄罗斯
蒙古
哈萨克斯坦
吉尔吉斯斯坦
塔吉克斯坦
阿富汗
巴基斯坦
尼泊尔
不丹
印度
孟加拉国
缅甸
老挝
泰国
越南
柬埔寨
菲律宾
朝鲜
韩国
日本
日本海
黄海
东海
南海
太平洋
北京
天津
石家庄
太原
呼和浩特
沈阳
长春
哈尔滨
济南
郑州
西安
银川
兰州
西宁
乌鲁木齐
拉萨
成都
贵阳
昆明
南宁
广州
长沙
武汉
南昌
合肥
南京
上海
杭州
福州
台北
海口
香港
澳门
北回归线

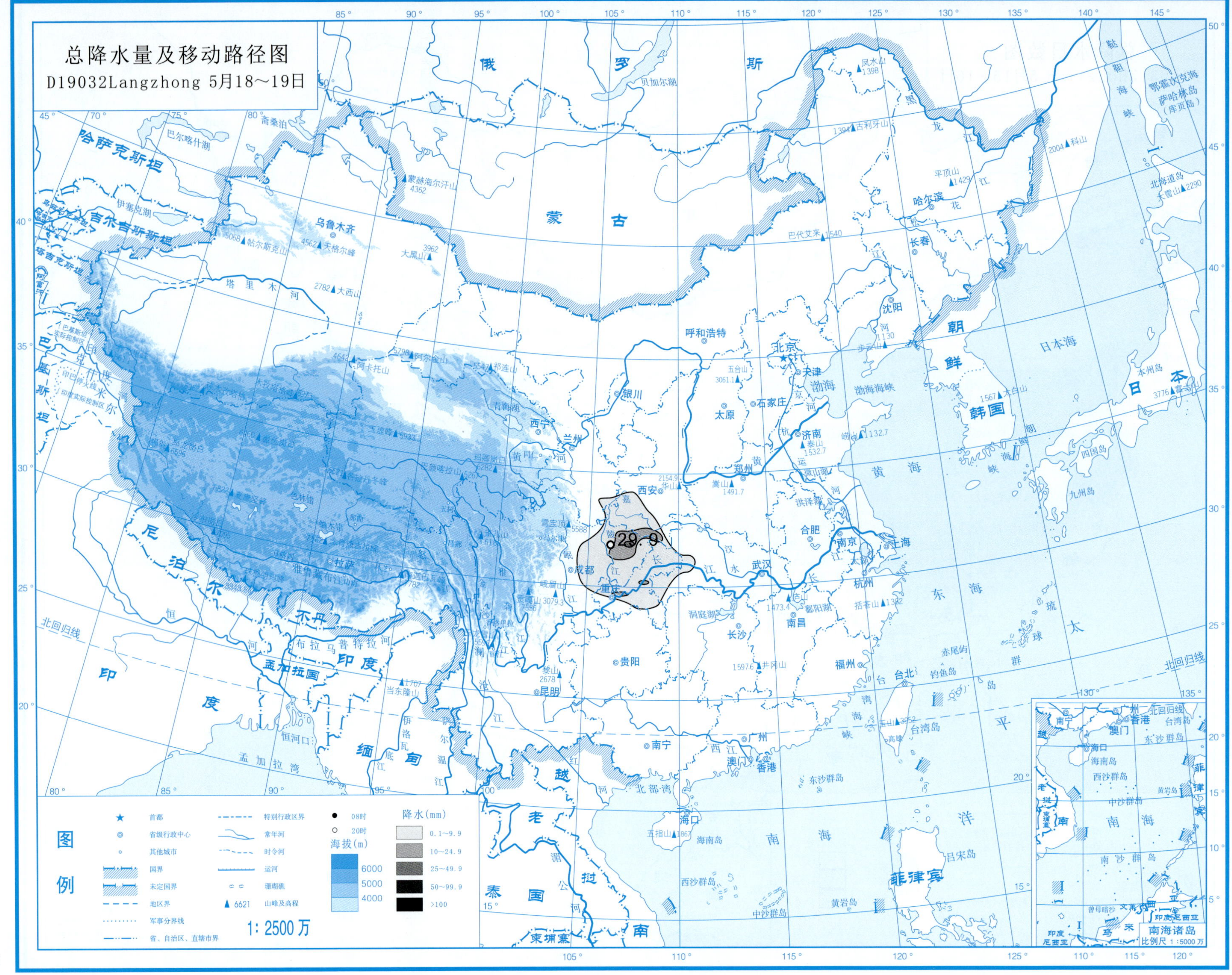
总降水量及移动路径图
D19032Langzhong 5月18～19日
29.9
图例
首都
省级行政中心
其他城市
国界
未定国界
地区界
军事分界线
省、自治区、直辖市界
特别行政区界
常年河
时令河
运河
珊瑚礁
6621 山峰及高程
08时
20时
海拔(m)
6000
5000
4000
降水(mm)
0.1～9.9
10～24.9
25～49.9
50～99.9
>100
1:2500万
南海诸岛
比例尺 1:5000万
俄罗斯
蒙古
哈萨克斯坦
吉尔吉斯斯坦
塔吉克斯坦
巴基斯坦
印度
尼泊尔
不丹
孟加拉国
缅甸
老挝
泰国
柬埔寨
越南
菲律宾
朝鲜
韩国
日本
北京
天津
石家庄
太原
呼和浩特
沈阳
长春
哈尔滨
济南
郑州
西安
银川
兰州
西宁
乌鲁木齐
拉萨
成都
重庆
贵阳
昆明
南宁
广州
长沙
武汉
南昌
合肥
南京
上海
杭州
福州
台北
海口
香港
澳门
渤海
黄海
东海
南海
日本海
太平洋
北回归线

总降水日数图

D19032Langzhong 5月18～19日

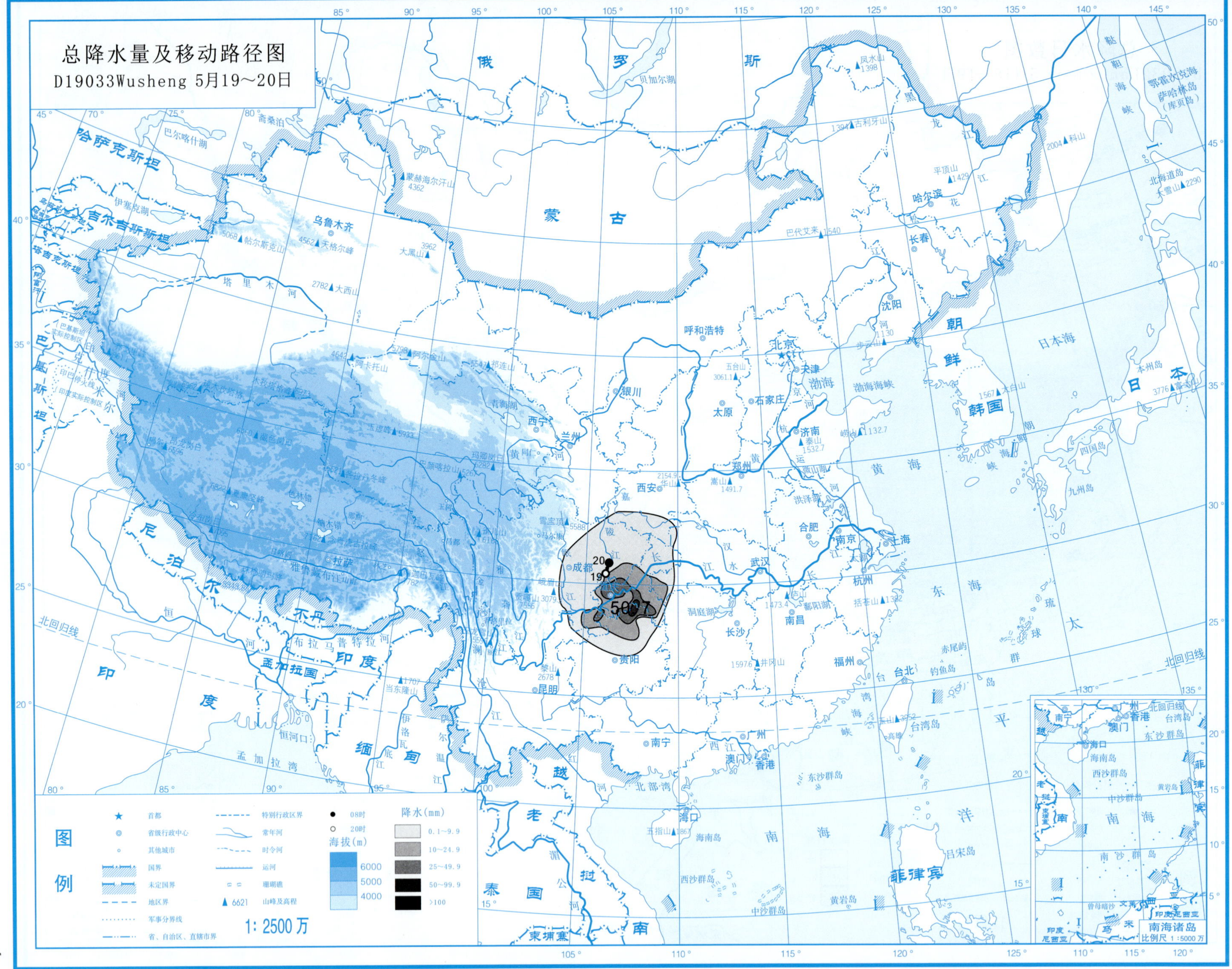
总降水量及移动路径图
D19033Wusheng 5月19～20日
图例
首都
省级行政中心
其他城市
国界
未定国界
地区界
军事分界线
省、自治区、直辖市界
特别行政区界
常年河
时令河
运河
珊瑚礁
6621 山峰及高程
08时
20时
海拔(m)
6000
5000
4000
降水(mm)
0.1～9.9
10～24.9
25～49.9
50～99.9
>100
1: 2500万
南海诸岛
比例尺 1:5000万

总降水日数图

D19033Wusheng 5月19～20日

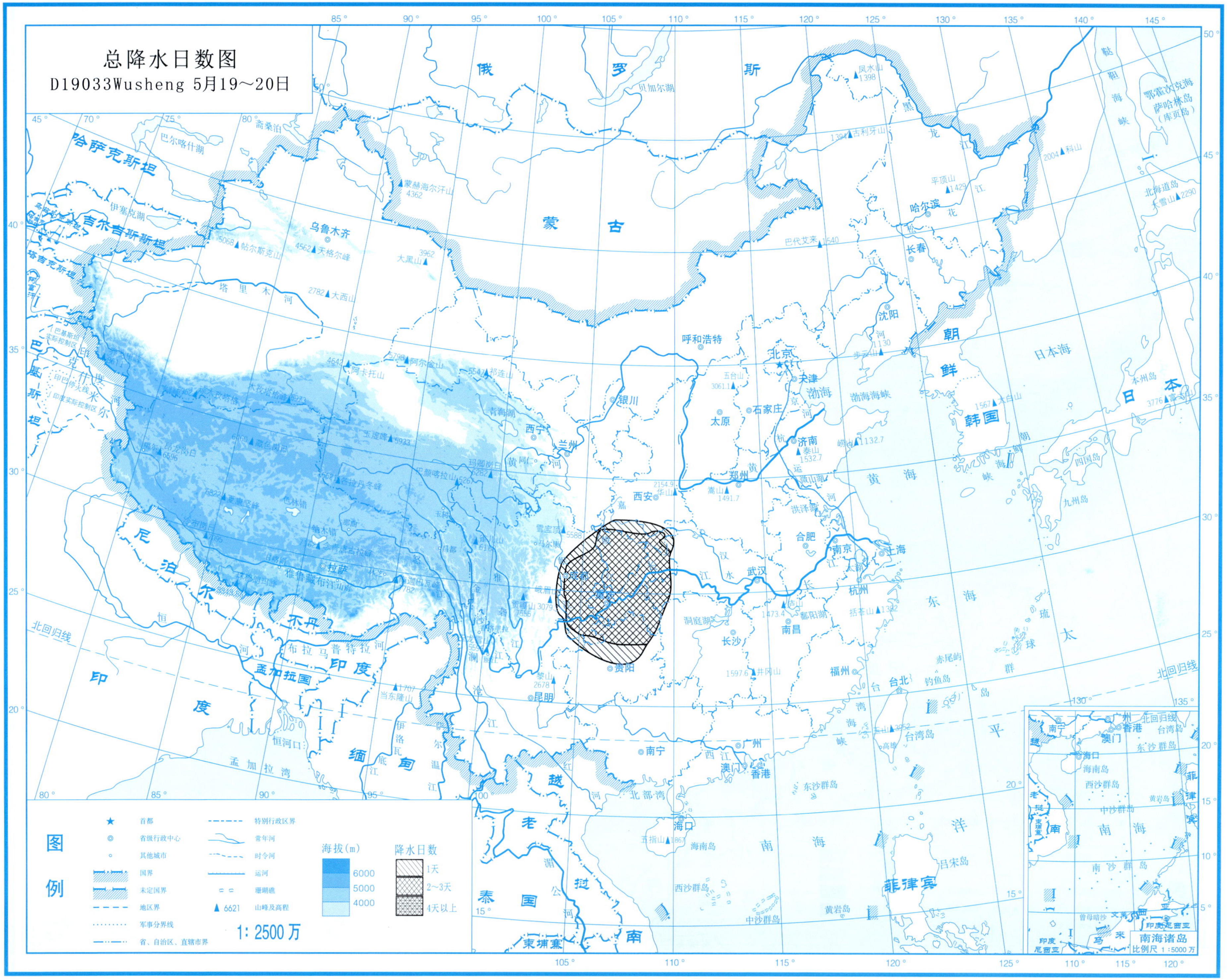

图例

- ★ 首都
- 省级行政中心
- 其他城市
- 国界
- 未定国界
- 地区界
- 军事分界线
- 省、自治区、直辖市界
- 特别行政区界
- 常年河
- 时令河
- 运河
- 珊瑚礁
- ▲6621 山峰及高程

海拔(m)：6000、5000、4000

降水日数：1天、2～3天、4天以上

1: 2500万

南海诸岛 比例尺 1:5000万

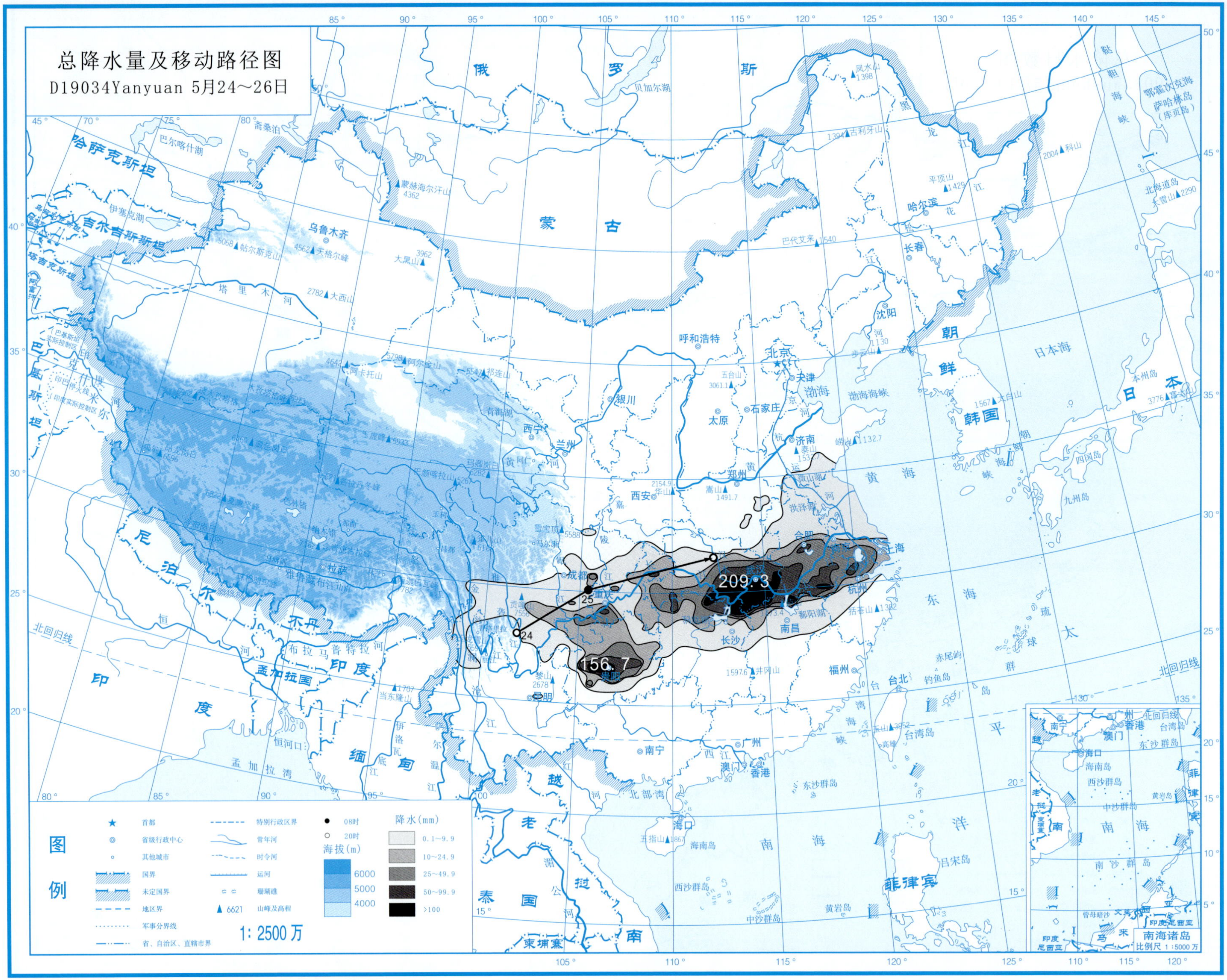

总降水量及移动路径图

D19034Yanyuan 5月24～26日

24
25
156.7
209.3

图例

★ 首都
◎ 省级行政中心
○ 其他城市
国界
未定国界
地区界
军事分界线
省、自治区、直辖市界
特别行政区界
常年河
时令河
运河
珊瑚礁
▲ 6621 山峰及高程
● 08时
○ 20时

海拔(m)

6000
5000
4000

降水(mm)

0.1～9.9
10～24.9
25～49.9
50～99.9
>100

1: 2500万

南海诸岛
比例尺 1: 5000万

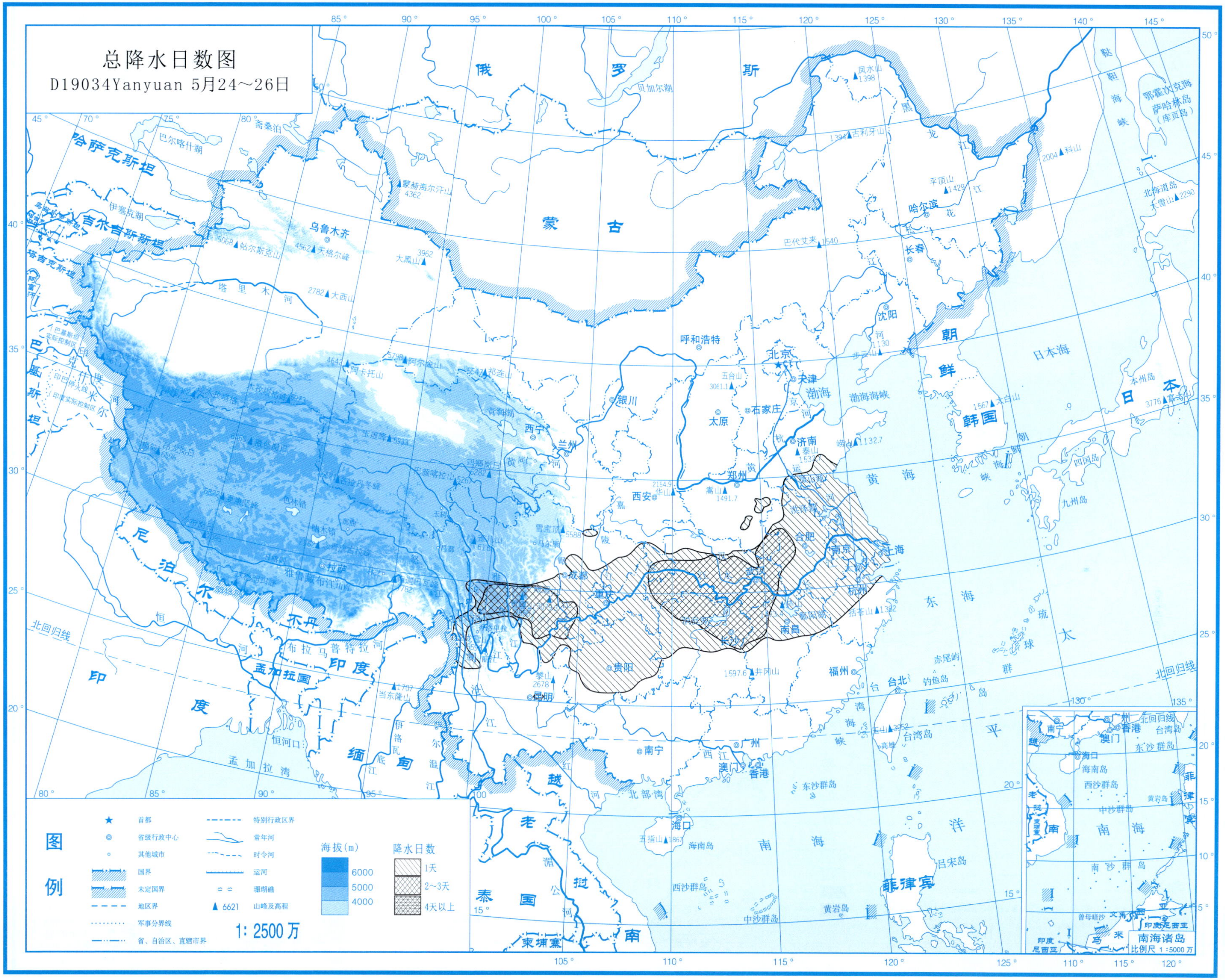

总降水日数图
D19034Yanyuan 5月24～26日
图例
首都
省级行政中心
其他城市
国界
未定国界
地区界
军事分界线
省、自治区、直辖市界
特别行政区界
常年河
时令河
运河
珊瑚礁
6621 山峰及高程
1: 2500万
海拔(m)
6000
5000
4000
降水日数
1天
2～3天
4天以上
南海诸岛
比例尺 1:5000万
俄罗斯
蒙古
哈萨克斯坦
吉尔吉斯斯坦
塔吉克斯坦
巴基斯坦
尼泊尔
不丹
印度
孟加拉国
缅甸
老挝
越南
泰国
柬埔寨
菲律宾
朝鲜
韩国
日本
北京
天津
石家庄
太原
呼和浩特
沈阳
长春
哈尔滨
济南
郑州
西安
银川
兰州
西宁
乌鲁木齐
拉萨
成都
重庆
贵阳
昆明
南宁
广州
香港
澳门
海口
长沙
南昌
武汉
合肥
南京
上海
杭州
福州
台北
渤海
黄海
东海
南海
日本海
太平洋
台湾岛
海南岛
东沙群岛
西沙群岛
中沙群岛
南沙群岛
黄岩岛
钓鱼岛
赤尾屿
北回归线

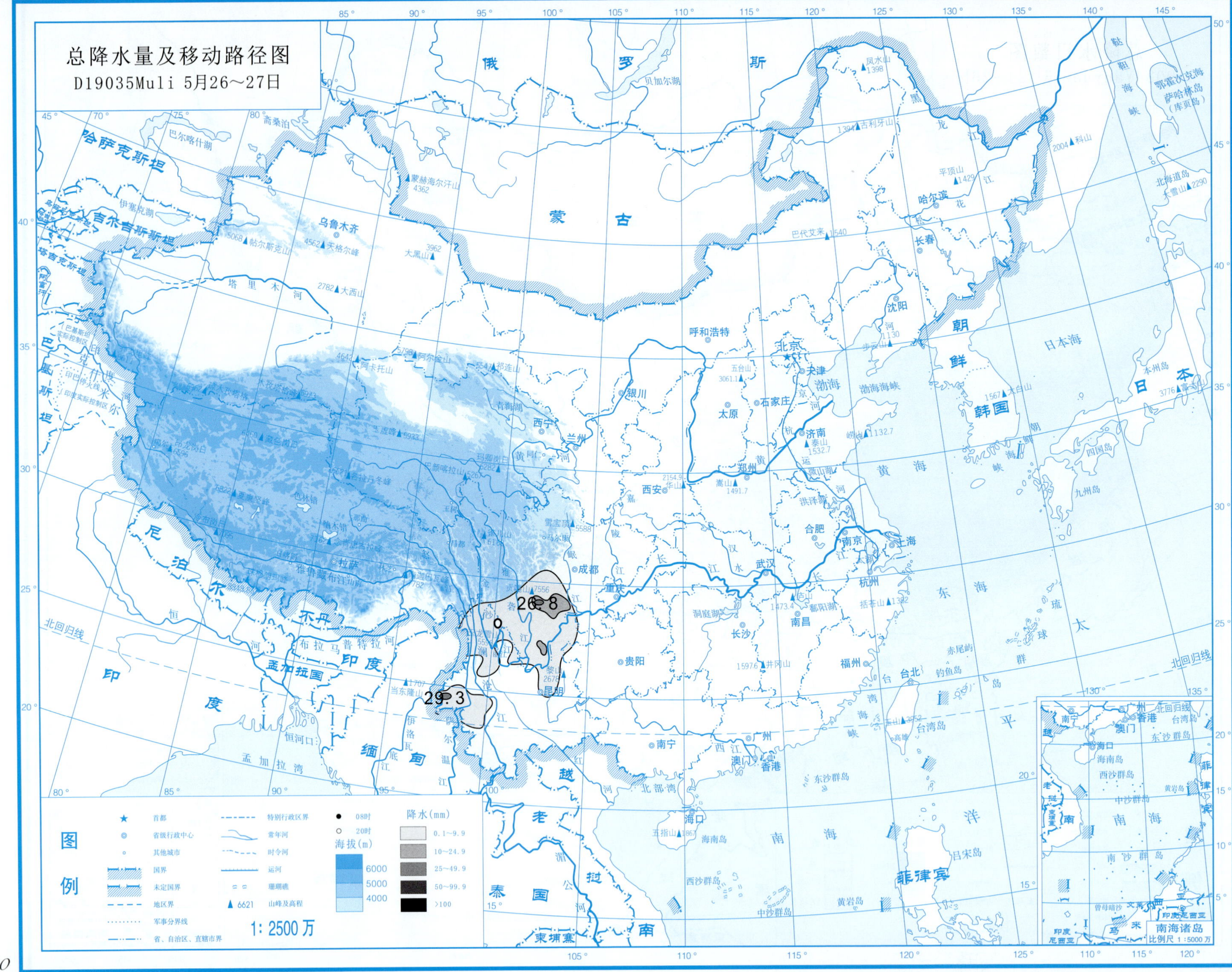
总降水量及移动路径图
D19035Muli 5月26~27日
26.8
29.3
图例
首都
省级行政中心
其他城市
国界
未定国界
地区界
军事分界线
省、自治区、直辖市界
特别行政区界
常年河
时令河
运河
珊瑚礁
6621 山峰及高程
08时
20时
海拔(m)
6000
5000
4000
降水(mm)
0.1~9.9
10~24.9
25~49.9
50~99.9
>100
1:2500万
南海诸岛
比例尺 1:5000万

总降水日数图

D19035Muli 5月26～27日

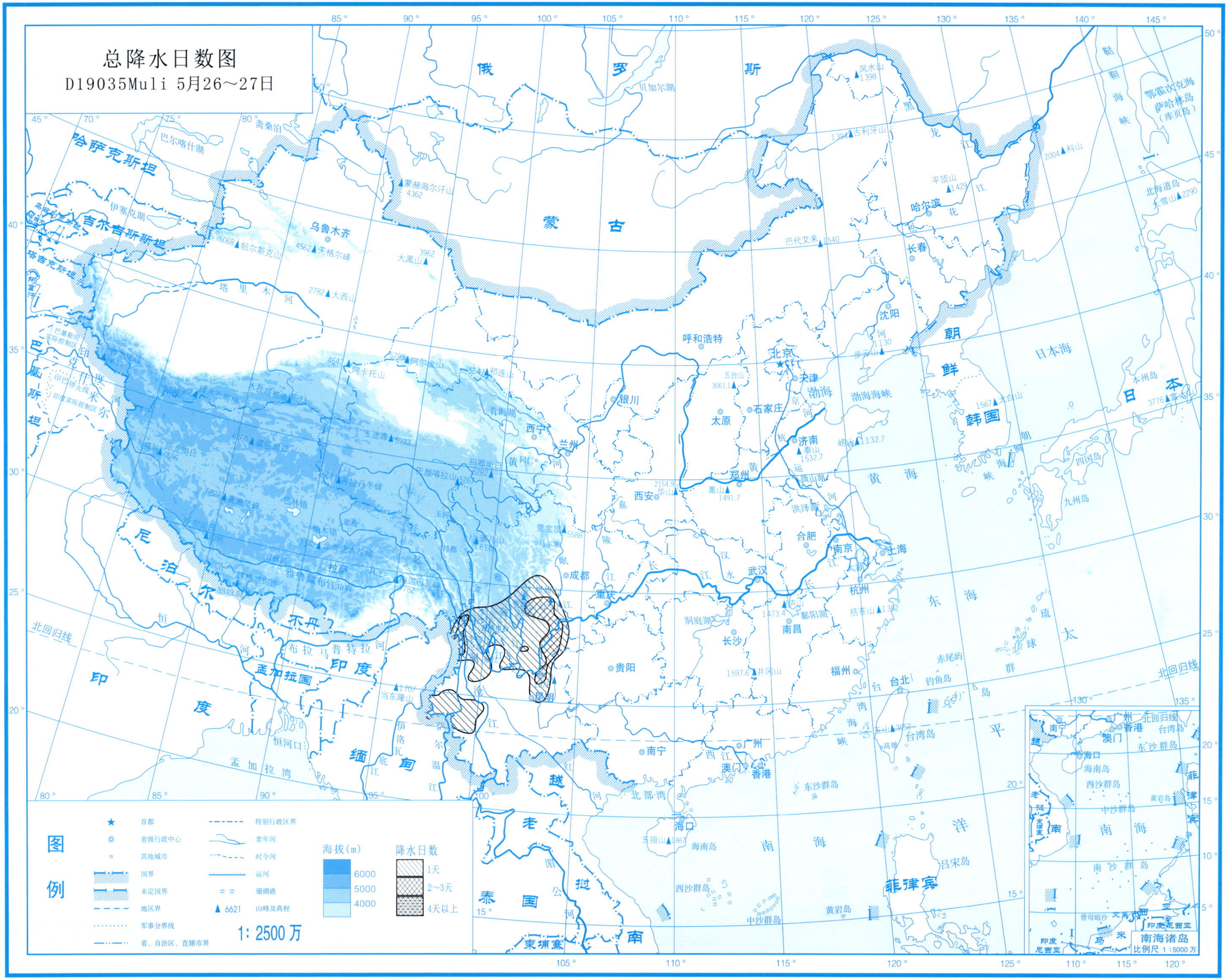

图例

首都
省级行政中心
其他城市
国界
未定国界
地区界
军事分界线
省、自治区、直辖市界
特别行政区界
常年河
时令河
运河
珊瑚礁
6621 山峰及高程

海拔(m)
6000
5000
4000

降水日数
1天
2～3天
4天以上

1:2500万

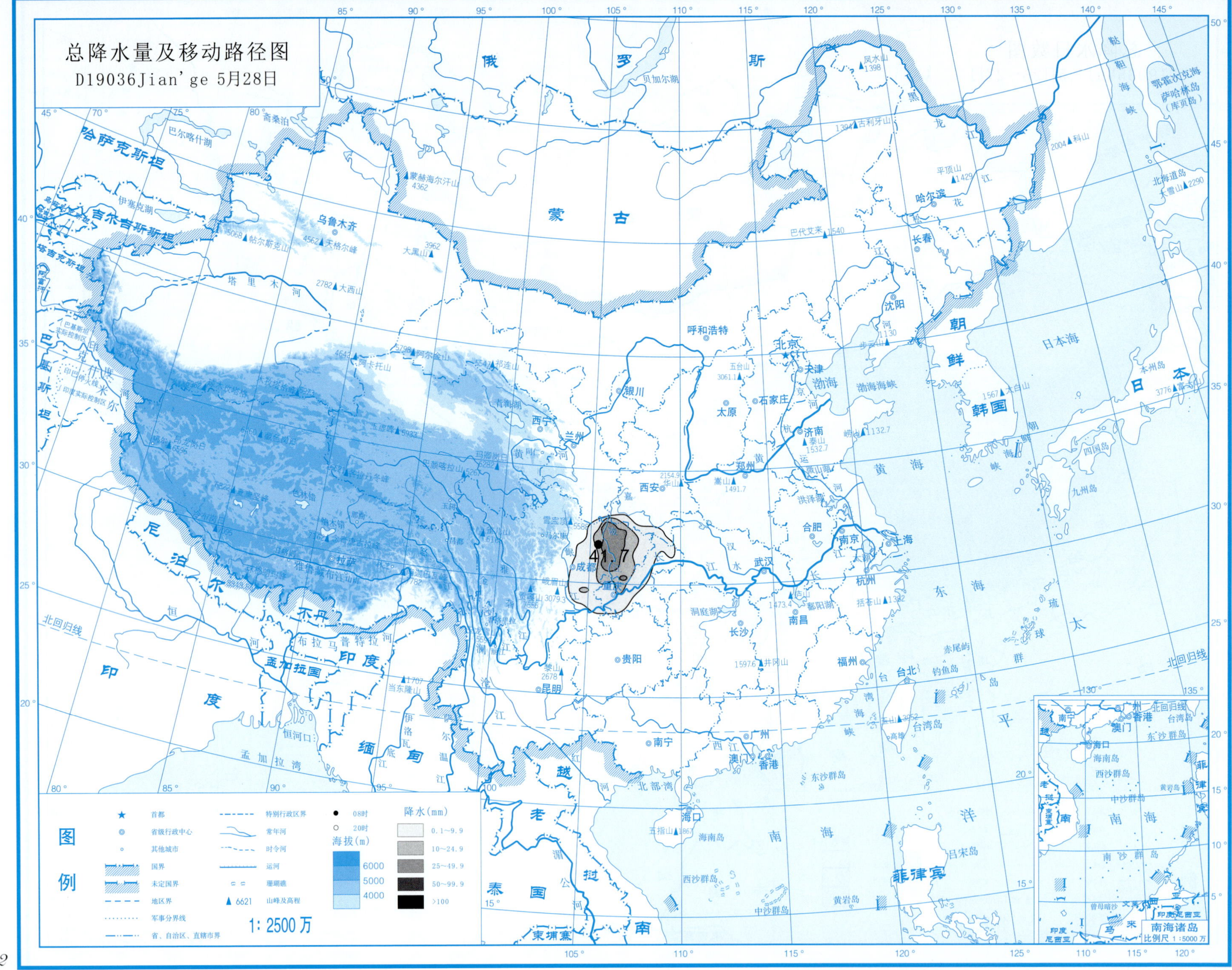

总降水量及移动路径图
D19036Jian'ge 5月28日
41.7
图例
首都
省级行政中心
其他城市
国界
未定国界
地区界
军事分界线
省、自治区、直辖市界
特别行政区界
常年河
时令河
运河
珊瑚礁
6621 山峰及高程
08时
20时
海拔(m)
6000
5000
4000
降水(mm)
0.1~9.9
10~24.9
25~49.9
50~99.9
>100
1:2500万

总降水日数图

D19036Jian'ge 5月28日

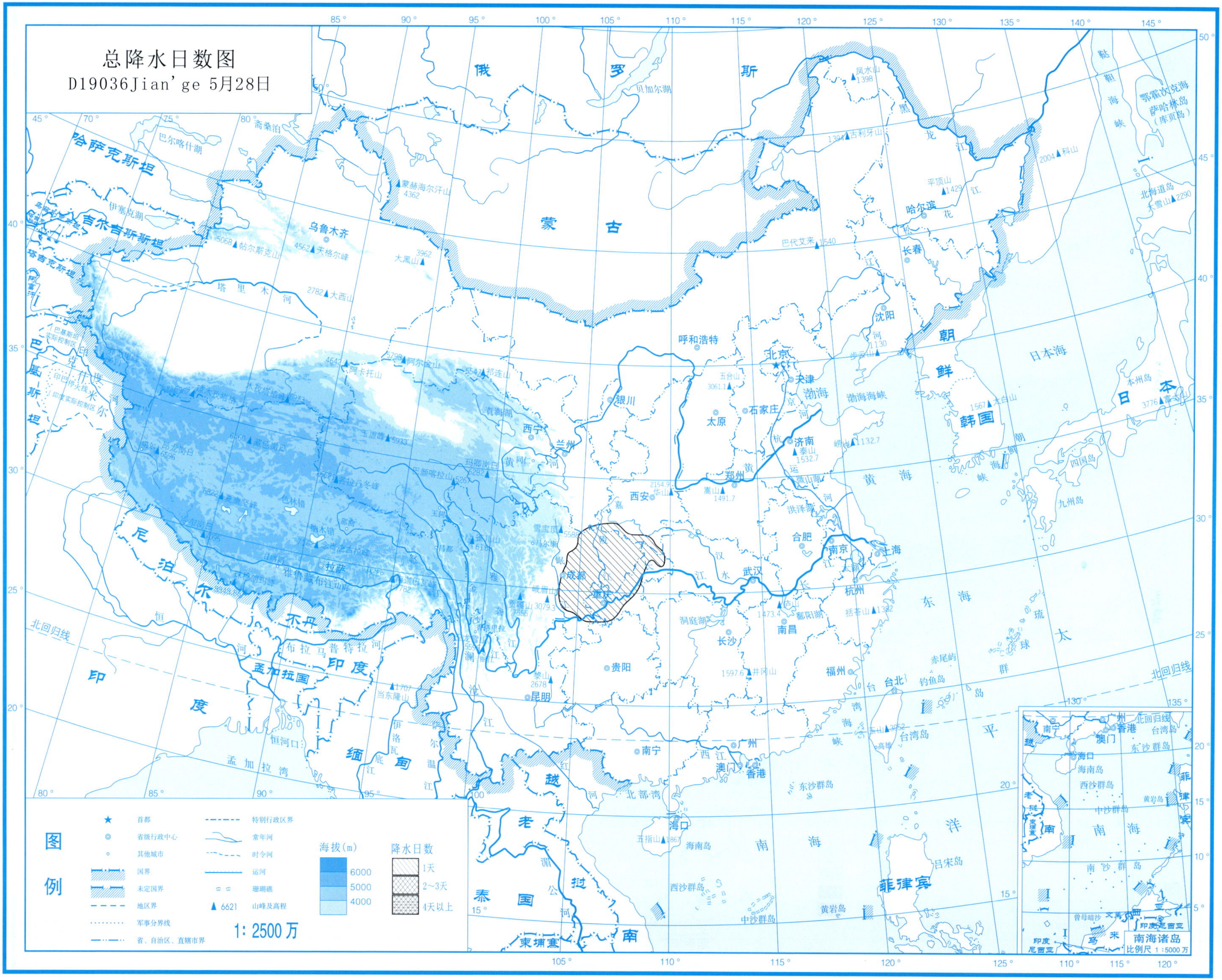

图例

- ★ 首都
- ◎ 省级行政中心
- ○ 其他城市
- 国界
- 未定国界
- 地区界
- 军事分界线
- 省、自治区、直辖市界
- 特别行政区界
- 常年河
- 时令河
- 运河
- 珊瑚礁
- ▲ 6621 山峰及高程

海拔(m)

- 6000
- 5000
- 4000

降水日数

- 1天
- 2~3天
- 4天以上

1: 2500 万

南海诸岛 比例尺 1 : 5000 万

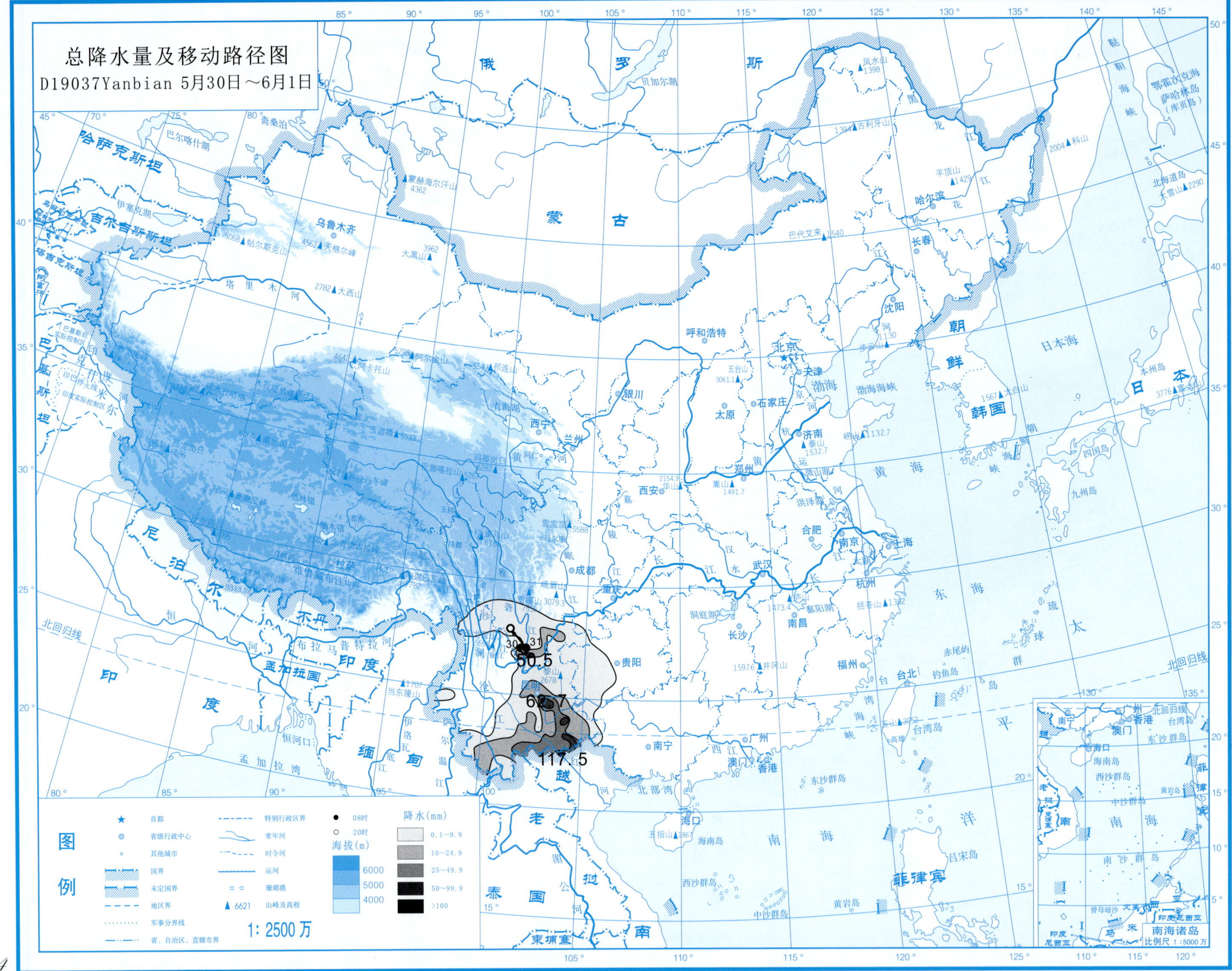
总降水量及移动路径图
D19037Yanbian 5月30日～6月1日
30
31
50.5
62.7
117.5
图例
首都
省级行政中心
其他城市
国界
未定国界
地区界
军事分界线
省、自治区、直辖市界
特别行政区界
常年河
时令河
运河
珊瑚礁
山峰及高程
08时
20时
海拔(m)
6000
5000
4000
降水(mm)
0.1～9.9
10～24.9
25～49.9
50～99.9
>100
1: 2500 万
南海诸岛
比例尺 1:5000 万

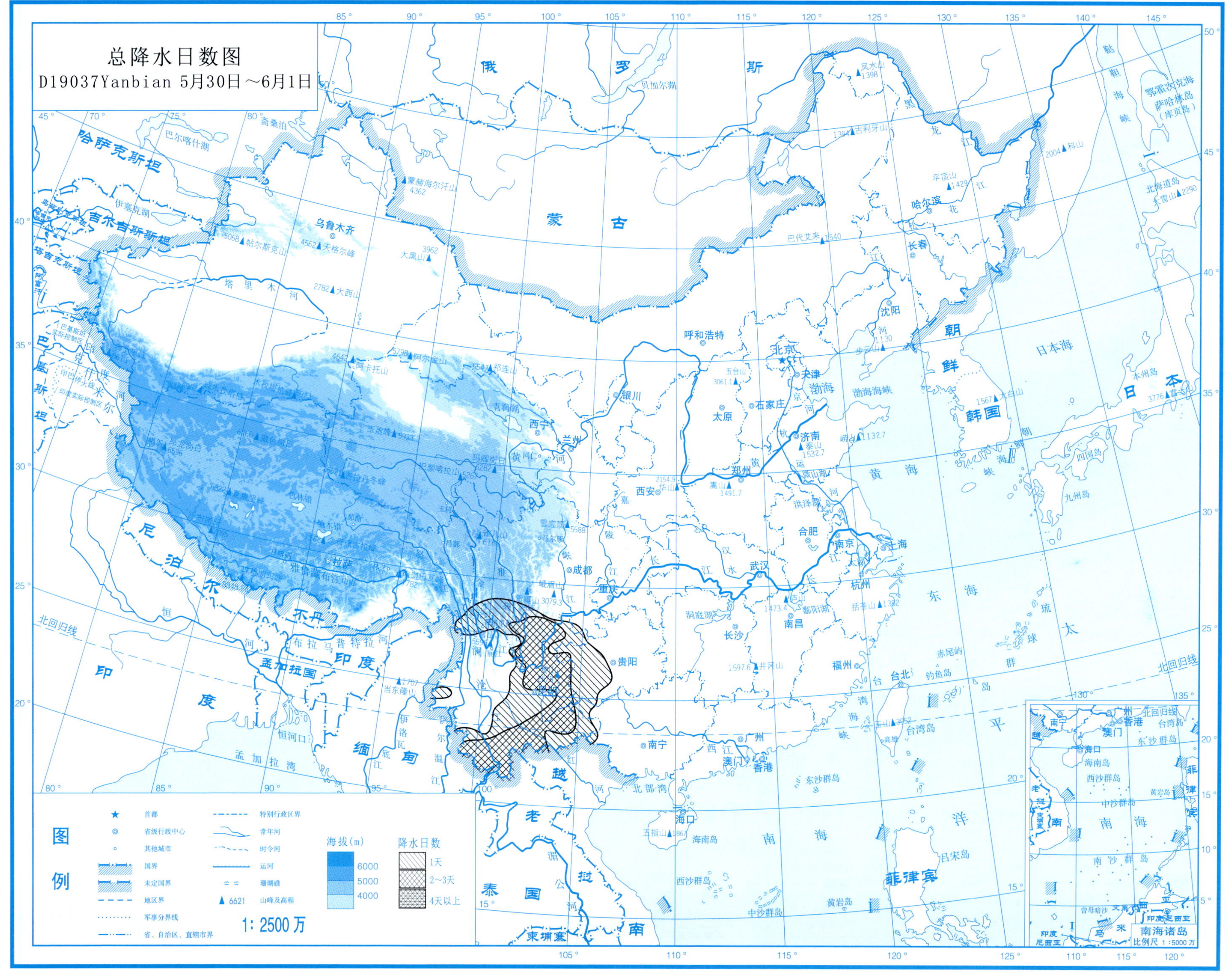

总降水日数图
D19037Yanbian 5月30日～6月1日
图例
首都
省级行政中心
其他城市
国界
未定国界
地区界
军事分界线
省、自治区、直辖市界
特别行政区界
常年河
时令河
运河
珊瑚礁
6621 山峰及高程
海拔(m)
6000
5000
4000
降水日数
1天
2～3天
4天以上
1: 2500 万
俄 罗 斯
蒙 古
哈萨克斯坦
吉尔吉斯斯坦
塔吉克斯坦
巴基斯坦
印度
尼泊尔
不丹
孟加拉国
缅甸
老挝
越南
泰国
柬埔寨
菲律宾
朝鲜
韩国
日本
乌鲁木齐
呼和浩特
北京
天津
石家庄
太原
银川
西宁
兰州
西安
郑州
济南
合肥
南京
上海
杭州
武汉
长沙
南昌
福州
台北
成都
重庆
贵阳
拉萨
南宁
广州
澳门
香港
海口
哈尔滨
长春
沈阳
日本海
黄海
东海
南海
渤海
太平洋
北回归线
南海诸岛
比例尺 1:5000 万

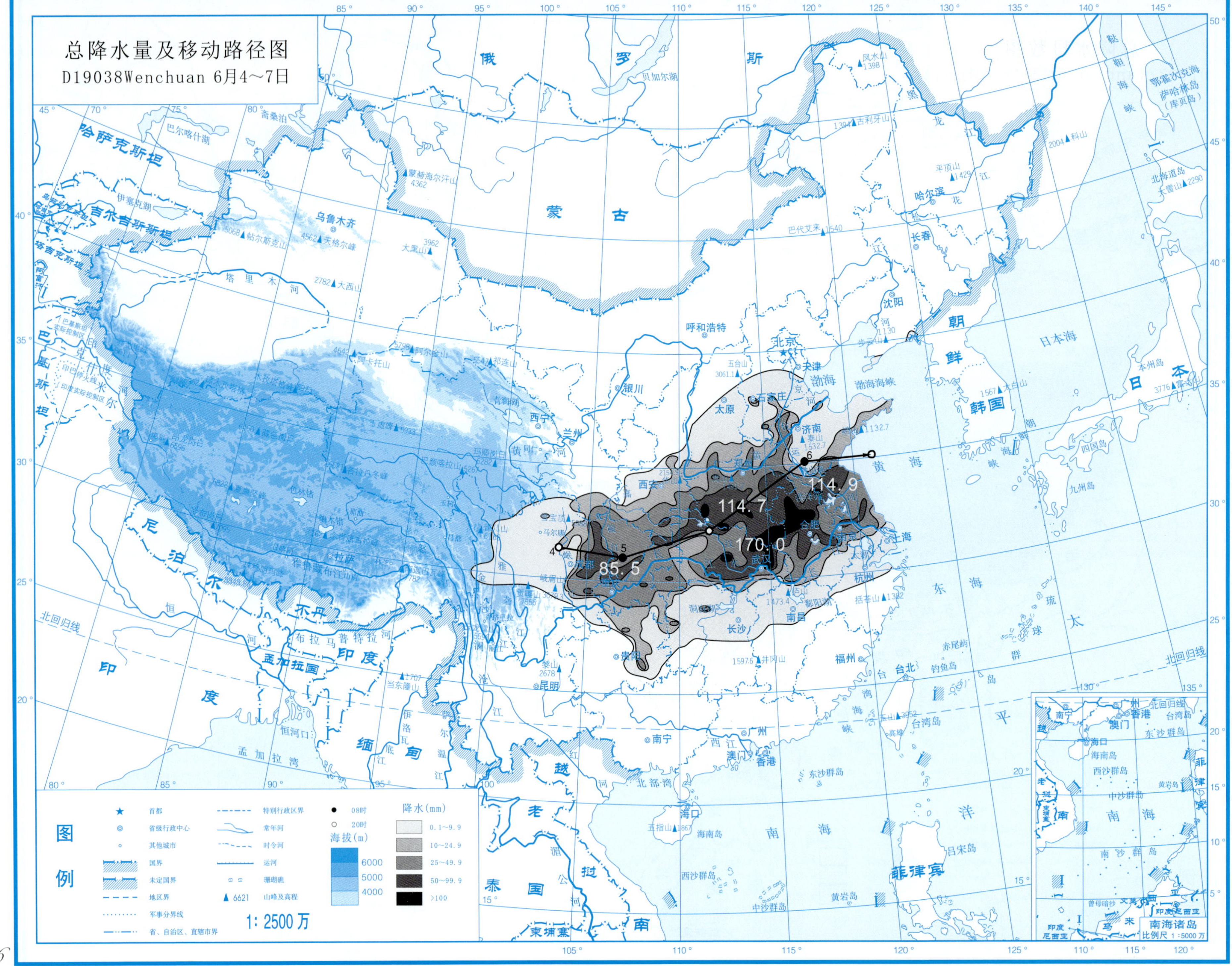
总降水量及移动路径图
D19038Wenchuan 6月4～7日
85.5
114.7
170.0
114.9
图例
首都
省级行政中心
其他城市
国界
未定国界
地区界
军事分界线
特别行政区界
常年河
时令河
运河
珊瑚礁
山峰及高程
省、自治区、直辖市界
08时
20时
海拔(m)
6000
5000
4000
降水(mm)
0.1～9.9
10～24.9
25～49.9
50～99.9
>100
1:2500万
南海诸岛
比例尺 1:5000万

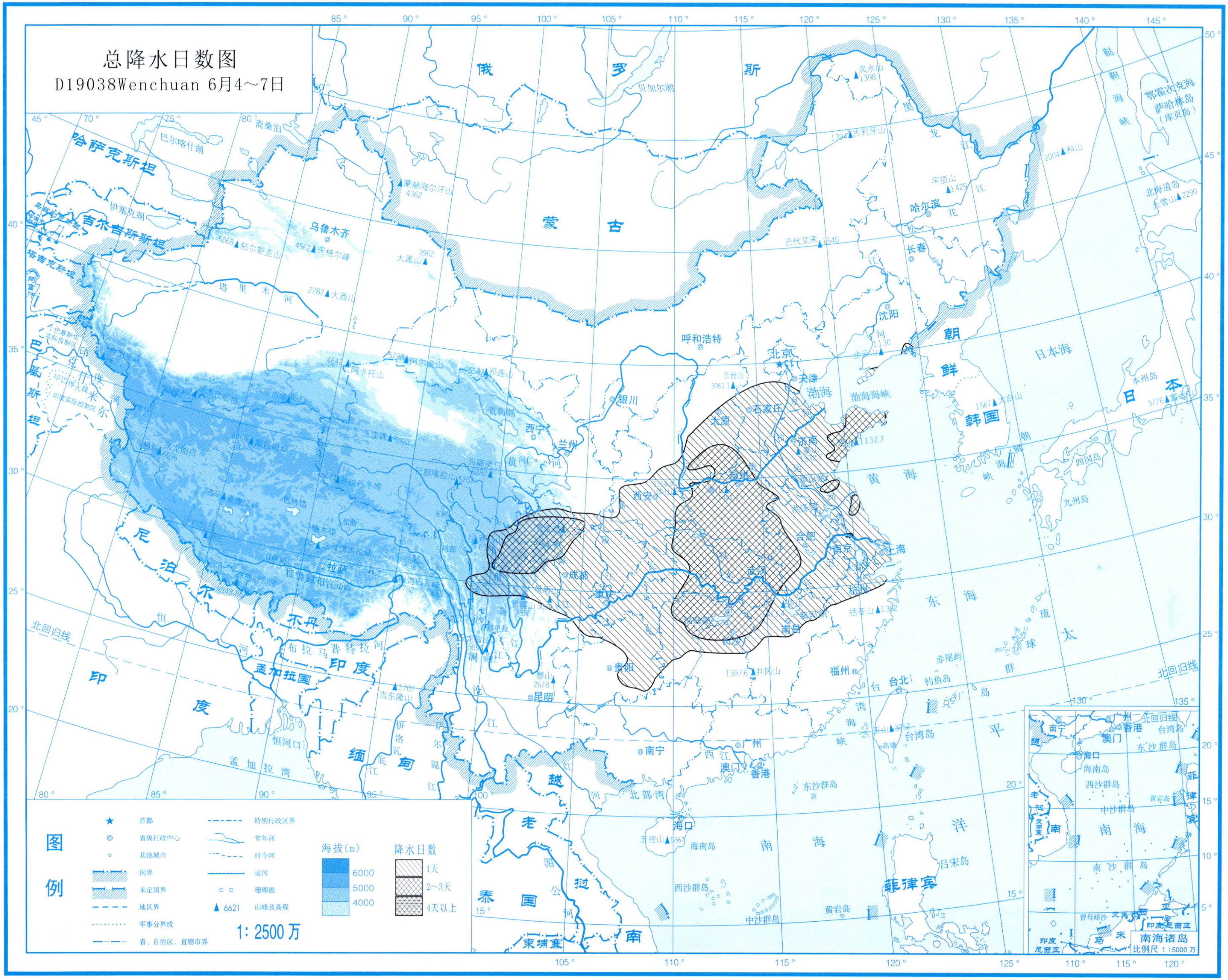

总降水日数图

D19038Wenchuan 6月4～7日

图例

★ 首都
◎ 省级行政中心
○ 其他城市
国界
未定国界
地区界
军事分界线
省、自治区、直辖市界
特别行政区界
常年河
时令河
运河
珊瑚礁
▲ 6621 山峰及高程

海拔(m)
6000
5000
4000

降水日数
1天
2～3天
4天以上

1:2500万

南海诸岛
比例尺 1:5000万

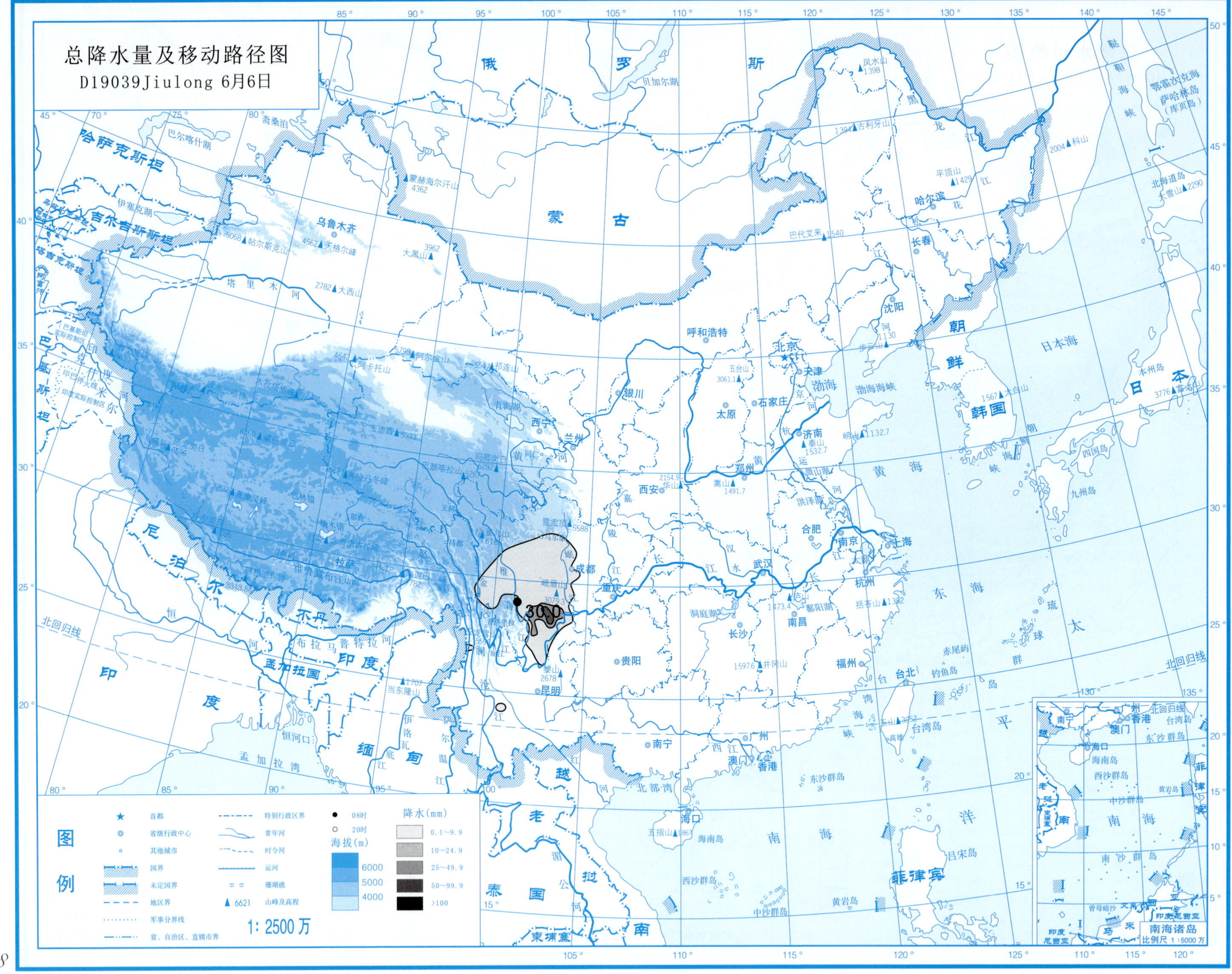
总降水量及移动路径图
D19039Jiulong 6月6日
图例
首都
省级行政中心
其他城市
国界
未定国界
地区界
军事分界线
特别行政区界
常年河
时令河
运河
珊瑚礁
6621 山峰及高程
省、自治区、直辖市界
08时
20时
海拔(m)
6000
5000
4000
降水(mm)
0.1~9.9
10~24.9
25~49.9
50~99.9
>100
1: 2500 万
南海诸岛
比例尺 1:5000 万

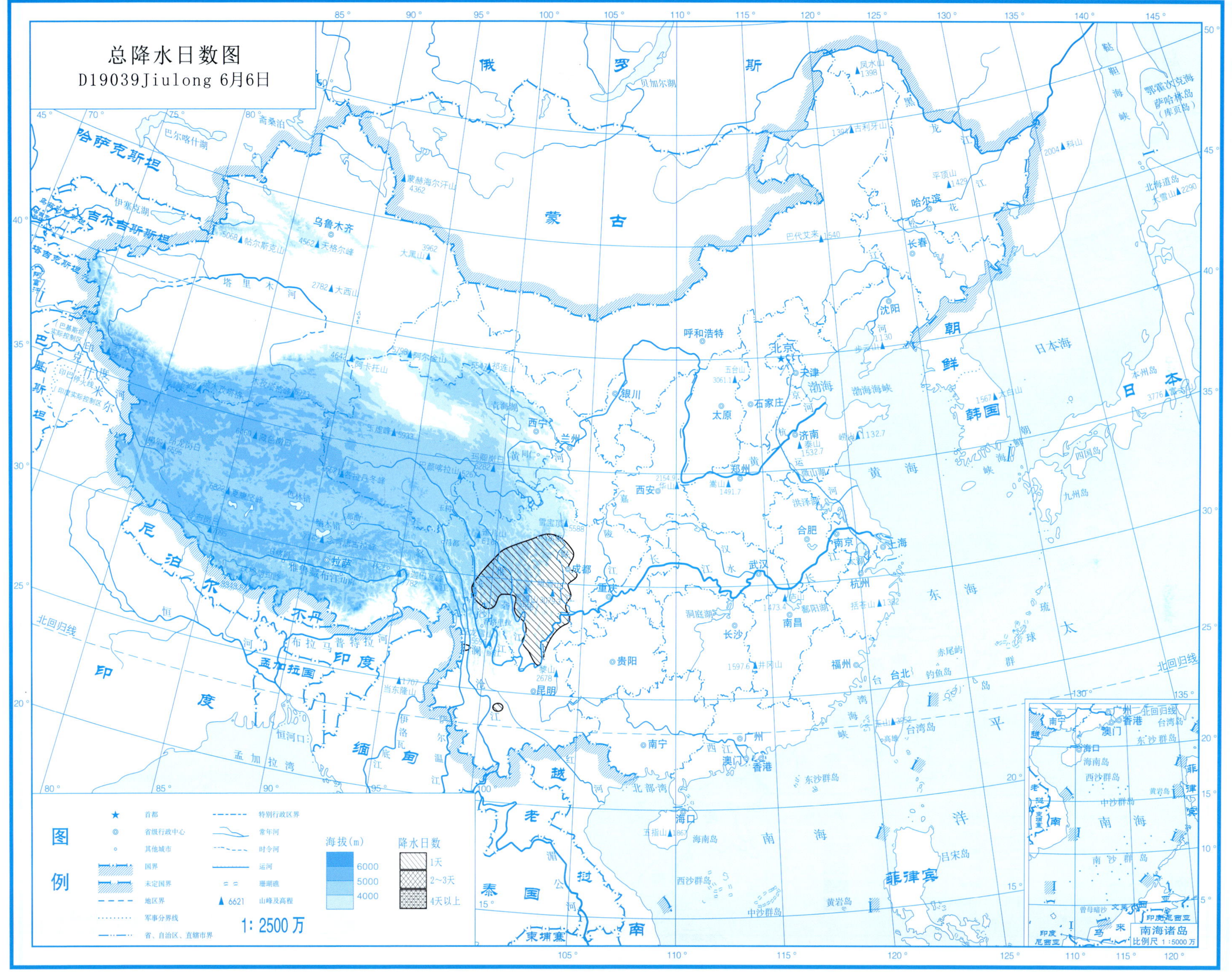
总降水日数图
D19039Jiulong 6月6日
图例
首都
省级行政中心
其他城市
国界
未定国界
地区界
军事分界线
省、自治区、直辖市界
特别行政区界
常年河
时令河
运河
珊瑚礁
6621 山峰及高程
海拔(m)
6000
5000
4000
降水日数
1天
2~3天
4天以上
1: 2500万
俄罗斯
蒙古
哈萨克斯坦
吉尔吉斯斯坦
塔吉克斯坦
巴基斯坦
尼泊尔
不丹
孟加拉国
印度
缅甸
老挝
越南
泰国
柬埔寨
朝鲜
韩国
日本
菲律宾
乌鲁木齐
呼和浩特
北京
天津
石家庄
太原
济南
郑州
西安
银川
兰州
西宁
拉萨
成都
重庆
武汉
南京
上海
合肥
杭州
南昌
长沙
贵阳
昆明
南宁
广州
福州
台北
海口
澳门
香港
沈阳
长春
哈尔滨
日本海
渤海
黄海
东海
南海
太平洋
孟加拉湾
北回归线
南海诸岛
比例尺 1:5000万

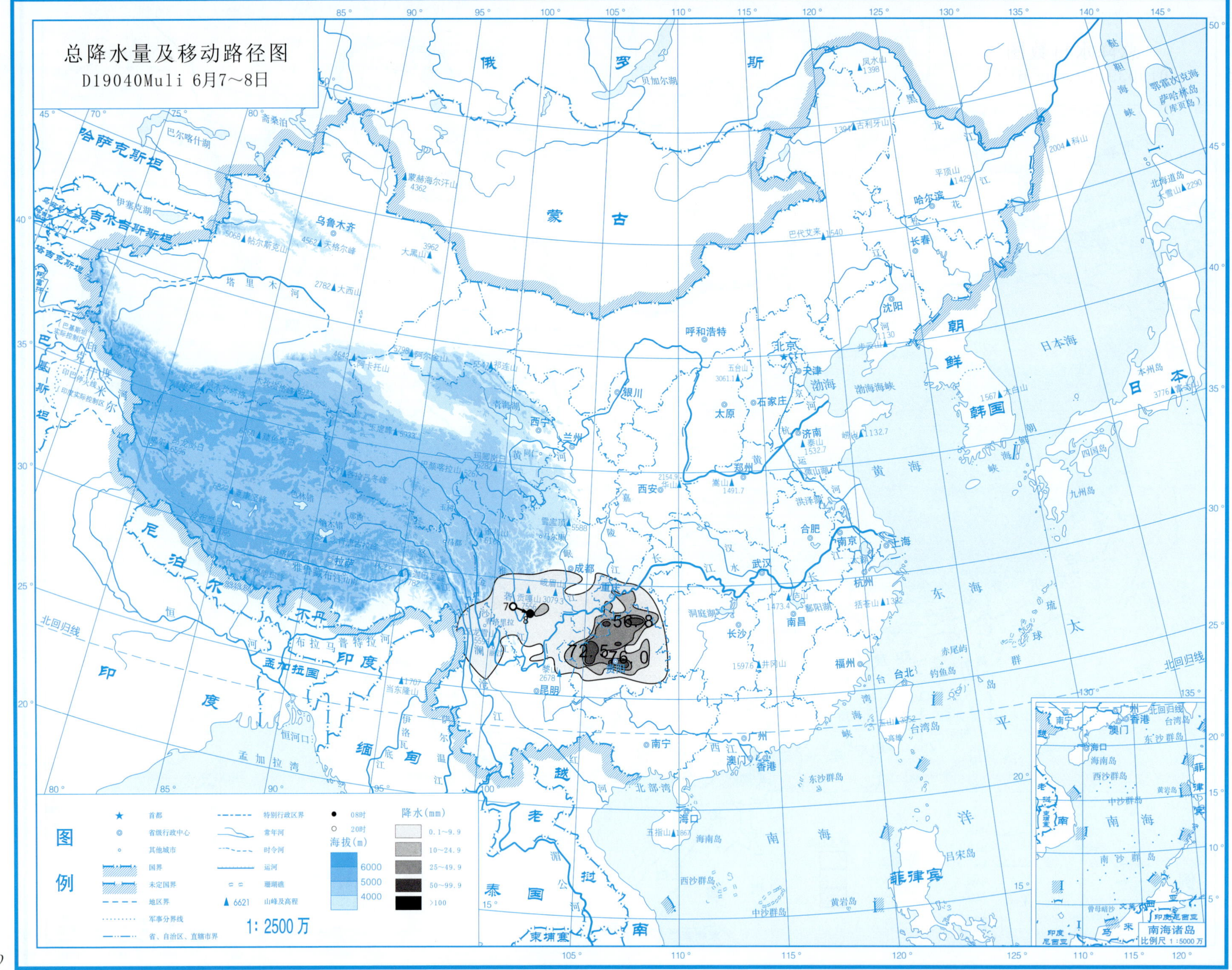
总降水量及移动路径图
D19040Muli 6月7~8日
图例
首都
省级行政中心
其他城市
国界
未定国界
地区界
军事分界线
特别行政区界
常年河
时令河
运河
珊瑚礁
6621 山峰及高程
省、自治区、直辖市界
08时
20时
海拔(m)
6000
5000
4000
降水(mm)
0.1~9.9
10~24.9
25~49.9
50~99.9
>100
1: 2500 万
56.8
72.5
76.0
南海诸岛
比例尺 1:5000 万

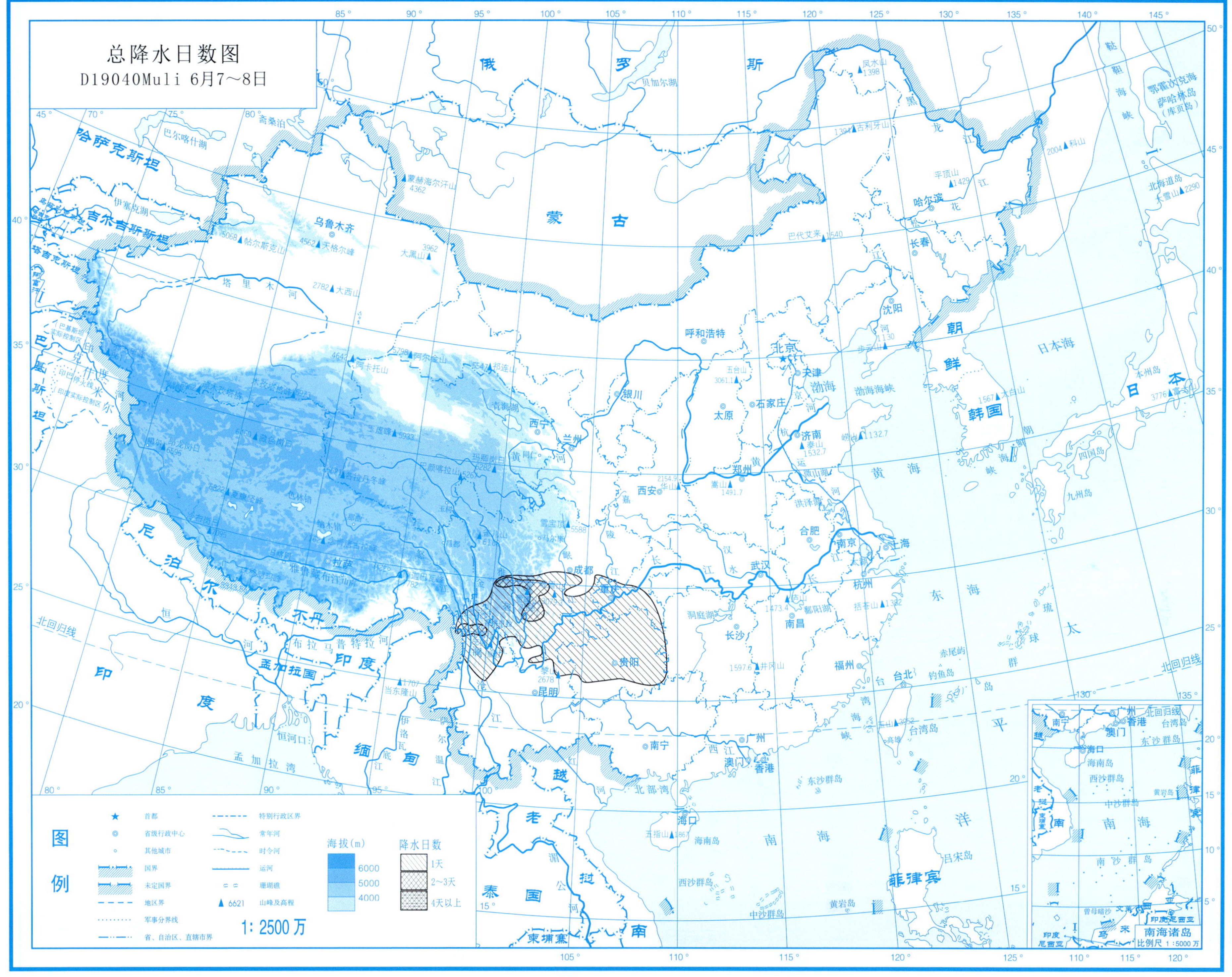
总降水日数图
D19040Muli 6月7～8日
图例
首都
省级行政中心
其他城市
国界
未定国界
地区界
军事分界线
省、自治区、直辖市界
特别行政区界
常年河
时令河
运河
珊瑚礁
6621 山峰及高程
海拔(m)
6000
5000
4000
降水日数
1天
2～3天
4天以上
1: 2500万
南海诸岛
比例尺 1:5000万

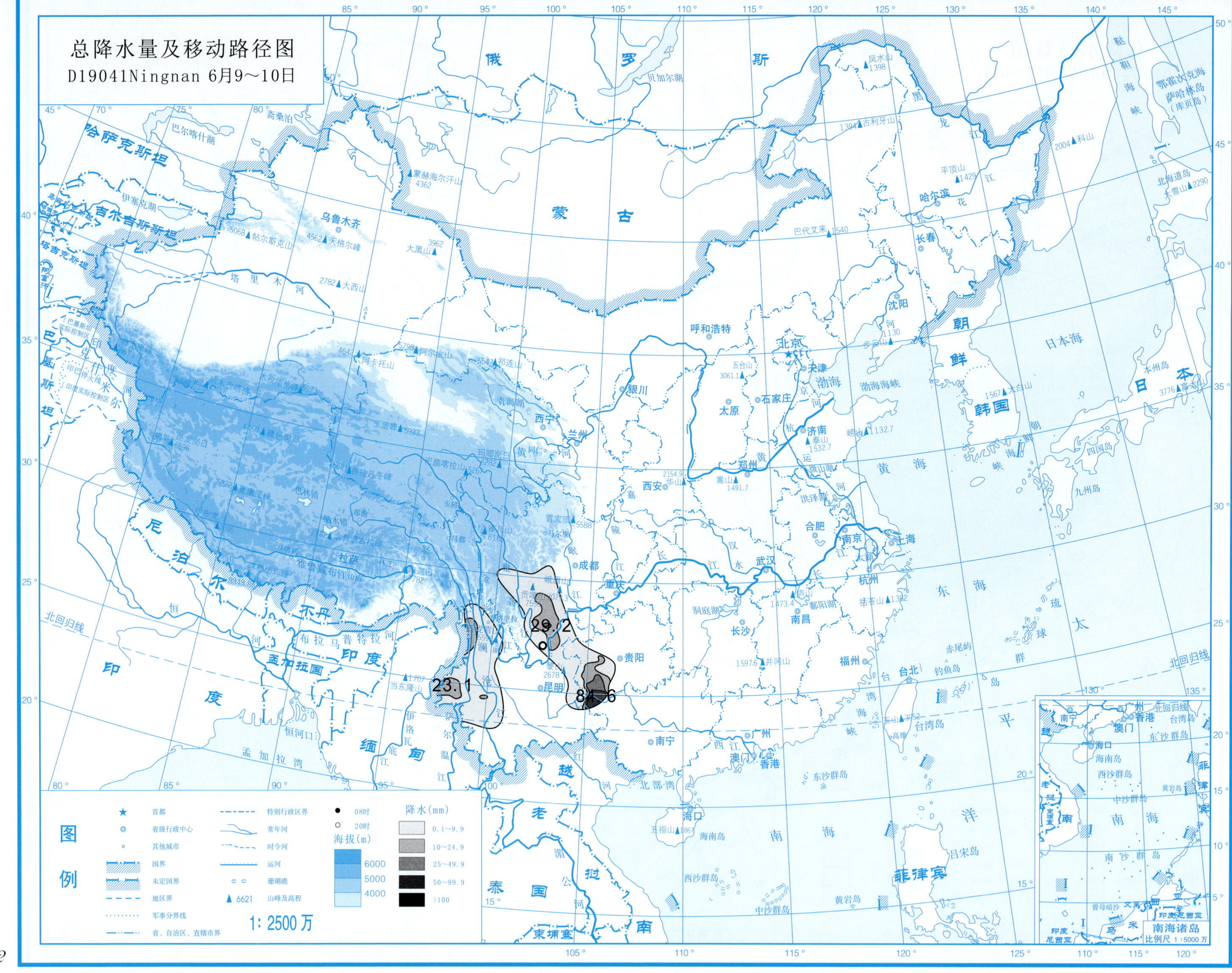
总降水量及移动路径图
D19041Ningnan 6月9～10日
23.1
29.2
84.6
图例
首都
省级行政中心
其他城市
国界
未定国界
地区界
军事分界线
省、自治区、直辖市界
特别行政区界
常年河
时令河
运河
珊瑚礁
6621 山峰及高程
08时
20时
海拔(m)
6000
5000
4000
降水(mm)
0.1～9.9
10～24.9
25～49.9
50～99.9
>100
1:2500万
南海诸岛
比例尺 1:5000万

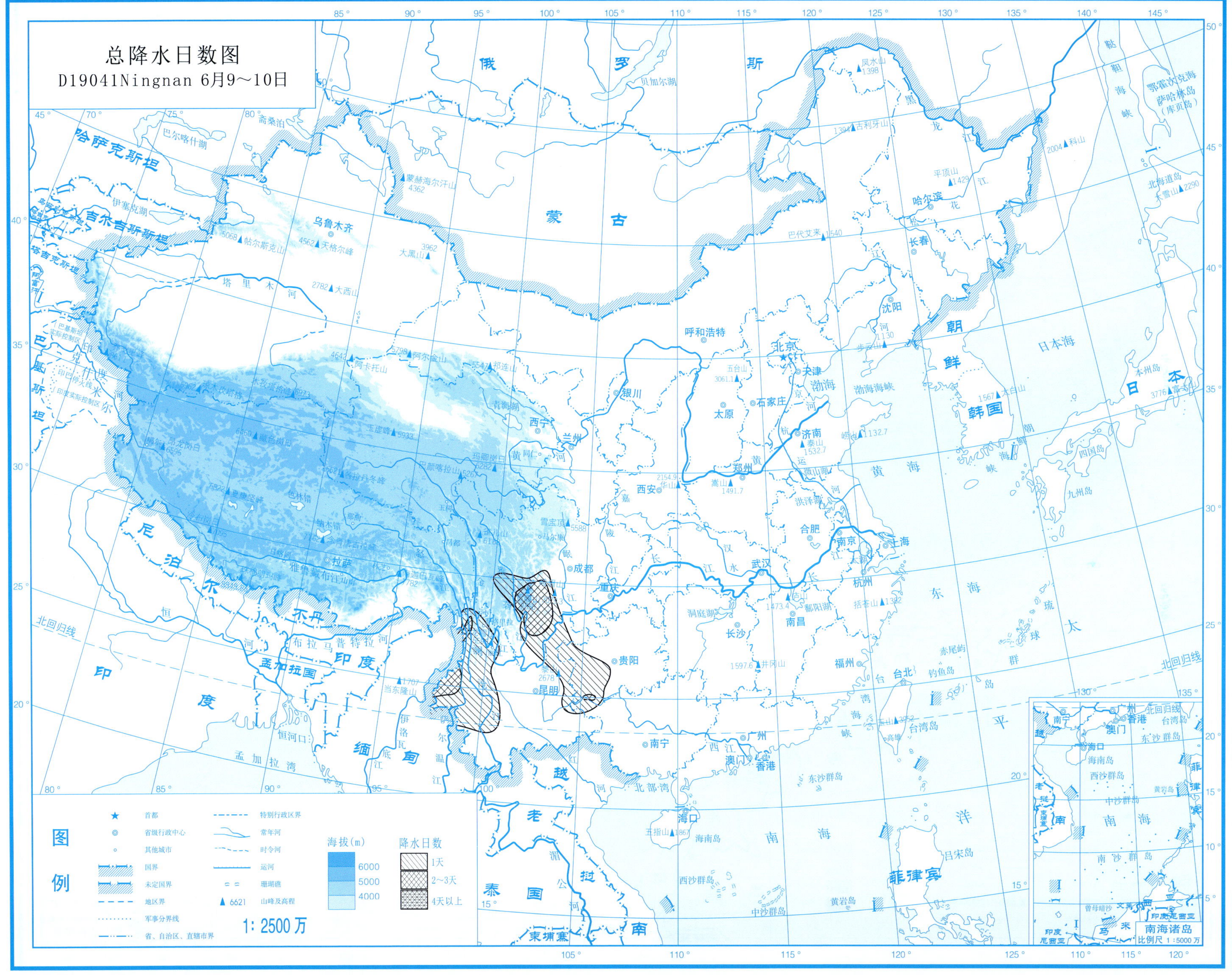
总降水日数图
D19041Ningnan 6月9~10日
图例
首都
省级行政中心
其他城市
国界
未定国界
地区界
军事分界线
省、自治区、直辖市界
特别行政区界
常年河
时令河
运河
珊瑚礁
6621 山峰及高程
海拔(m)
6000
5000
4000
降水日数
1天
2~3天
4天以上
1: 2500万
南海诸岛
比例尺 1:5000万

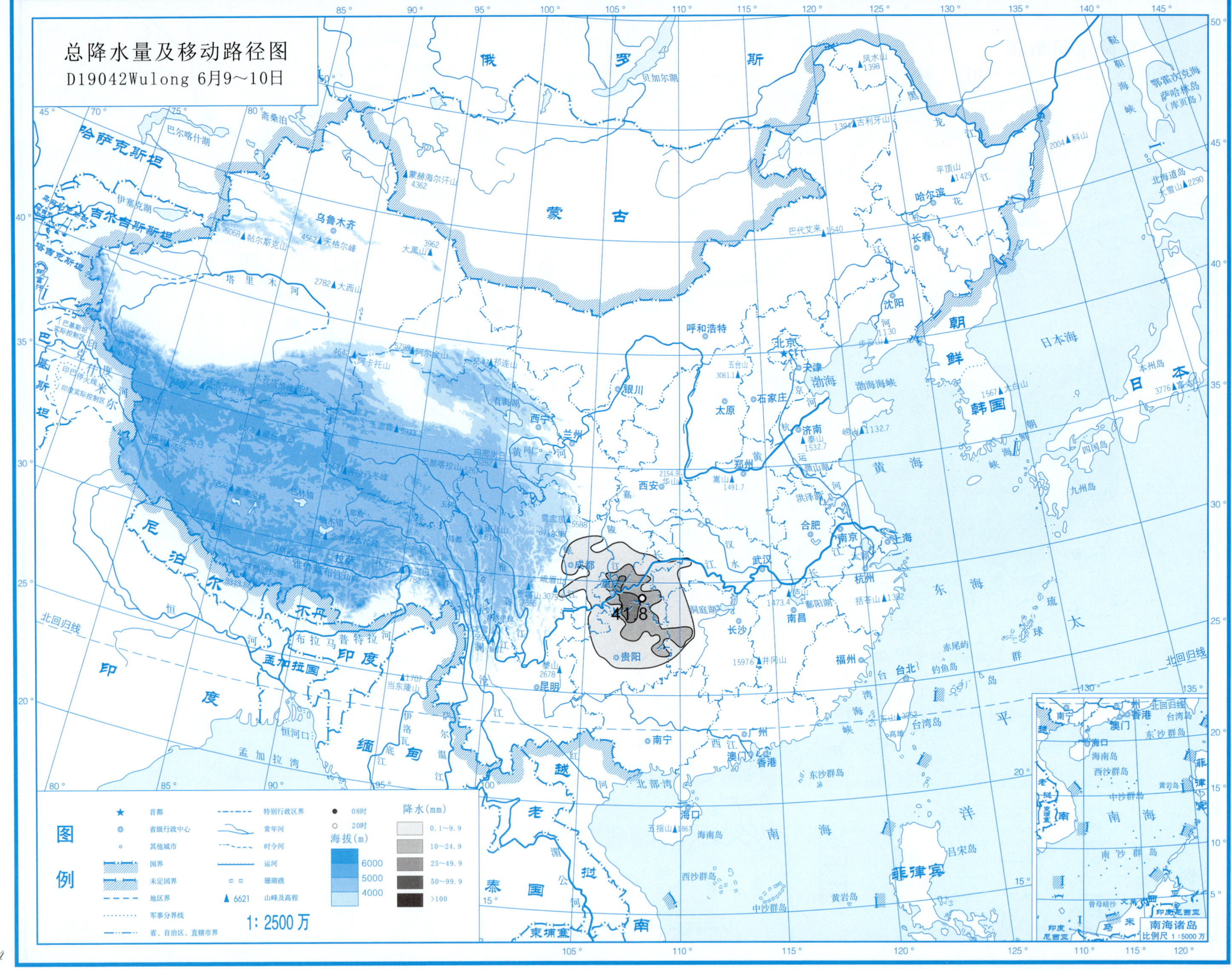
总降水量及移动路径图
D19042Wulong 6月9～10日
图例
首都
省级行政中心
其他城市
国界
未定国界
地区界
军事分界线
特别行政区界
常年河
时令河
运河
珊瑚礁
山峰及高程
省、自治区、直辖市界
08时
20时
海拔(m)
6000
5000
4000
降水(mm)
0.1～9.9
10～24.9
25～49.9
50～99.9
>100
1: 2500 万
41.8
南海诸岛
比例尺 1:5000 万

总降水日数图

D19042Wulong 6月9～10日

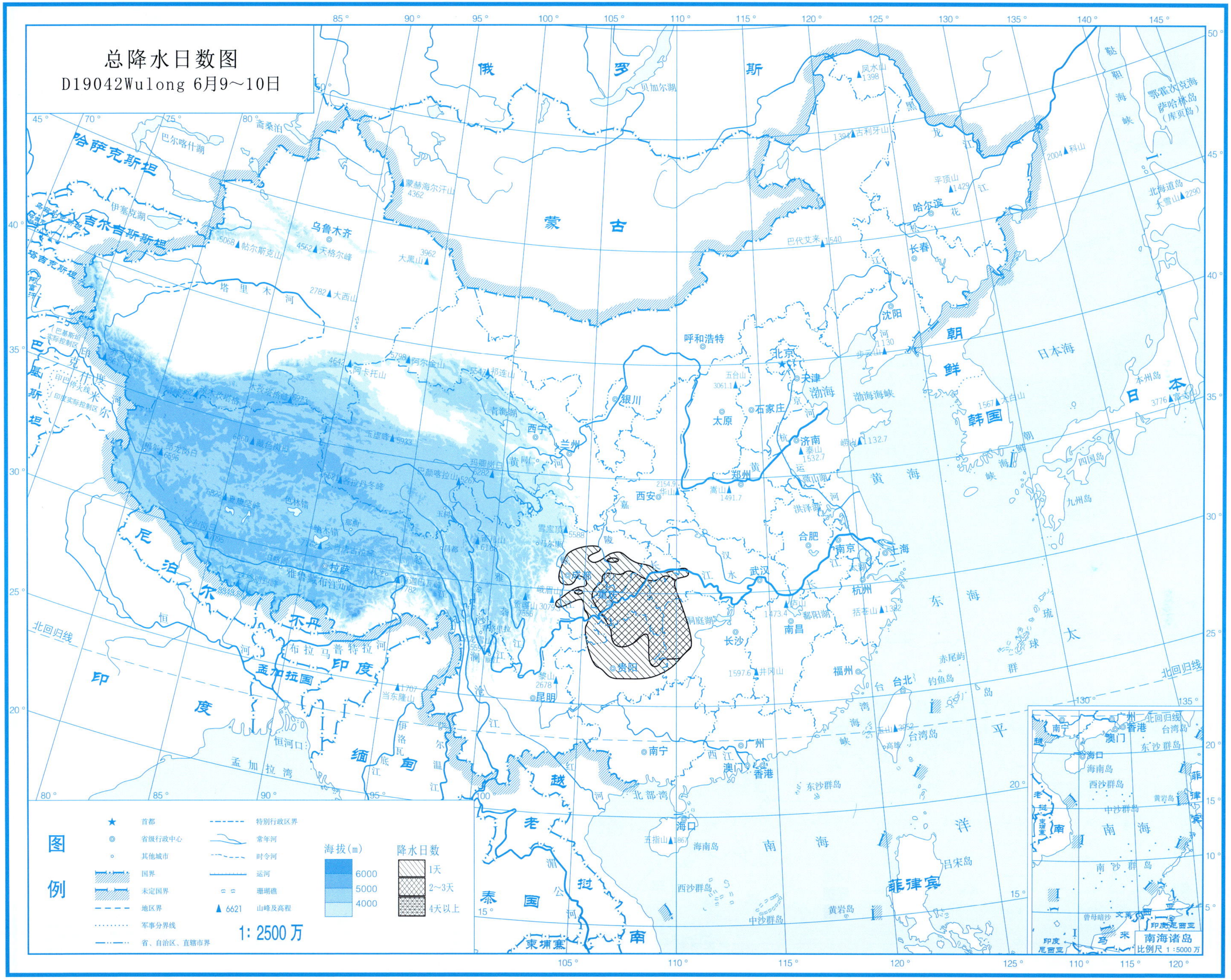

图例
首都
省级行政中心
其他城市
国界
未定国界
地区界
军事分界线
省、自治区、直辖市界
特别行政区界
常年河
时令河
运河
珊瑚礁
6621 山峰及高程
海拔(m)
6000
5000
4000
降水日数
1天
2~3天
4天以上
1: 2500 万
南海诸岛
比例尺 1:5000 万
俄罗斯
蒙古
哈萨克斯坦
吉尔吉斯斯坦
塔吉克斯坦
阿富汗
巴基斯坦
印度
尼泊尔
不丹
孟加拉国
缅甸
老挝
越南
泰国
柬埔寨
菲律宾
朝鲜
韩国
日本
北京
天津
石家庄
太原
呼和浩特
沈阳
长春
哈尔滨
济南
郑州
西安
银川
兰州
西宁
乌鲁木齐
拉萨
成都
重庆
贵阳
昆明
南宁
广州
香港
澳门
海口
长沙
武汉
南昌
合肥
南京
上海
杭州
福州
台北
渤海
黄海
东海
南海
日本海
太平洋
北回归线

总降水量及移动路径图

D19043Anyue 6月10～14日

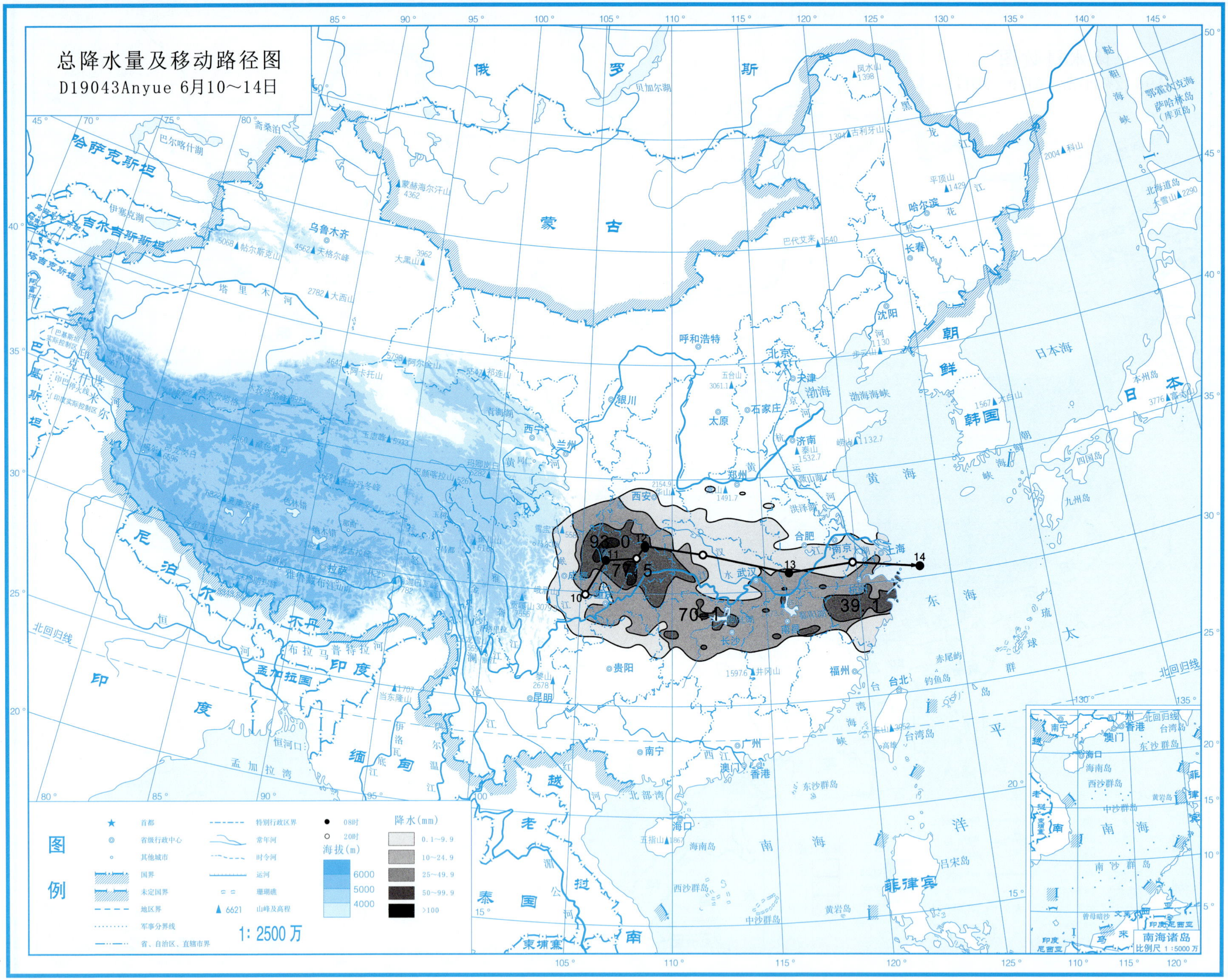

图例

★	首都		特别行政区界
◎	省级行政中心		常年河
○	其他城市		时令河
	国界		运河
	未定国界		珊瑚礁
	地区界	▲ 6621	山峰及高程
	军事分界线	●	08时
	省、自治区、直辖市界	○	20时

海拔(m)：6000；5000；4000

降水(mm)：0.1～9.9；10～24.9；25～49.9；50～99.9；>100

1：2500万

南海诸岛 比例尺 1：5000万

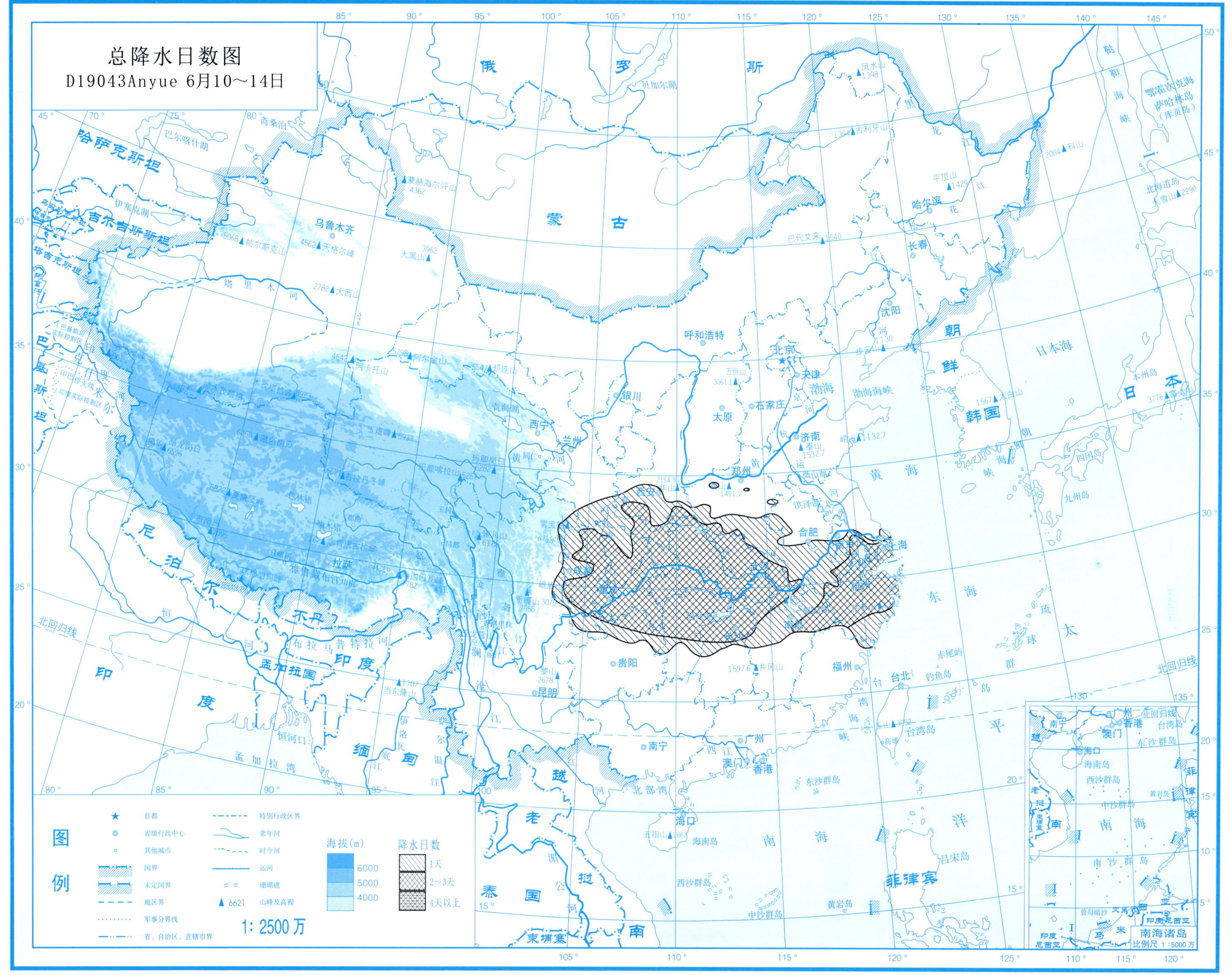
总降水日数图
D19043Anyue 6月10～14日
图例
首都
省级行政中心
其他城市
国界
未定国界
地区界
军事分界线
省、自治区、直辖市界
特别行政区界
常年河
时令河
运河
珊瑚礁
山峰及高程
海拔(m)
6000
5000
4000
降水日数
1天
2~3天
4天以上
1: 2500 万
南海诸岛
比例尺 1 : 5000 万

总降水量及移动路径图

D19044Panzhihua 6月25日

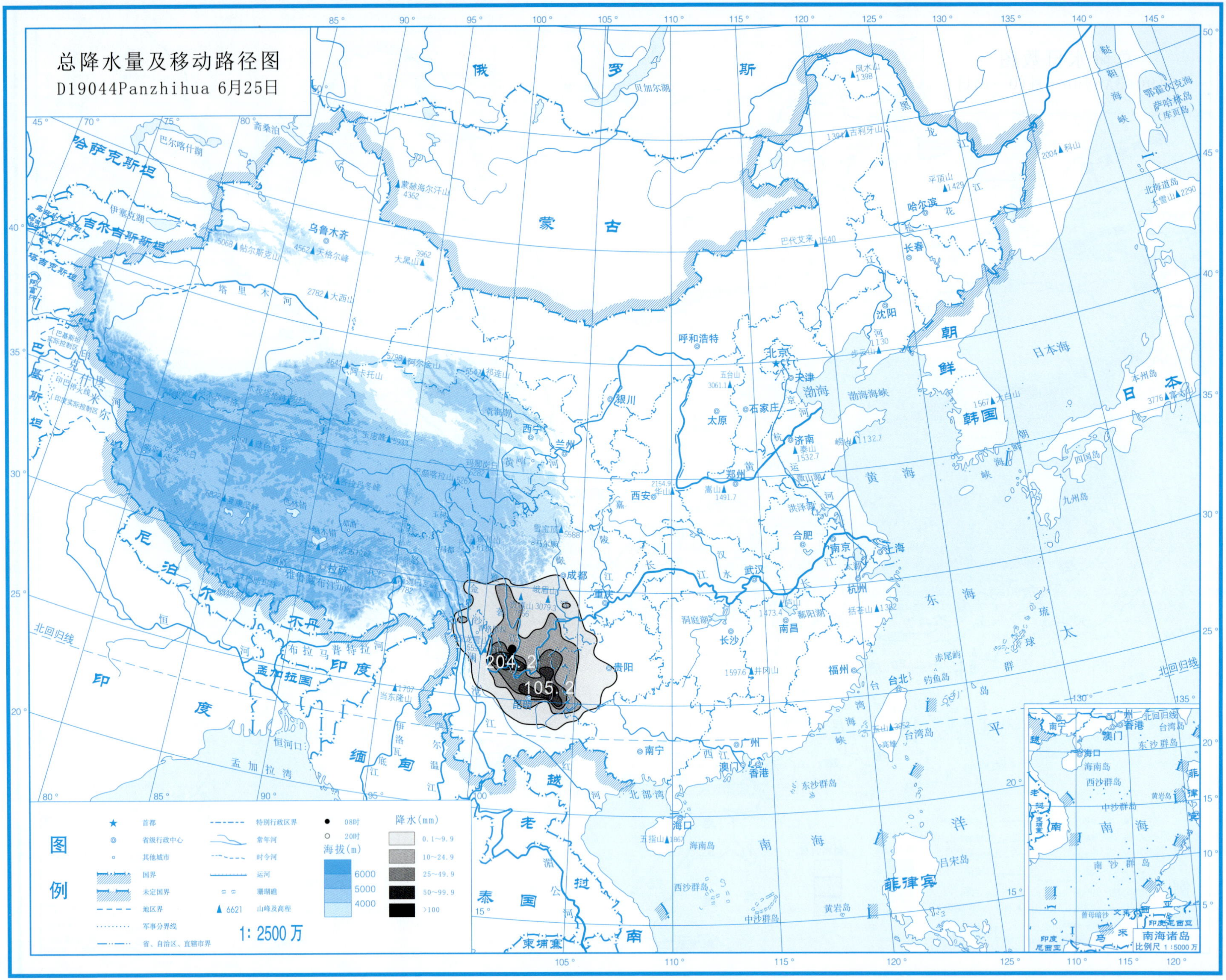

204.2

105.2

图例

★ 首都

◎ 省级行政中心

○ 其他城市

国界

未定国界

地区界

军事分界线

省、自治区、直辖市界

特别行政区界

常年河

时令河

运河

珊瑚礁

▲ 6621 山峰及高程

● 08时

○ 20时

海拔(m)

6000

5000

4000

降水(mm)

0.1~9.9

10~24.9

25~49.9

50~99.9

>100

1：2500万

南海诸岛

比例尺 1：5000万

总降水日数图

D19044Panzhihua 6月25日

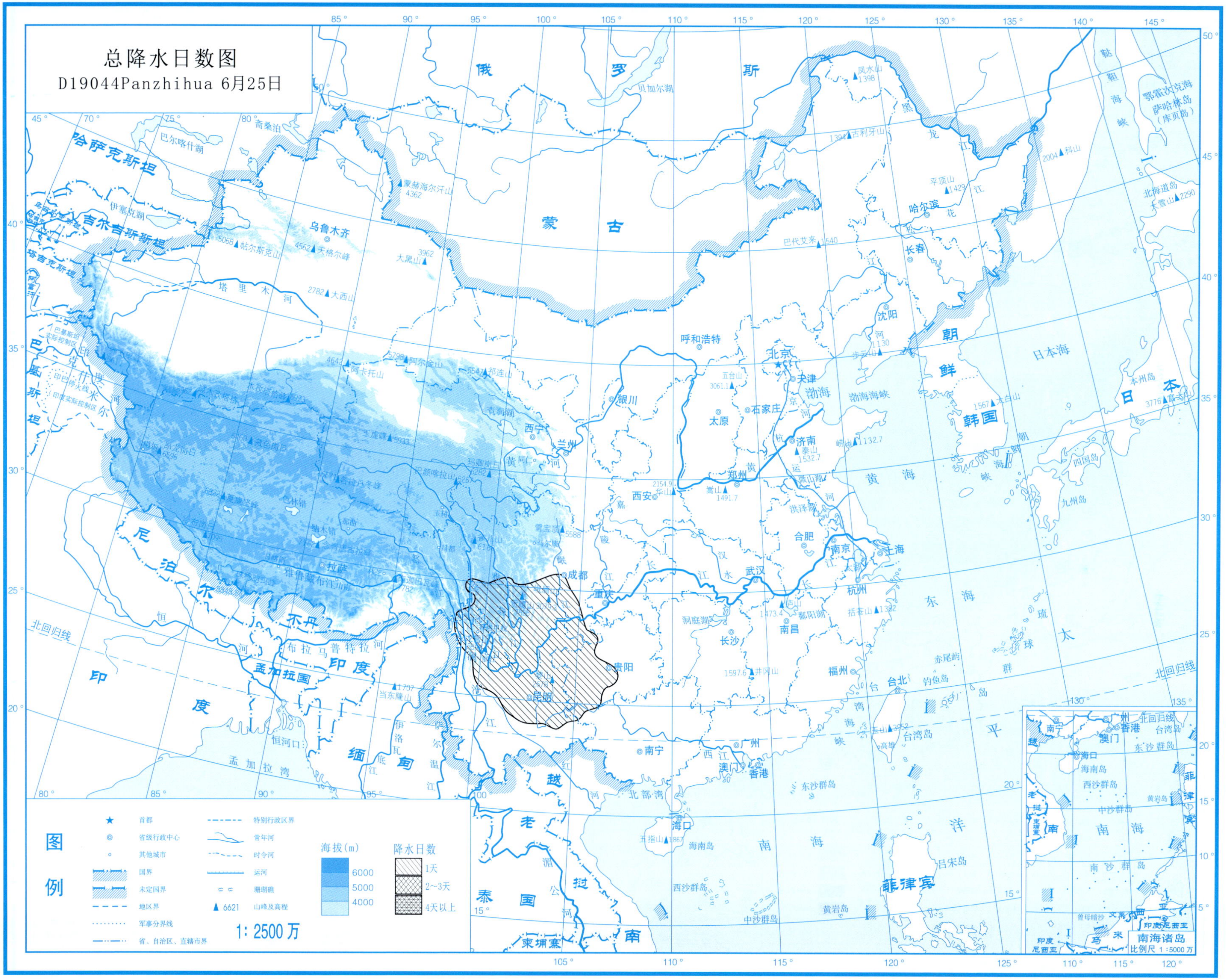

图例

★ 首都
◎ 省级行政中心
○ 其他城市
国界
未定国界
地区界
军事分界线
省、自治区、直辖市界
特别行政区界
常年河
时令河
运河
珊瑚礁
▲ 6621 山峰及高程

海拔(m)
6000
5000
4000

降水日数
1天
2~3天
4天以上

1: 2500 万

南海诸岛
比例尺 1:5000 万

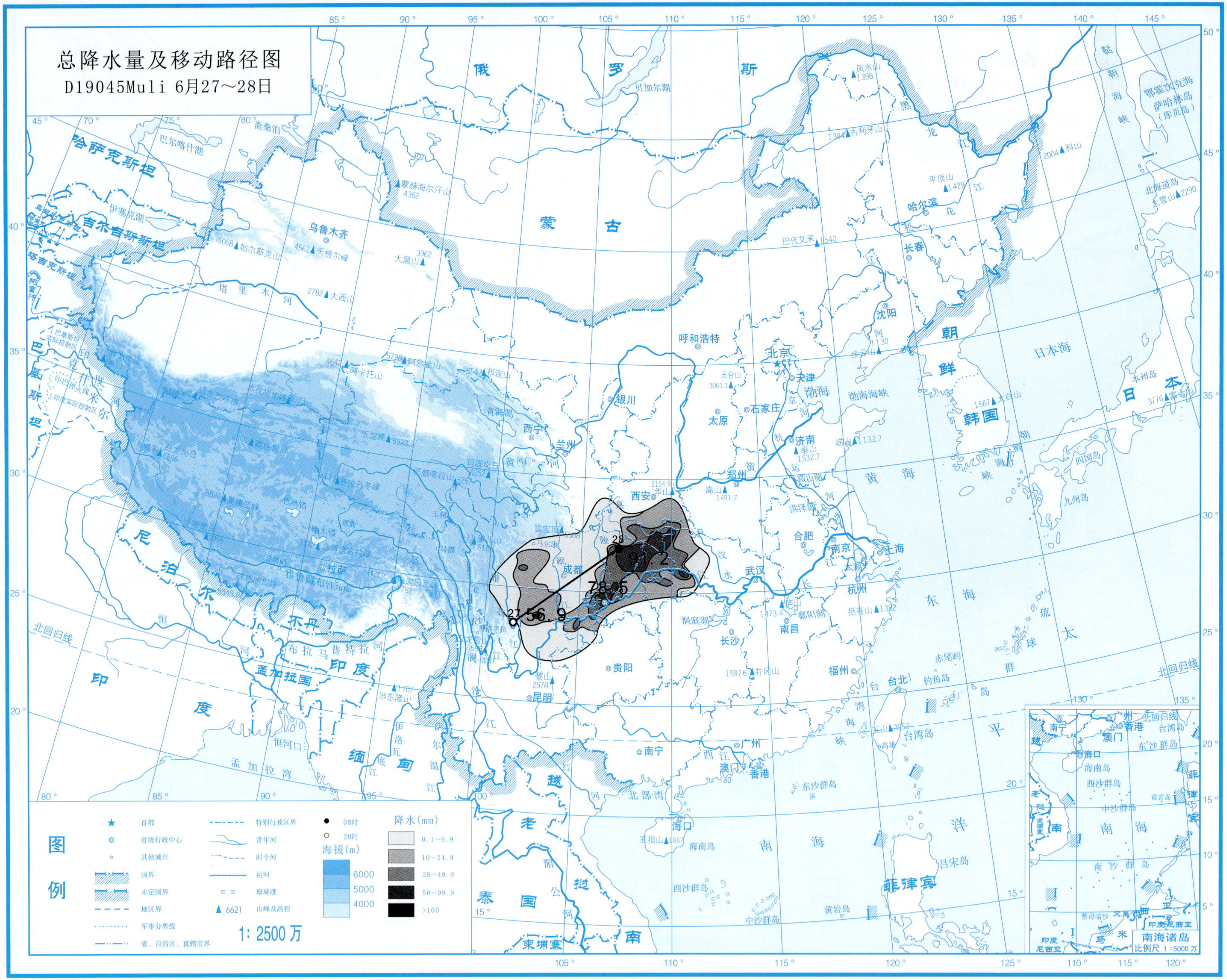
总降水量及移动路径图
D19045Muli 6月27～28日
27
56.9
78.5
28
91.2
图例
首都
省级行政中心
其他城市
国界
未定国界
地区界
军事分界线
省、自治区、直辖市界
特别行政区界
常年河
时令河
运河
珊瑚礁
6621 山峰及高程
08时
20时
降水(mm)
0.1～9.9
10～24.9
25～49.9
50～99.9
>100
海拔(m)
6000
5000
4000
1: 2500万
俄
罗
斯
蒙
古
哈萨克斯坦
吉尔吉斯斯坦
塔吉克斯坦
巴基斯坦
尼泊尔
不丹
印度
孟加拉国
缅甸
老挝
泰国
越南
柬埔寨
朝鲜
韩国
日本
菲律宾
北京
天津
石家庄
太原
呼和浩特
沈阳
长春
哈尔滨
济南
郑州
西安
银川
兰州
西宁
乌鲁木齐
拉萨
成都
贵阳
昆明
南宁
广州
香港
澳门
海口
长沙
武汉
南昌
合肥
南京
上海
杭州
福州
台北
日本海
黄海
东海
南海
渤海
太平洋
北回归线
南海诸岛
比例尺 1:5000万

总降水日数图

D19045Muli 6月27～28日

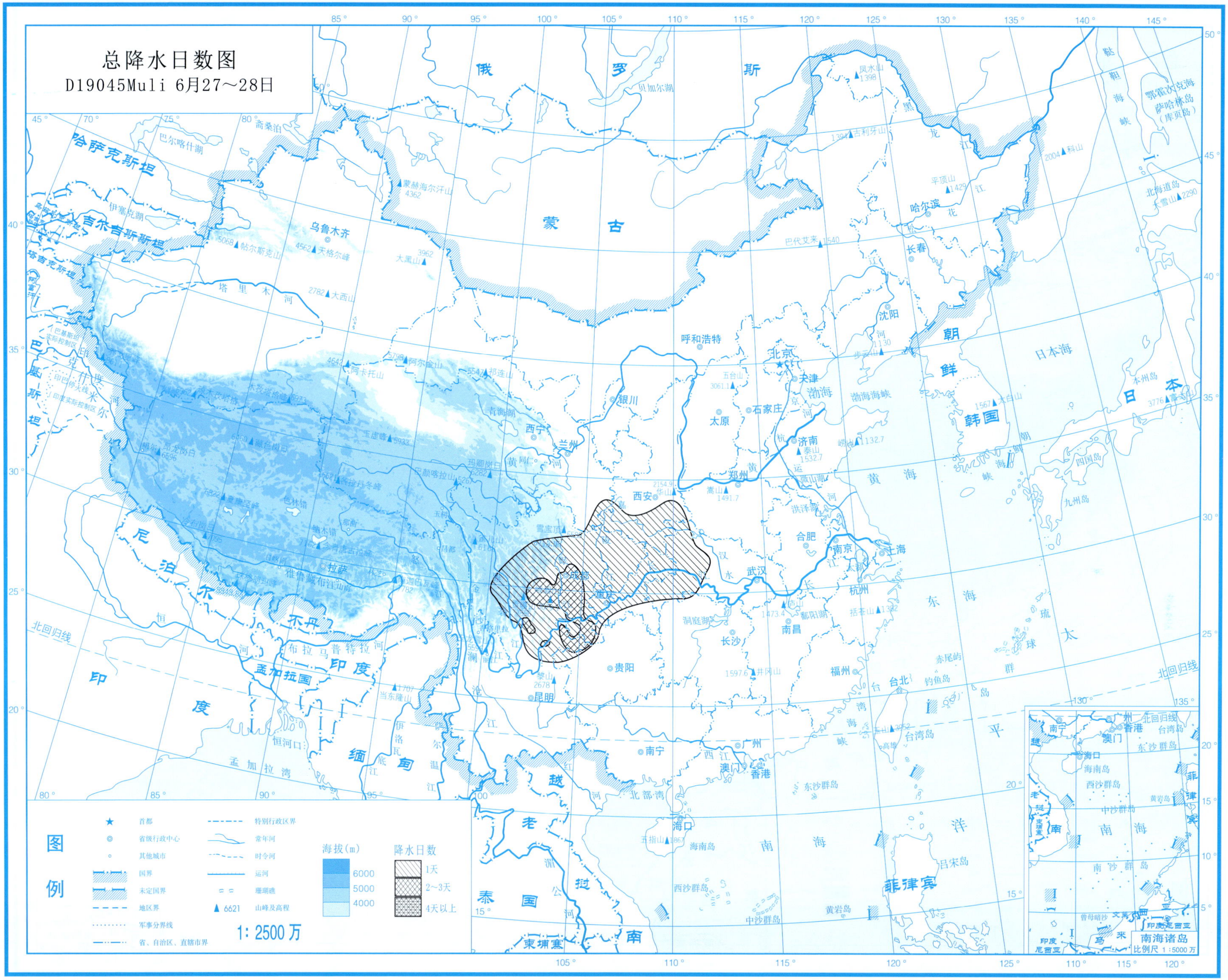

图例

★ 首都
◎ 省级行政中心
○ 其他城市
国界
未定国界
地区界
军事分界线
省、自治区、直辖市界
特别行政区界
常年河
时令河
运河
珊瑚礁
▲6621 山峰及高程

海拔（m）
6000
5000
4000

降水日数
1天
2～3天
4天以上

1：2500万

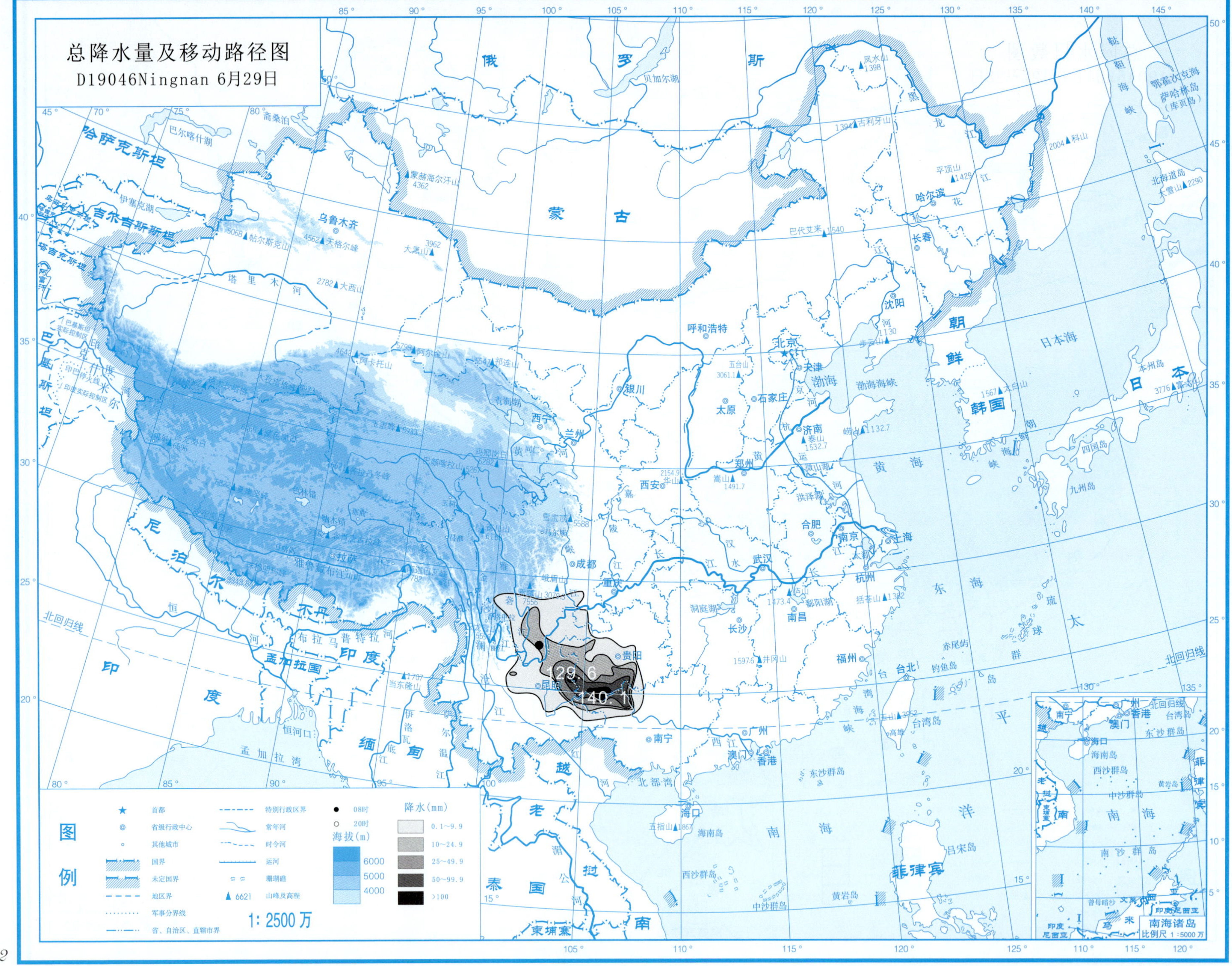
总降水量及移动路径图
D19046Ningnan 6月29日
129.6
140.1
图例
首都
省级行政中心
其他城市
国界
未定国界
地区界
军事分界线
省、自治区、直辖市界
特别行政区界
常年河
时令河
运河
珊瑚礁
山峰及高程
08时
20时
降水(mm)
0.1~9.9
10~24.9
25~49.9
50~99.9
>100
海拔(m)
6000
5000
4000
1: 2500 万
南海诸岛
比例尺 1:5000 万

总降水日数图

D19046Ningnan 6月29日

图例

符号	说明	符号	说明
★	首都	— — —	特别行政区界
◎	省级行政中心	～	常年河
○	其他城市	- - -	时令河
	国界	——	运河
	未定国界	＝ ＝	珊瑚礁
— —	地区界	▲ 6621	山峰及高程
······	军事分界线		
—·—	省、自治区、直辖市界		

海拔(m)：6000、5000、4000

降水日数：1天、2~3天、4天以上

1:2500万

南海诸岛 比例尺 1:5000万

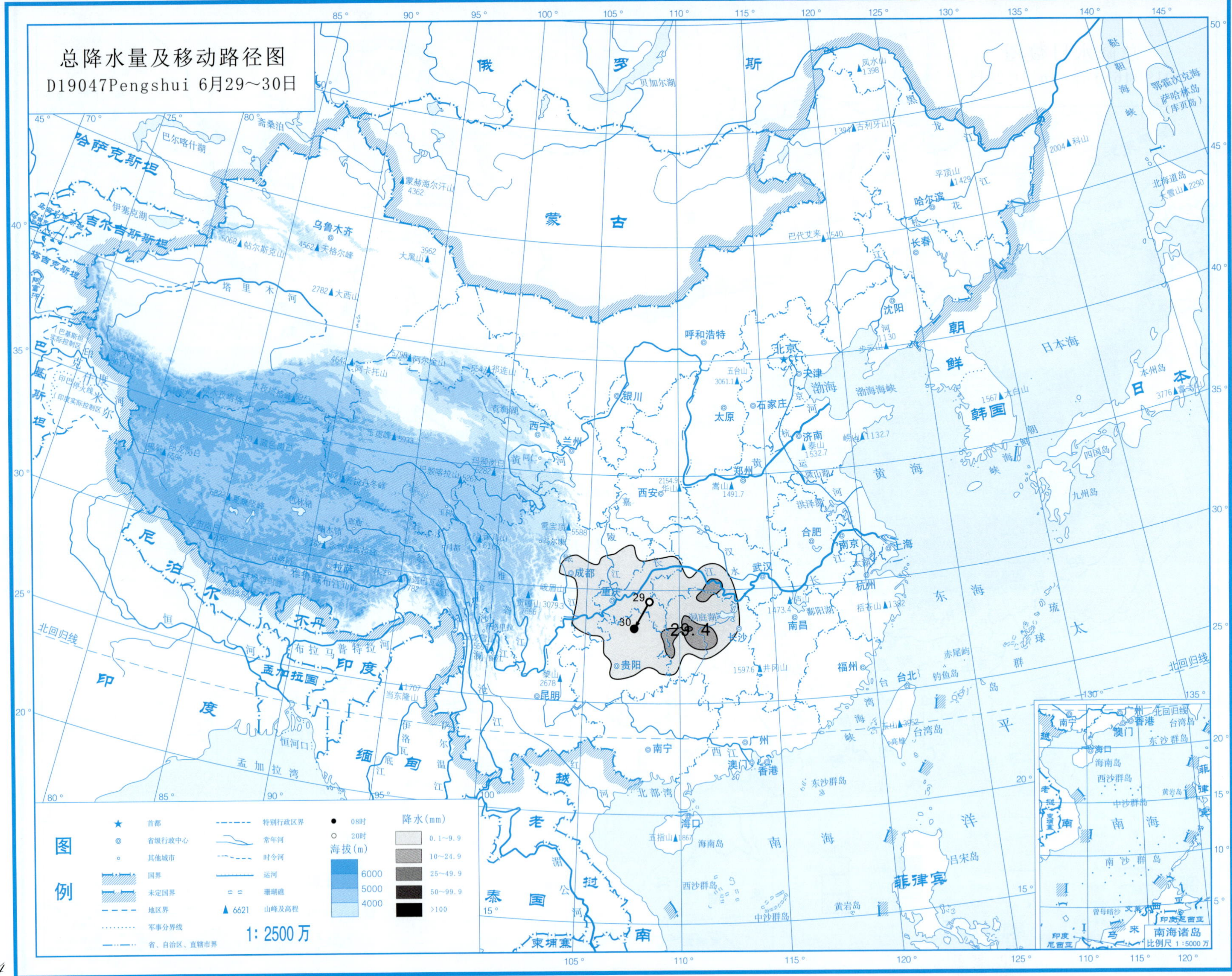
总降水量及移动路径图
D19047Pengshui 6月29～30日
图例
首都
省级行政中心
其他城市
国界
未定国界
地区界
军事分界线
省、自治区、直辖市界
特别行政区界
常年河
时令河
运河
珊瑚礁
6621 山峰及高程
08时
20时
海拔(m)
6000
5000
4000
降水(mm)
0.1～9.9
10～24.9
25～49.9
50～99.9
>100
1: 2500 万
29
30
成都
重庆
贵阳
长沙
武汉
南昌
昆明
南宁
广州
西安
郑州
北京
天津
石家庄
太原
呼和浩特
银川
兰州
西宁
拉萨
乌鲁木齐
济南
合肥
南京
上海
杭州
福州
台北
沈阳
长春
哈尔滨
海口
香港
澳门
俄 罗 斯
蒙 古
哈萨克斯坦
吉尔吉斯斯坦
塔吉克斯坦
巴基斯坦
尼 泊 尔
不丹
印 度
孟加拉国
缅 甸
老 挝
越 南
泰 国
柬埔寨
朝 鲜
韩国
日 本
菲律宾
黄 海
东 海
南 海
日本海
渤海
太 平 洋
北回归线
南海诸岛
比例尺 1:5000 万

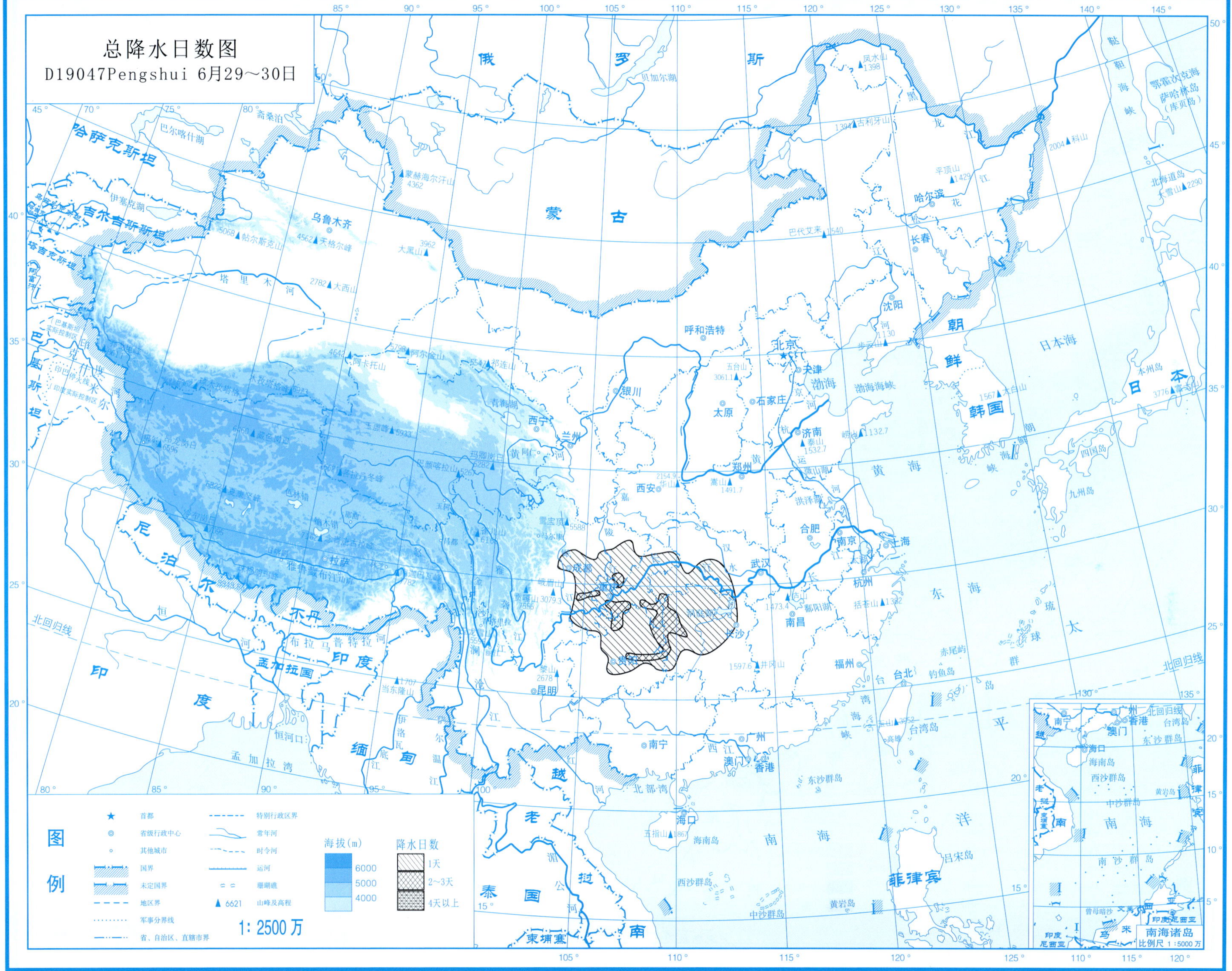
总降水日数图
D19047Pengshui 6月29～30日
图例
首都
省级行政中心
其他城市
国界
未定国界
地区界
军事分界线
省、自治区、直辖市界
特别行政区界
常年河
时令河
运河
珊瑚礁
6621 山峰及高程
海拔（m）
6000
5000
4000
降水日数
1天
2～3天
4天以上
1：2500万
南海诸岛
比例尺 1：5000万

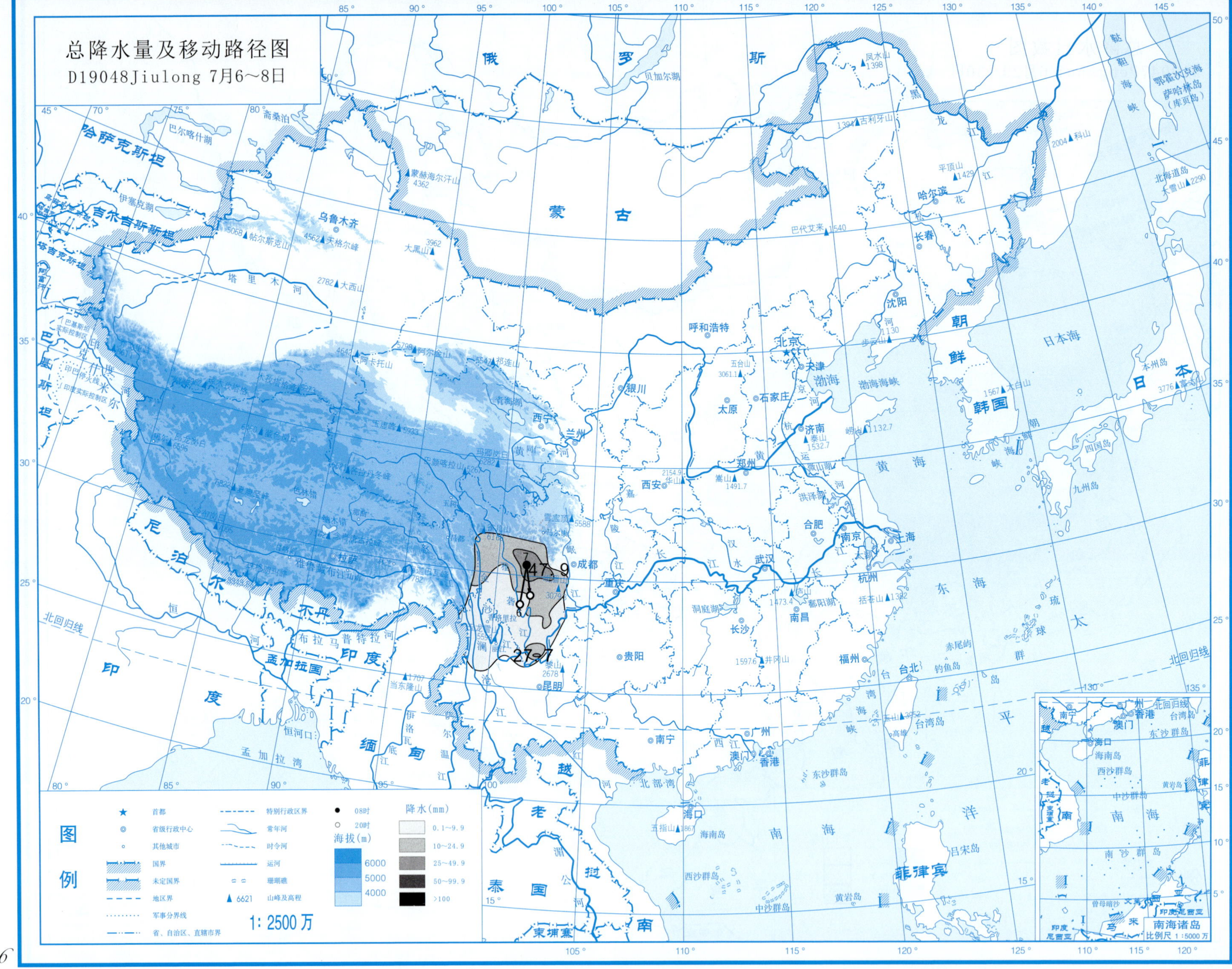

总降水量及移动路径图
D19048Jiulong 7月6~8日
图例
首都
省级行政中心
其他城市
国界
未定国界
地区界
军事分界线
省、自治区、直辖市界
特别行政区界
常年河
时令河
运河
珊瑚礁
6621 山峰及高程
08时
20时
降水(mm)
0.1~9.9
10~24.9
25~49.9
50~99.9
>100
海拔(m)
6000
5000
4000
1: 2500万
47.9
27.7
南海诸岛
比例尺 1:5000万

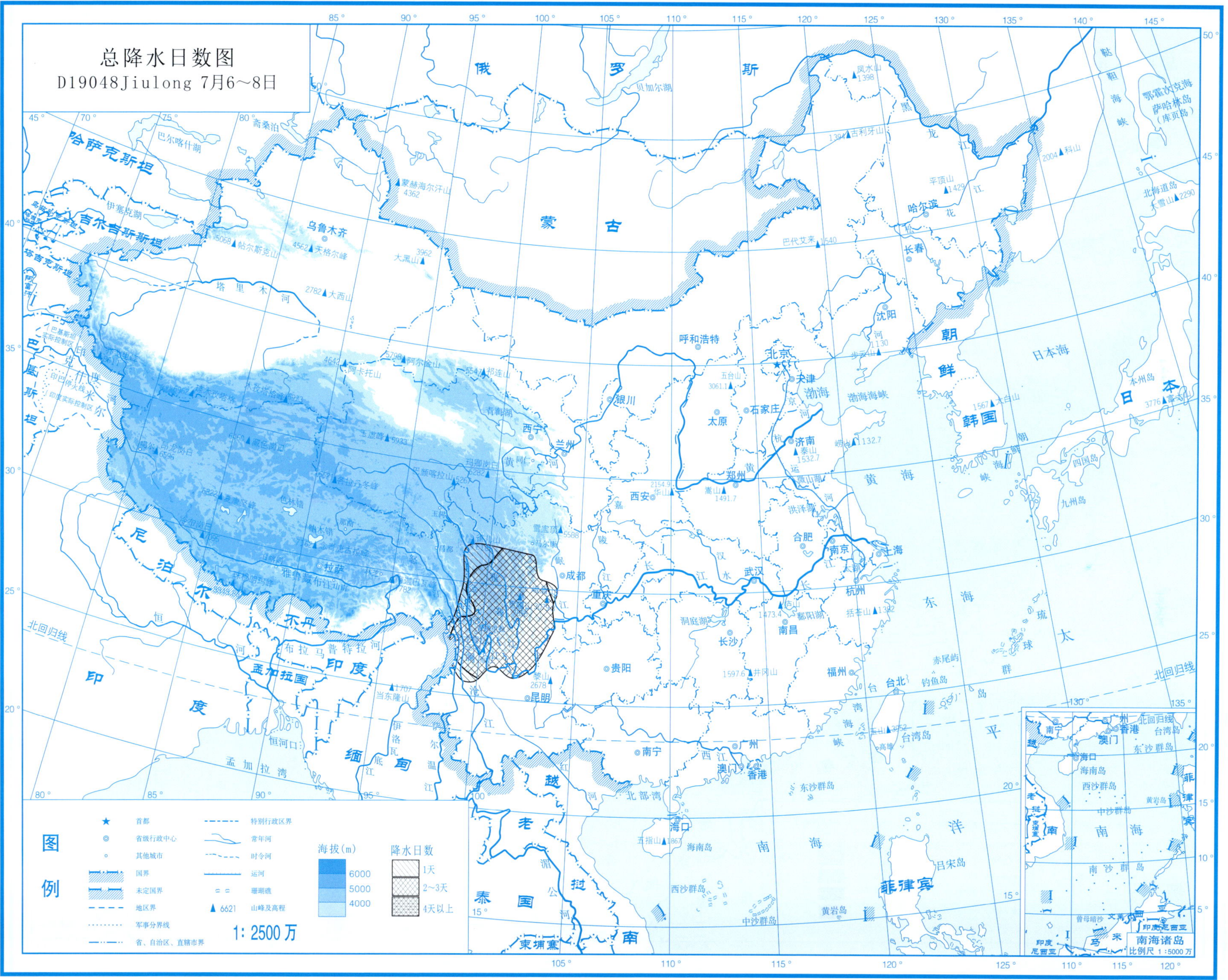
总降水日数图
D19048Jiulong 7月6~8日
图例
首都
省级行政中心
其他城市
国界
未定国界
地区界
军事分界线
省、自治区、直辖市界
特别行政区界
常年河
时令河
运河
珊瑚礁
山峰及高程
海拔(m)
6000
5000
4000
降水日数
1天
2~3天
4天以上
1: 2500 万
南海诸岛
比例尺 1:5000 万

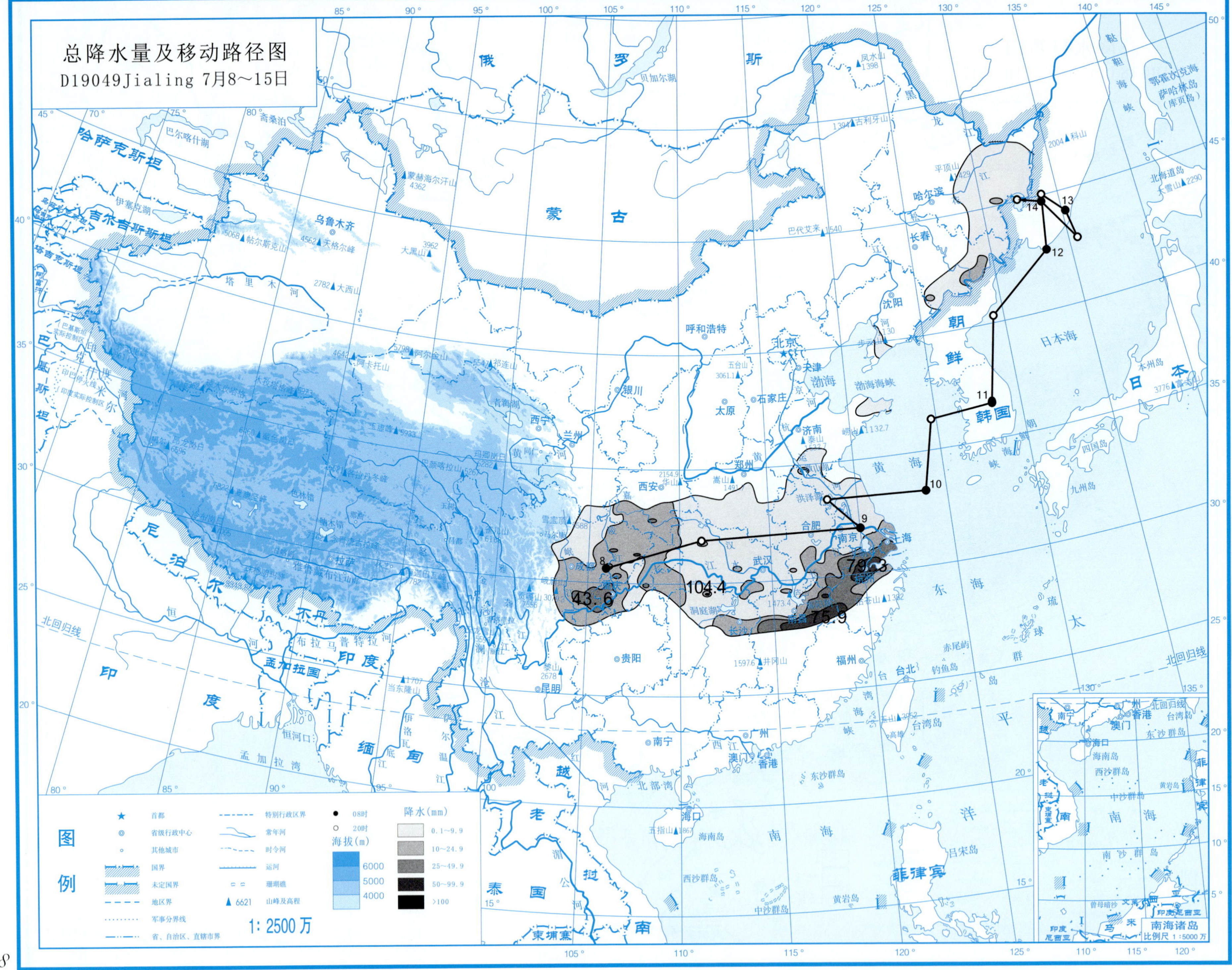
总降水量及移动路径图
D19049Jialing 7月8～15日
43.6
104.4
75.9
图例
首都
省级行政中心
其他城市
国界
未定国界
地区界
军事分界线
省、自治区、直辖市界
特别行政区界
常年河
时令河
运河
珊瑚礁
6621 山峰及高程
08时
20时
降水(mm)
0.1～9.9
10～24.9
25～49.9
50～99.9
>100
海拔(m)
6000
5000
4000
1: 2500万
南海诸岛
比例尺 1:5000万

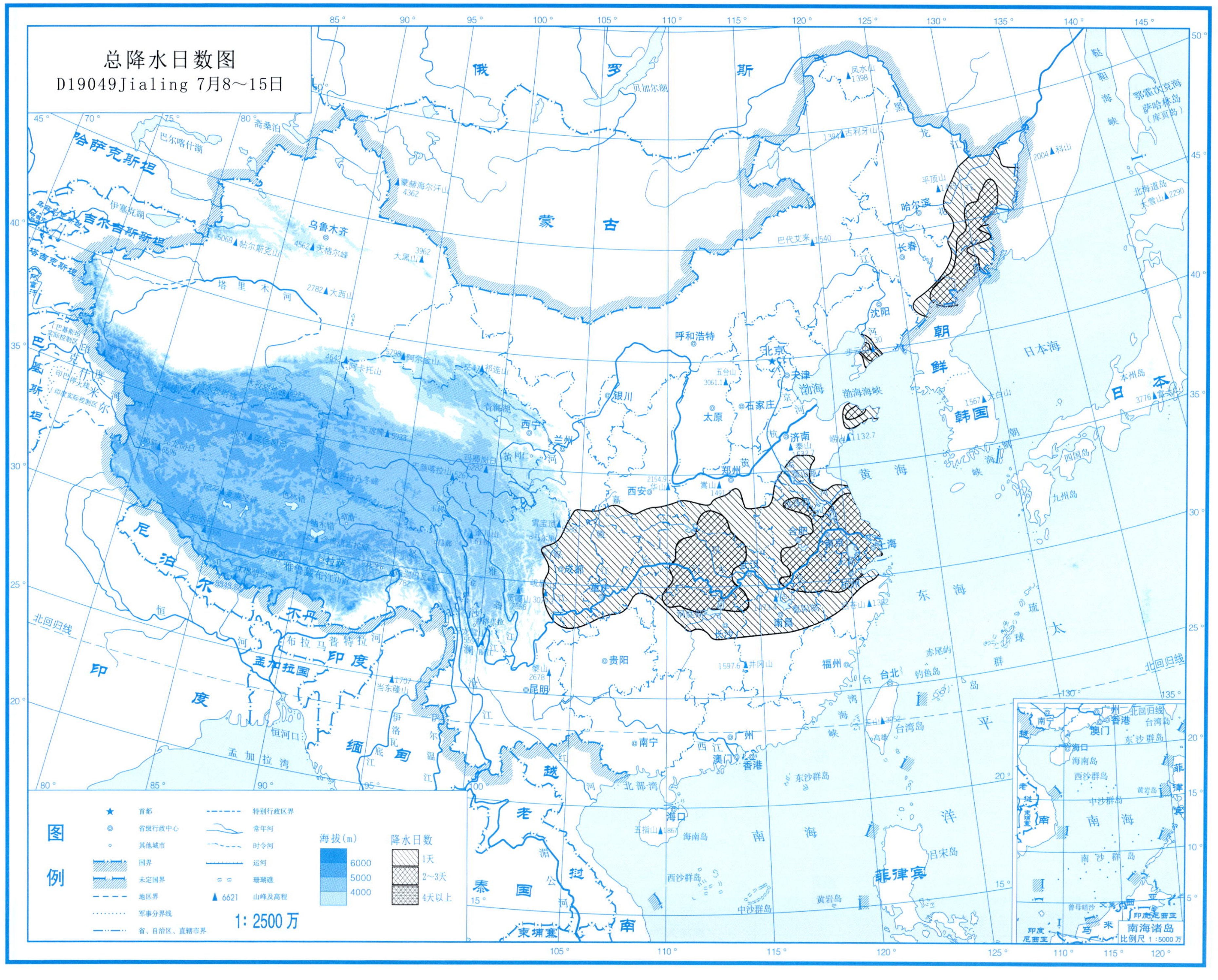

总降水日数图
D19049Jialing 7月8～15日
图例
首都
省级行政中心
其他城市
国界
未定国界
地区界
军事分界线
省、自治区、直辖市界
特别行政区界
常年河
时令河
运河
珊瑚礁
6621 山峰及高程
海拔(m)
6000
5000
4000
降水日数
1天
2～3天
4天以上
1: 2500万
南海诸岛
比例尺 1:5000万

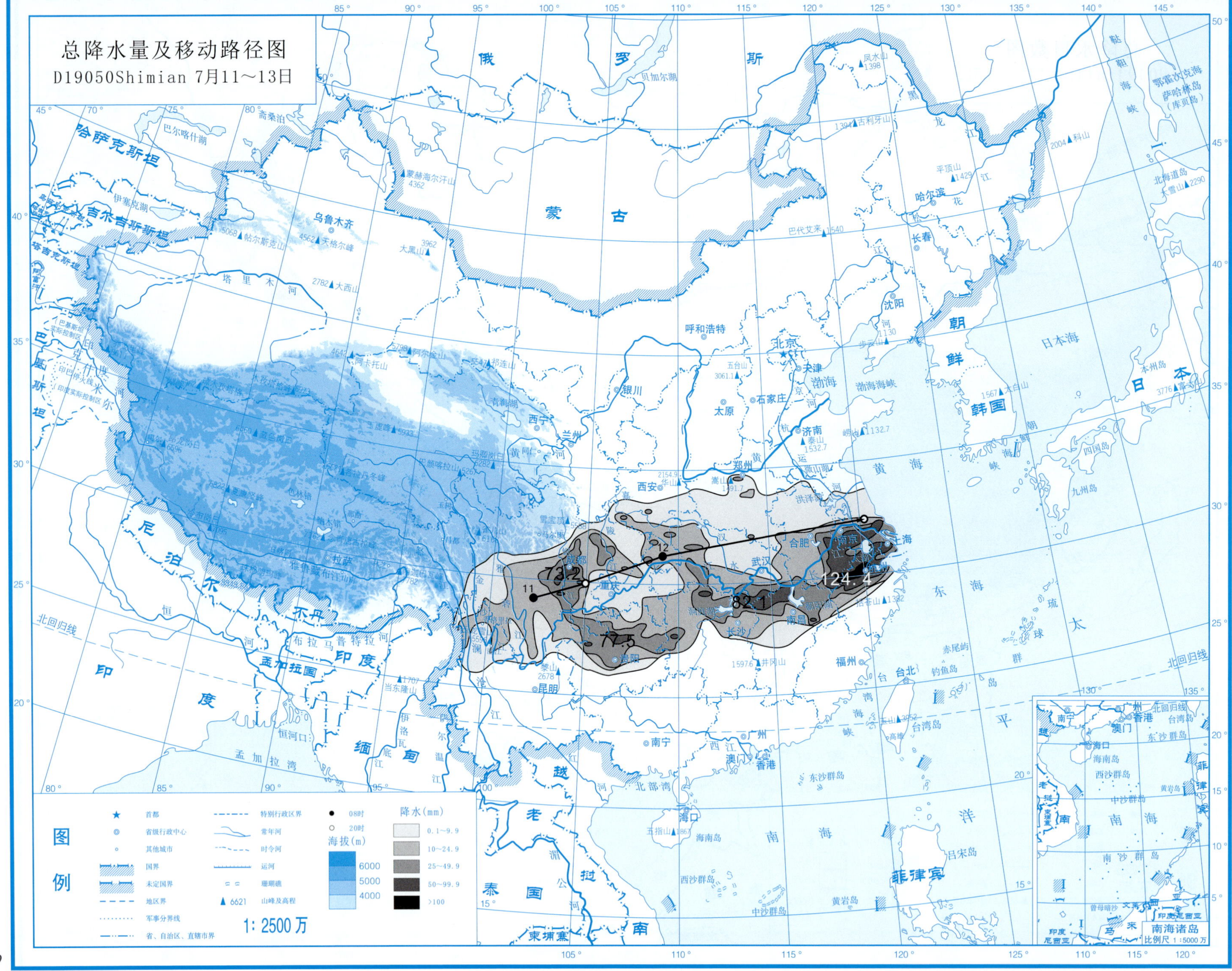

总降水量及移动路径图
D19050Shimian 7月11～13日
图例
首都
省级行政中心
其他城市
国界
未定国界
地区界
军事分界线
省、自治区、直辖市界
特别行政区界
常年河
时令河
运河
珊瑚礁
6621 山峰及高程
08时
20时
海拔(m)
6000
5000
4000
降水(mm)
0.1～9.9
10～24.9
25～49.9
50～99.9
>100
1: 2500 万
南海诸岛
比例尺 1:5000 万
11
12
73.2
77.5
82.1
124.4

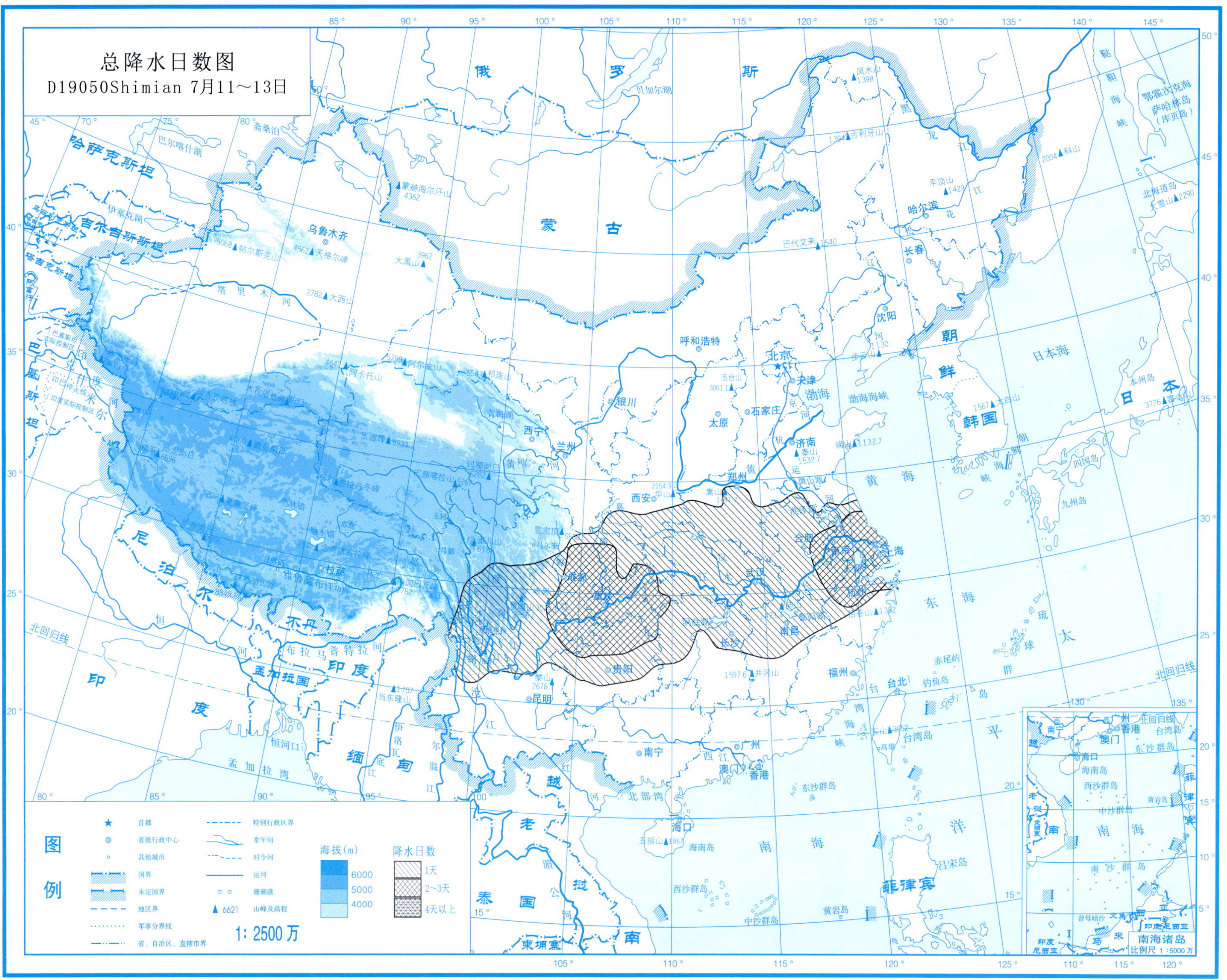

总降水日数图
D19050Shimian 7月11～13日
图例
首都
省级行政中心
其他城市
国界
未定国界
地区界
军事分界线
省、自治区、直辖市界
特别行政区界
常年河
时令河
运河
珊瑚礁
6621 山峰及高程
海拔(m)
6000
5000
4000
降水日数
1天
2~3天
4天以上
1: 2500 万
南海诸岛
比例尺 1:5000 万

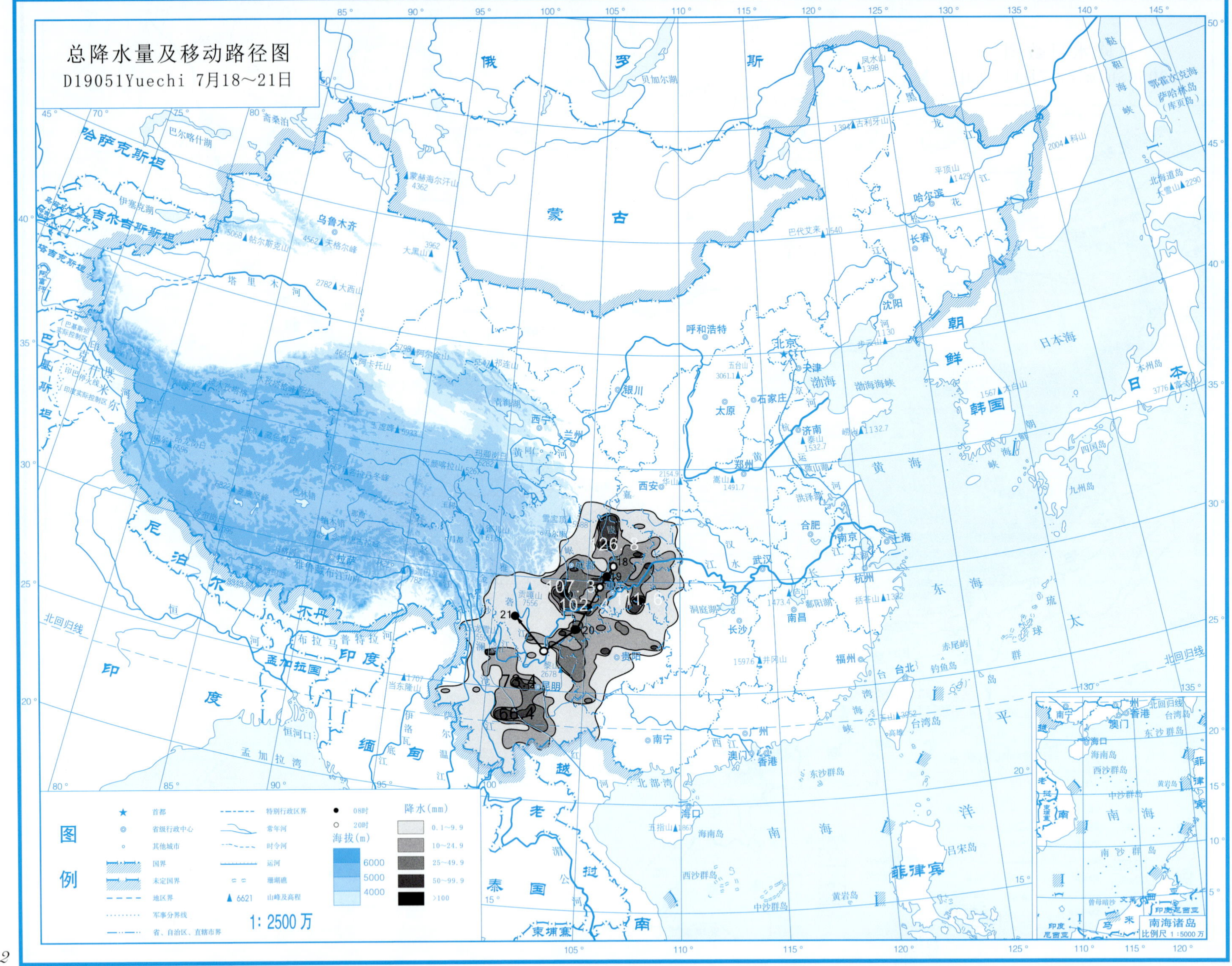
总降水量及移动路径图
D19051Yuechi 7月18～21日
图例
首都
省级行政中心
其他城市
国界
未定国界
地区界
军事分界线
省、自治区、直辖市界
特别行政区界
常年河
时令河
运河
珊瑚礁
6621 山峰及高程
08时
20时
海拔(m)
6000
5000
4000
降水(mm)
0.1～9.9
10～24.9
25～49.9
50～99.9
>100
1:2500万
126.8
107.3
102.4
111.6
76.4
66.4
18
19
20
21
南海诸岛
比例尺 1:5000万

总降水日数图

D19051Yuechi 7月18～21日

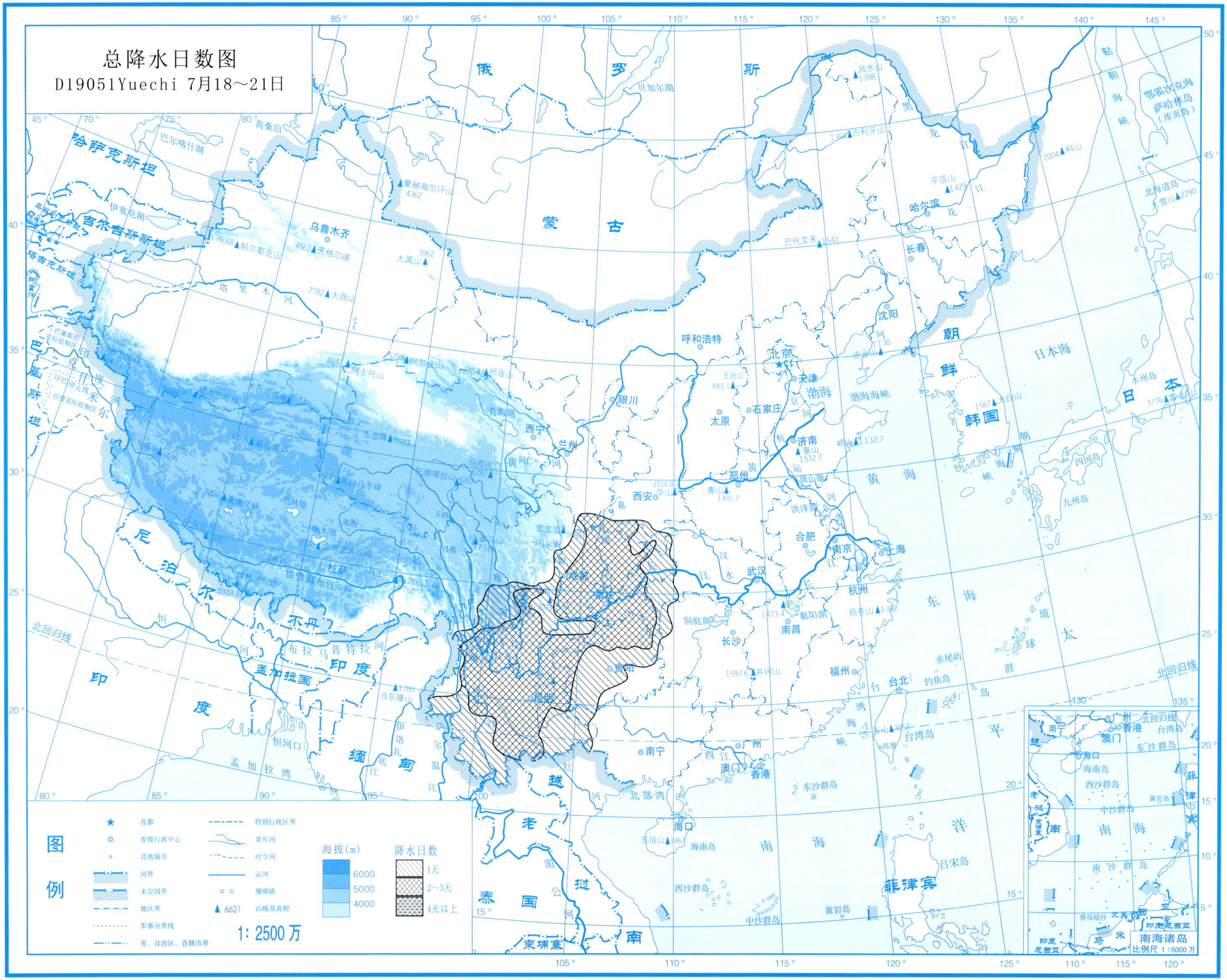

图例

符号	说明
★	首都
◎	省级行政中心
○	其他城市
	国界
	未定国界
	地区界
	军事分界线
	省、自治区、直辖市界
	特别行政区界
	常年河
	时令河
	运河
	珊瑚礁
▲6621	山峰及高程

海拔(m)：6000、5000、4000

降水日数：1天、2～3天、4天以上

1：2500万

南海诸岛 比例尺 1：5000万

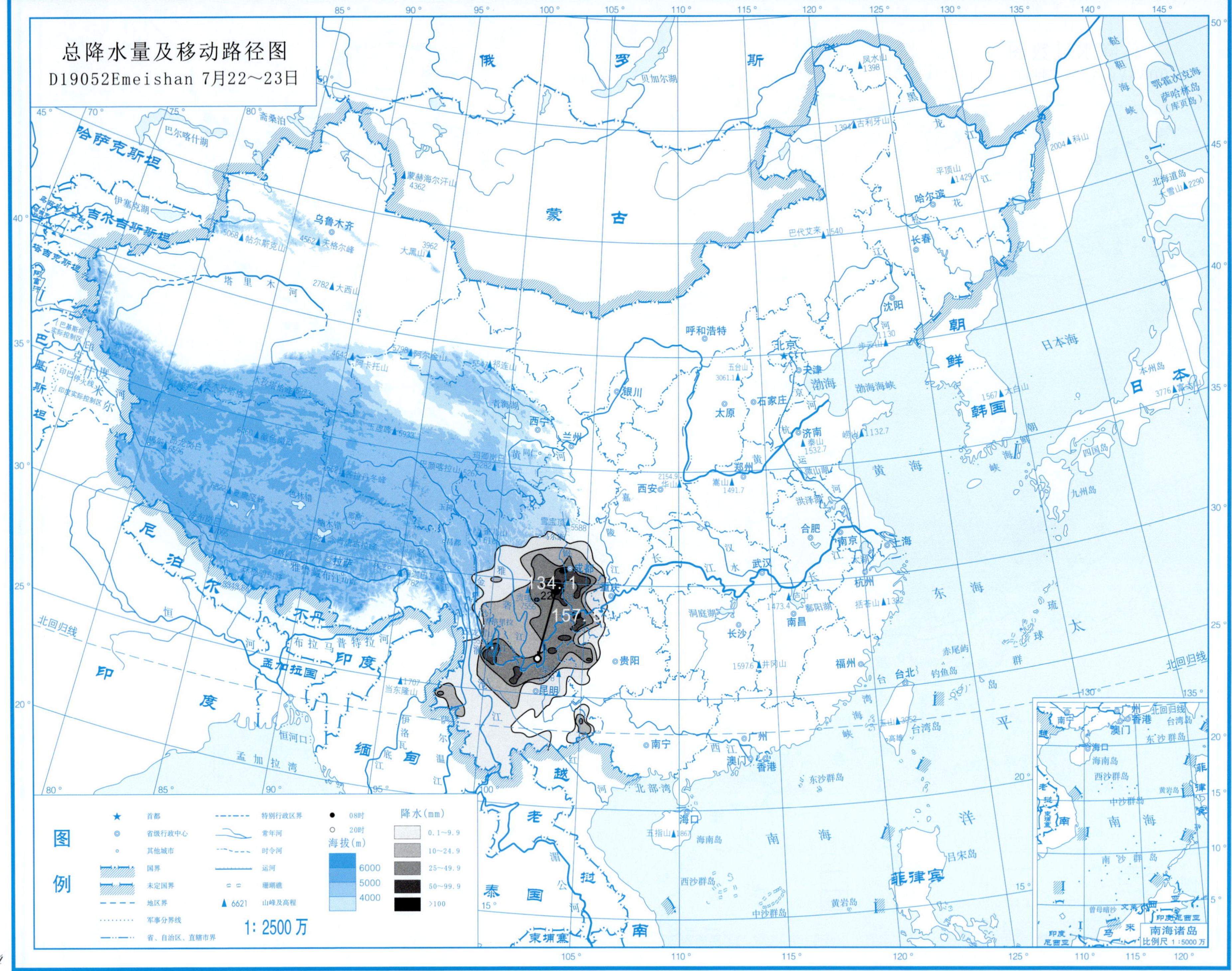
总降水量及移动路径图
D19052Emeishan 7月22～23日
134.1
157
图例
首都
省级行政中心
其他城市
国界
未定国界
地区界
军事分界线
省、自治区、直辖市界
特别行政区界
常年河
时令河
运河
珊瑚礁
6621 山峰及高程
08时
20时
海拔(m)
6000
5000
4000
降水(mm)
0.1～9.9
10～24.9
25～49.9
50～99.9
>100
1:2500万
南海诸岛
比例尺 1:5000万

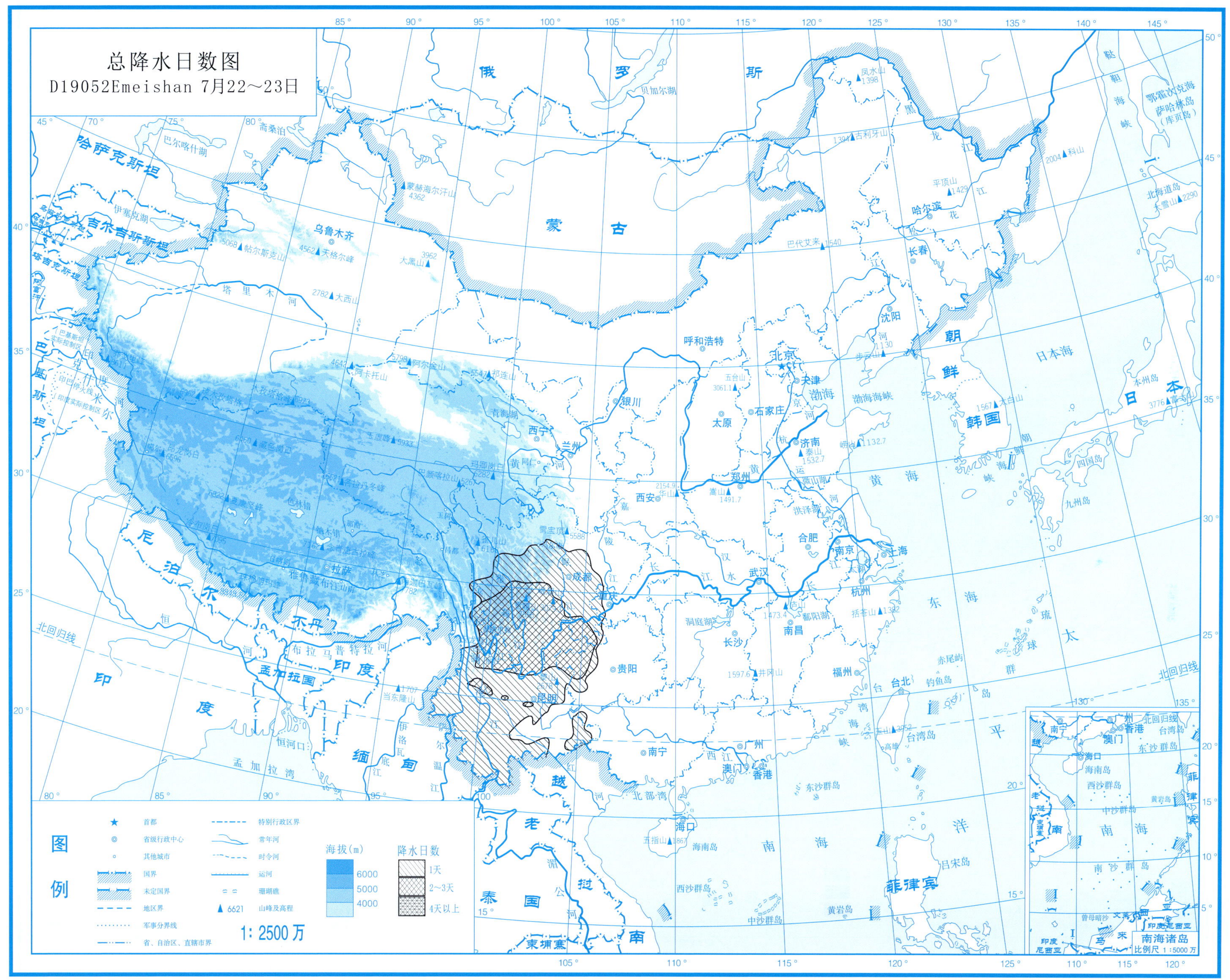
总降水日数图
D19052Emeishan 7月22～23日
图例
首都
省级行政中心
其他城市
国界
未定国界
地区界
军事分界线
省、自治区、直辖市界
特别行政区界
常年河
时令河
运河
珊瑚礁
6621 山峰及高程
海拔(m)
6000
5000
4000
降水日数
1天
2～3天
4天以上
1: 2500 万
南海诸岛
比例尺 1 : 5000 万

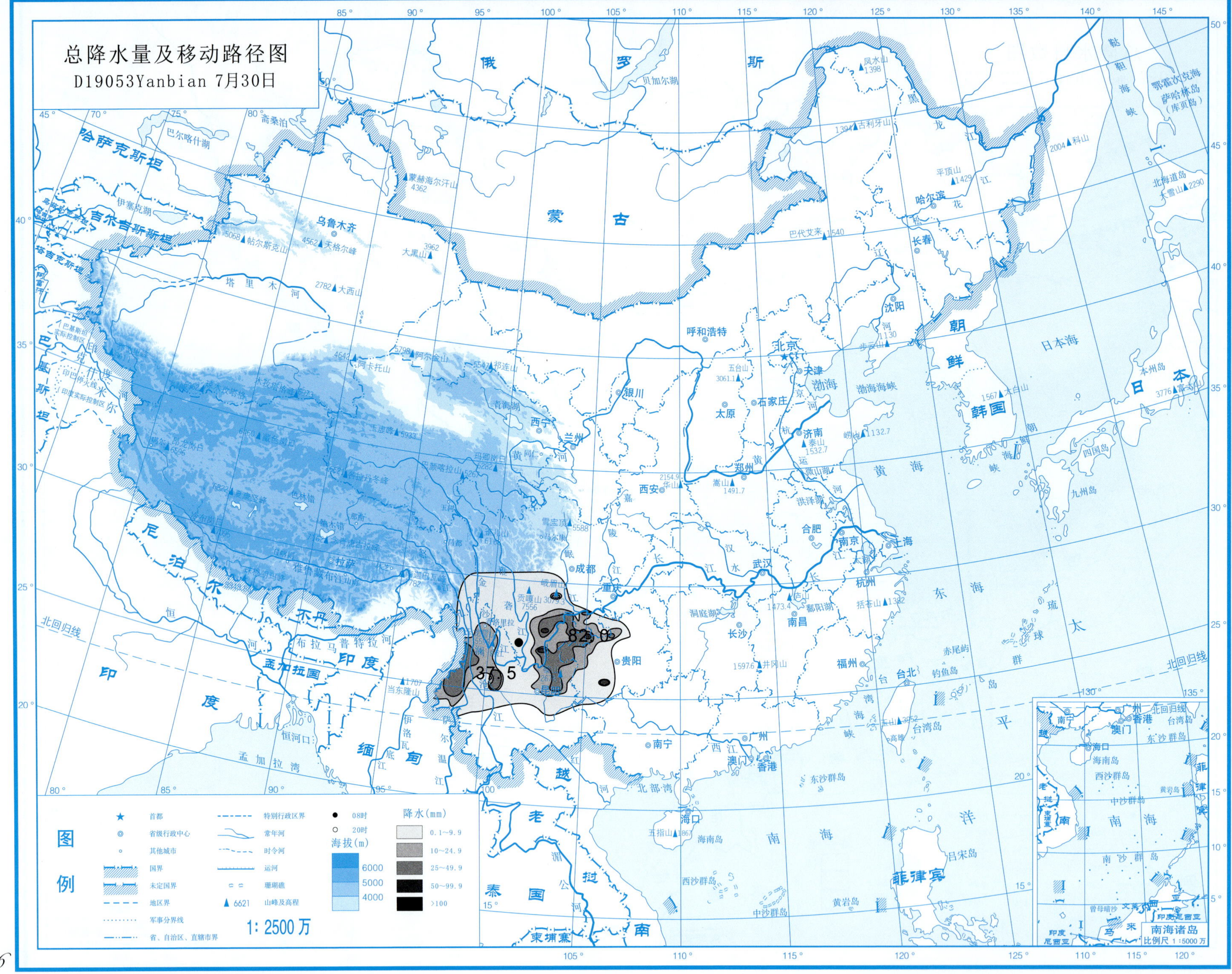
总降水量及移动路径图
D19053Yanbian 7月30日
82.0
37.5
图例
首都
省级行政中心
其他城市
国界
未定国界
地区界
军事分界线
省、自治区、直辖市界
特别行政区界
常年河
时令河
运河
珊瑚礁
6621 山峰及高程
08时
20时
海拔(m)
6000
5000
4000
降水(mm)
0.1~9.9
10~24.9
25~49.9
50~99.9
>100
1:2500万
南海诸岛
比例尺 1:5000万

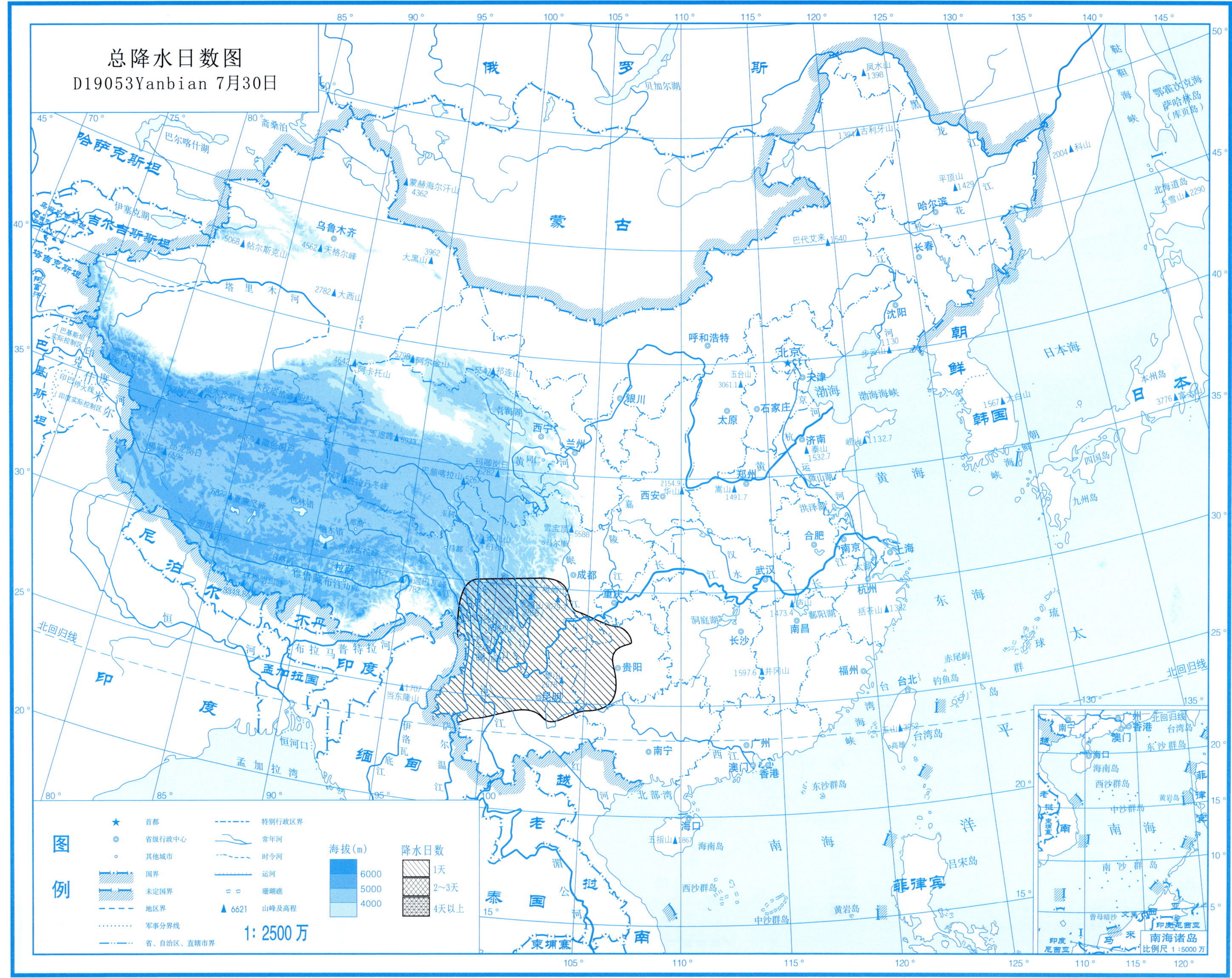

总降水日数图
D19053Yanbian 7月30日
图例
首都
省级行政中心
其他城市
国界
未定国界
地区界
军事分界线
省、自治区、直辖市界
特别行政区界
常年河
时令河
运河
珊瑚礁
6621 山峰及高程
海拔(m)
6000
5000
4000
降水日数
1天
2~3天
4天以上
1: 2500 万
南海诸岛
比例尺 1:5000 万
俄 罗 斯
蒙 古
哈萨克斯坦
吉尔吉斯斯坦
塔吉克斯坦
尼泊尔
不丹
孟加拉国
印度
缅甸
老挝
泰国
越南
柬埔寨
朝鲜
韩国
日本
菲律宾
北京
天津
上海
重庆
哈尔滨
长春
沈阳
呼和浩特
银川
太原
石家庄
济南
郑州
西安
兰州
西宁
成都
武汉
合肥
南京
杭州
南昌
长沙
贵阳
昆明
拉萨
乌鲁木齐
福州
台北
广州
南宁
海口
澳门
香港
渤海
黄海
东海
南海
日本海
太平洋
北回归线

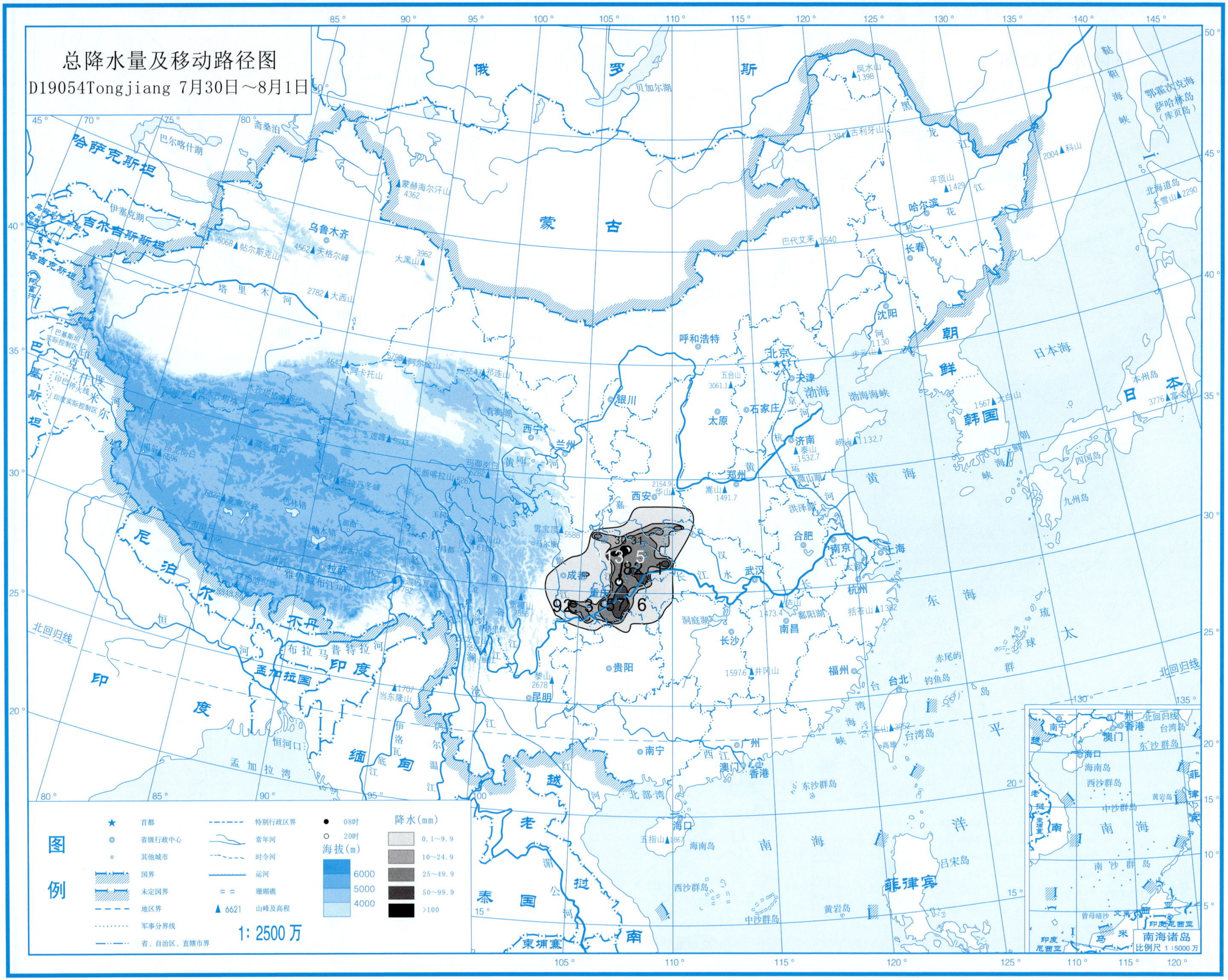

总降水量及移动路径图

D19054Tongjiang 7月30日～8月1日

俄罗斯 蒙古 哈萨克斯坦 吉尔吉斯斯坦 塔吉克斯坦 巴基斯坦 印度 尼泊尔 不丹 孟加拉国 缅甸 老挝 泰国 柬埔寨 越南 朝鲜 韩国 日本 菲律宾

北京 天津 石家庄 太原 呼和浩特 沈阳 长春 哈尔滨 济南 郑州 西安 银川 兰州 西宁 乌鲁木齐 拉萨 成都 重庆 贵阳 昆明 南宁 广州 长沙 武汉 南昌 合肥 南京 上海 杭州 福州 台北 香港 澳门 海口

日本海 黄海 东海 南海 渤海 太平洋

图例

符号	说明
★	首都
◎	省级行政中心
○	其他城市
	国界
	未定国界
	地区界
	军事分界线
	省、自治区、直辖市界
	特别行政区界
	常年河
	时令河
	运河
	珊瑚礁
▲ 6621	山峰及高程
●	08时
○	20时

海拔(m)：6000、5000、4000

降水(mm)：0.1～9.9、10～24.9、25～49.9、50～99.9、>100

1:2500万

南海诸岛 比例尺 1:5000万

总降水日数图

D19054Tongjiang 7月30日～8月1日

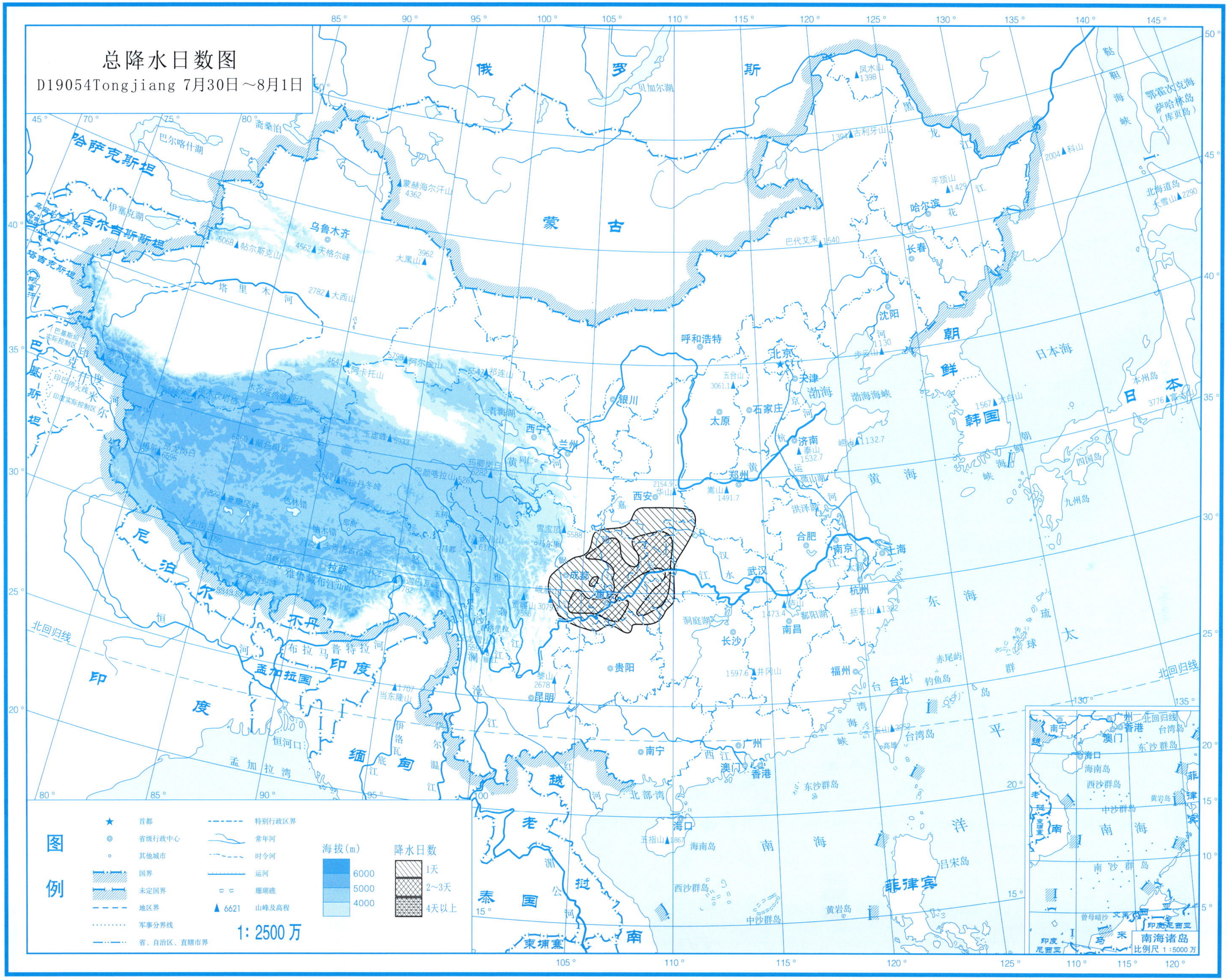

图例

★ 首都
◎ 省级行政中心
○ 其他城市
国界
未定国界
地区界
军事分界线
省、自治区、直辖市界
特别行政区界
常年河
时令河
运河
珊瑚礁
▲ 6621 山峰及高程

海拔(m)
6000
5000
4000

降水日数
1天
2～3天
4天以上

1:2500万

南海诸岛
比例尺 1:5000万

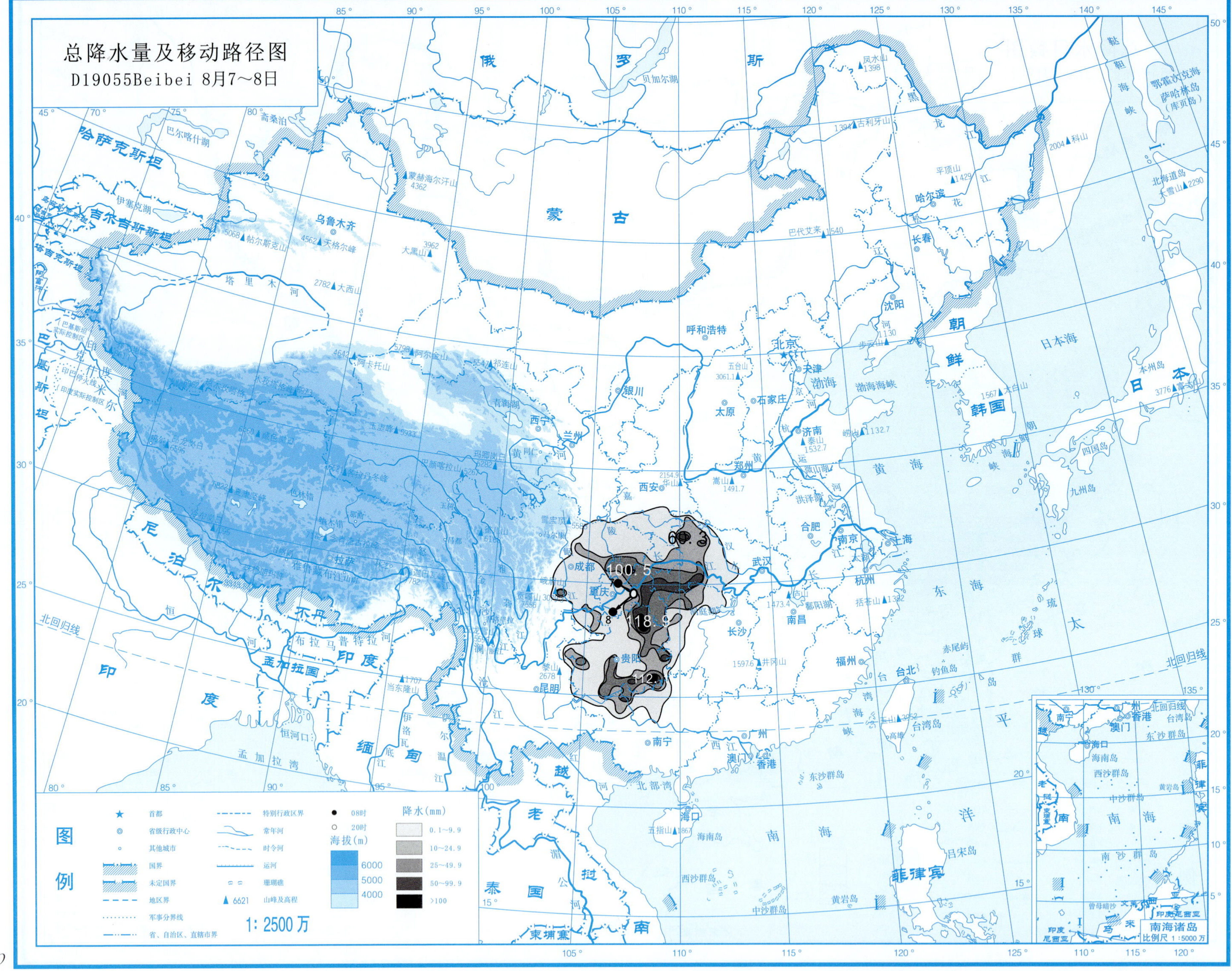
总降水量及移动路径图
D19055Beibei 8月7~8日
100.5
118.9
112
69.3
图例
首都
省级行政中心
其他城市
国界
未定国界
地区界
军事分界线
省、自治区、直辖市界
特别行政区界
常年河
时令河
运河
珊瑚礁
6621 山峰及高程
08时
20时
海拔(m)
6000
5000
4000
降水(mm)
0.1~9.9
10~24.9
25~49.9
50~99.9
>100
1: 2500万
南海诸岛
比例尺 1:5000万
俄罗斯
蒙古
哈萨克斯坦
吉尔吉斯斯坦
塔吉克斯坦
巴基斯坦
尼泊尔
不丹
印度
孟加拉国
缅甸
老挝
泰国
越南
柬埔寨
朝鲜
韩国
日本
菲律宾
日本海
黄海
东海
太平洋
南海
渤海
北京
天津
石家庄
太原
呼和浩特
沈阳
长春
哈尔滨
济南
郑州
西安
银川
兰州
西宁
乌鲁木齐
拉萨
成都
重庆
贵阳
昆明
南宁
广州
长沙
武汉
南昌
合肥
南京
上海
杭州
福州
台北
香港
澳门
海口
北回归线

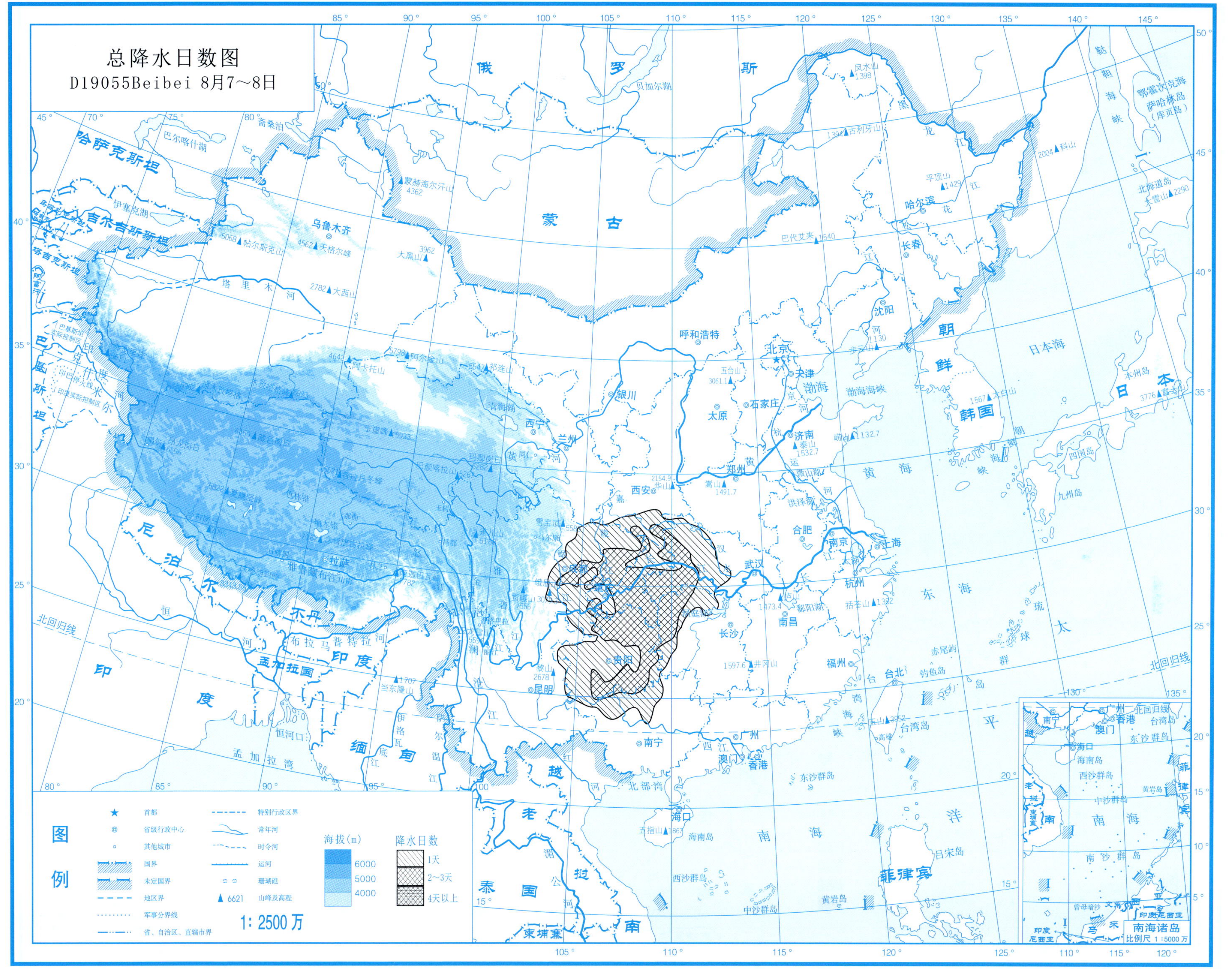

总降水日数图
D19055Beibei 8月7～8日
图例
首都
省级行政中心
其他城市
国界
未定国界
地区界
军事分界线
省、自治区、直辖市界
特别行政区界
常年河
时令河
运河
珊瑚礁
6621 山峰及高程
1：2500万
海拔(m)
6000
5000
4000
降水日数
1天
2～3天
4天以上
南海诸岛
比例尺 1：5000万

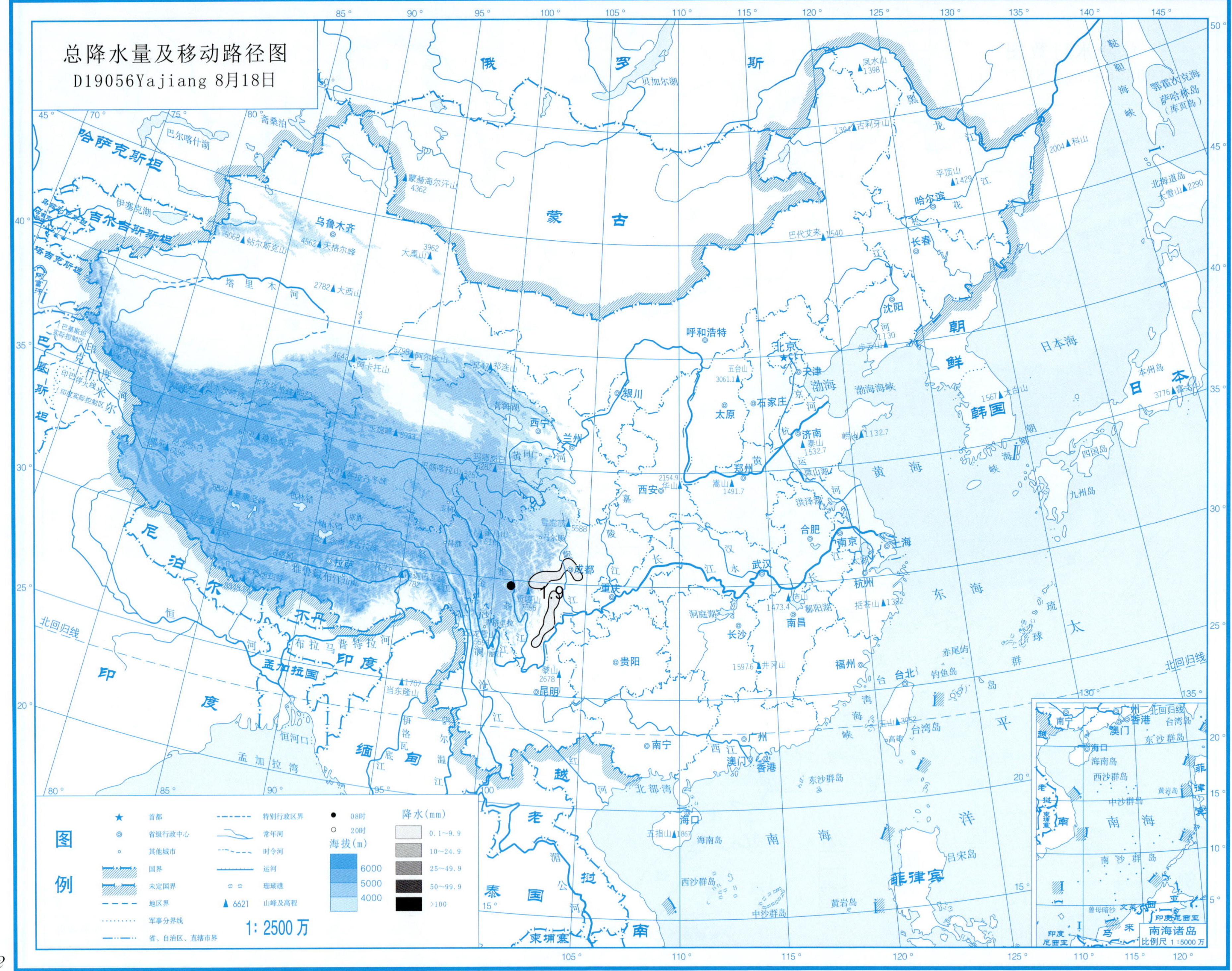
总降水量及移动路径图
D19056Yajiang 8月18日
图例
首都
省级行政中心
其他城市
国界
未定国界
地区界
军事分界线
特别行政区界
常年河
时令河
运河
珊瑚礁
6621 山峰及高程
省、自治区、直辖市界
08时
20时
海拔(m)
6000
5000
4000
降水(mm)
0.1~9.9
10~24.9
25~49.9
50~99.9
>100
1: 2500万
南海诸岛
比例尺 1:5000万

总降水日数图

D19056Yajiang 8月18日

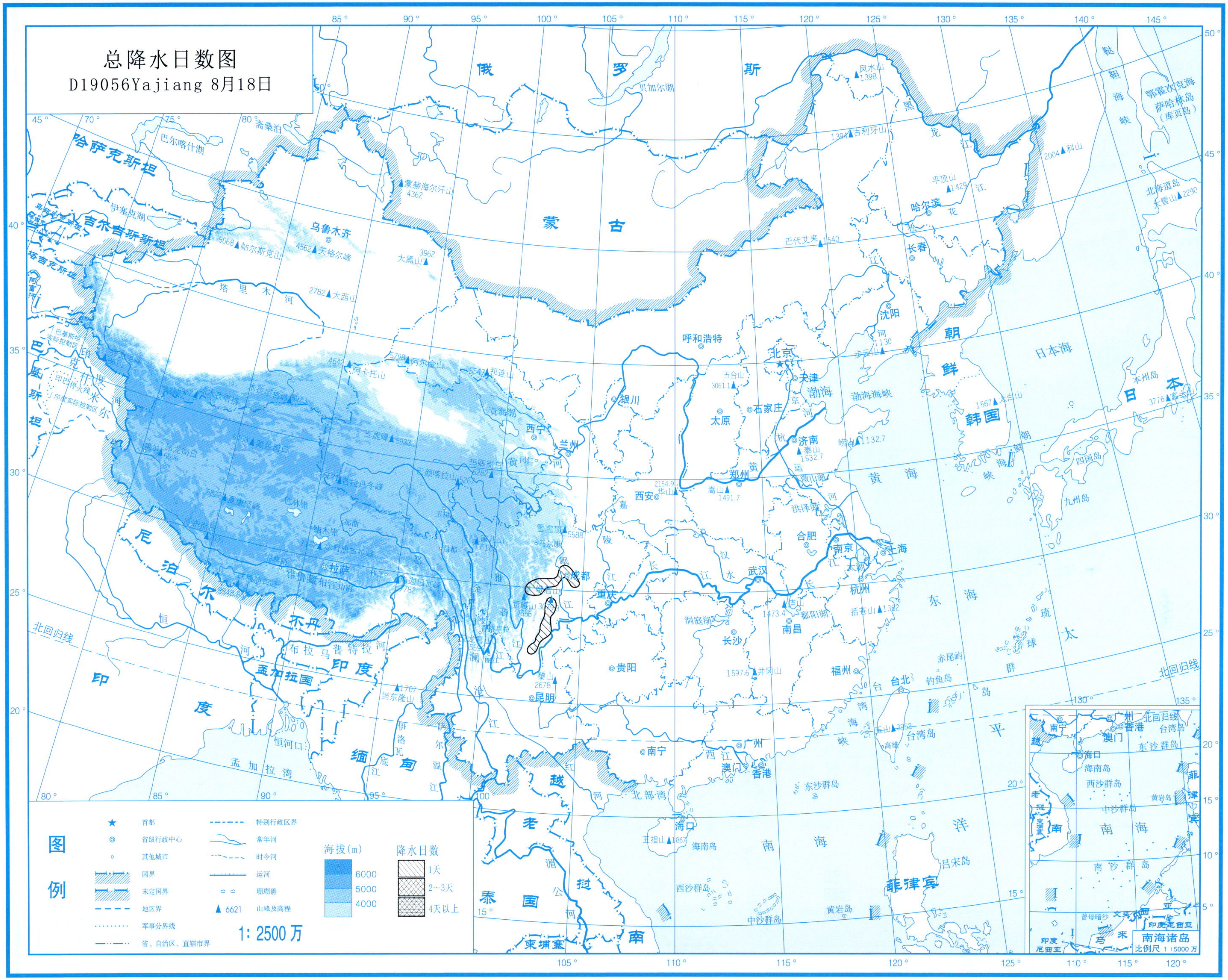

图例

★ 首都
◎ 省级行政中心
○ 其他城市
国界
未定国界
地区界
军事分界线
省、自治区、直辖市界
特别行政区界
常年河
时令河
运河
珊瑚礁
▲6621 山峰及高程

海拔(m)
6000
5000
4000

降水日数
1天
2~3天
4天以上

1: 2500 万

南海诸岛
比例尺 1:5000 万

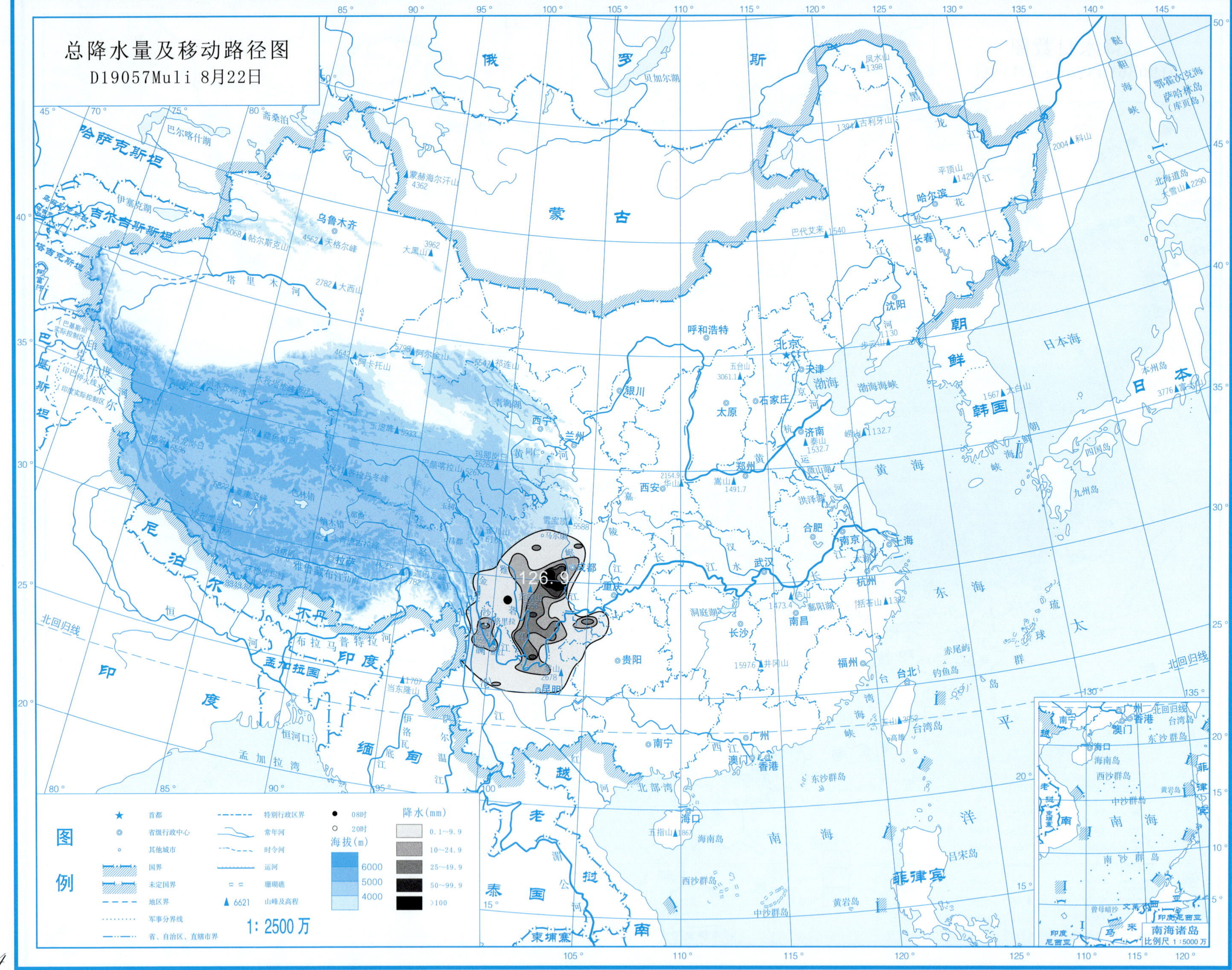
总降水量及移动路径图
D19057Muli 8月22日
126.9
图例
首都
省级行政中心
其他城市
国界
未定国界
地区界
军事分界线
省、自治区、直辖市界
特别行政区界
常年河
时令河
运河
珊瑚礁
山峰及高程
08时
20时
海拔(m)
6000
5000
4000
降水(mm)
0.1~9.9
10~24.9
25~49.9
50~99.9
>100
1:2500万
南海诸岛
比例尺 1:5000万

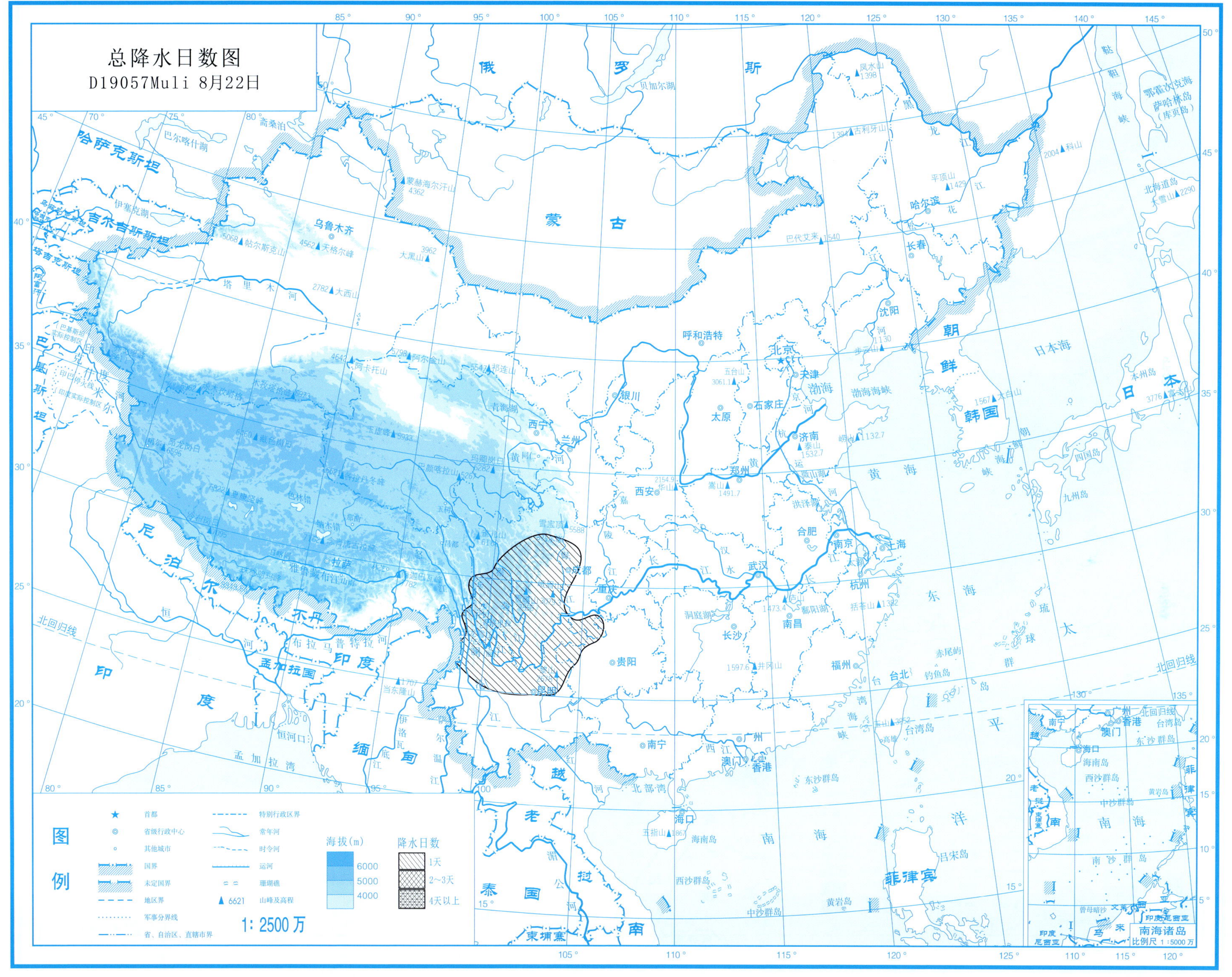
总降水日数图
D19057Muli 8月22日
图例
首都
省级行政中心
其他城市
国界
未定国界
地区界
军事分界线
省、自治区、直辖市界
特别行政区界
常年河
时令河
运河
珊瑚礁
6621 山峰及高程
海拔(m)
6000
5000
4000
降水日数
1天
2~3天
4天以上
1: 2500万
南海诸岛
比例尺 1:5000万

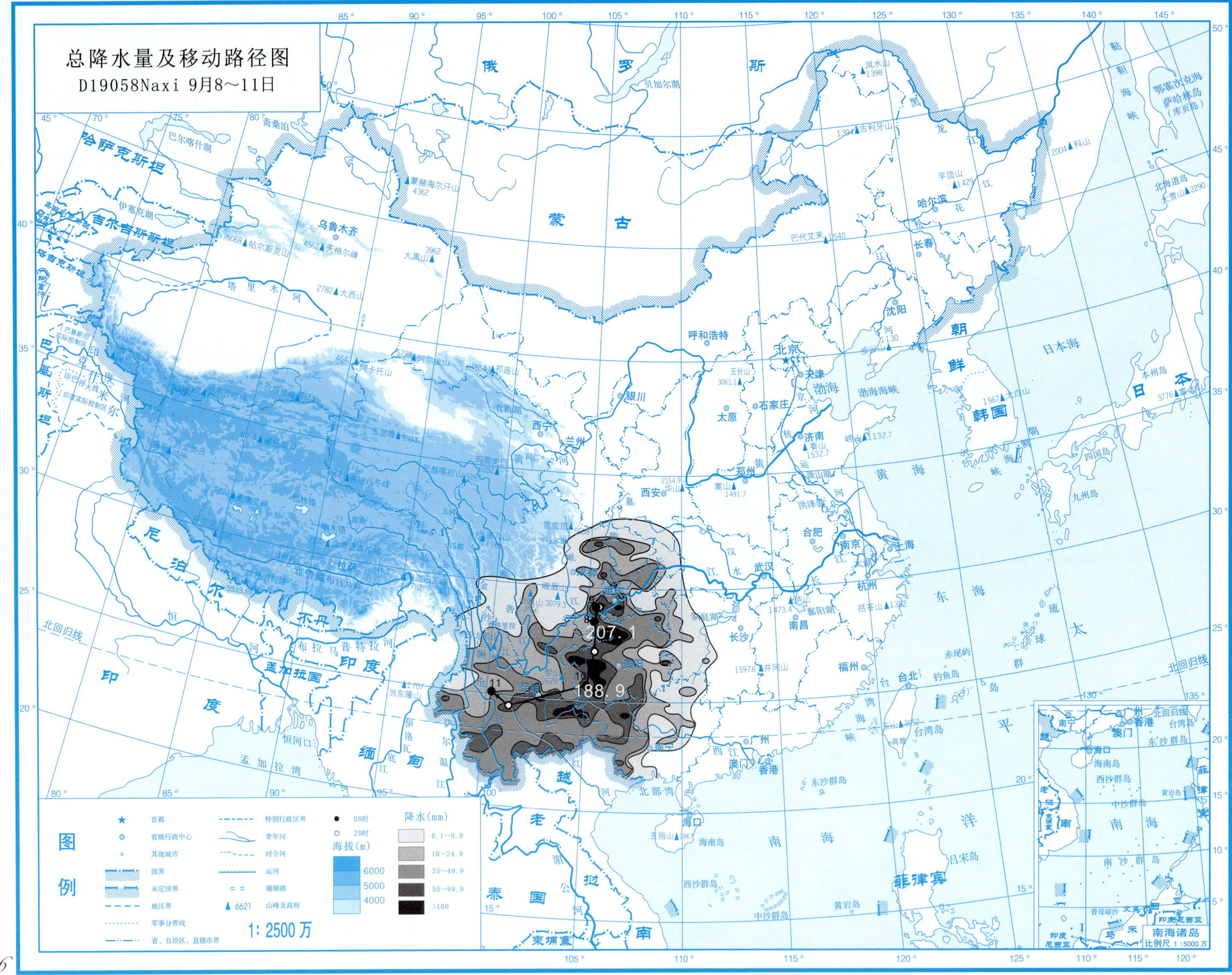
总降水量及移动路径图
D19058Naxi 9月8～11日
207.1
188.9
图例
首都
省级行政中心
其他城市
国界
未定国界
地区界
军事分界线
省、自治区、直辖市界
特别行政区界
常年河
时令河
运河
珊瑚礁
6621 山峰及高程
08时
20时
海拔(m)
6000
5000
4000
降水(mm)
0.1～9.9
10～24.9
25～49.9
50～99.9
>100
1: 2500万
南海诸岛
比例尺 1:5000万

总降水日数图

D19058Naxi 9月8～11日

图例

- ★ 首都
- ◎ 省级行政中心
- ∘ 其他城市
- 国界
- 未定国界
- 地区界
- 军事分界线
- 省、自治区、直辖市界
- 特别行政区界
- 常年河
- 时令河
- 运河
- 珊瑚礁
- ▲ 6621 山峰及高程

海拔(m)

- 6000
- 5000
- 4000

降水日数

- 1天
- 2～3天
- 4天以上

1：2500万

南海诸岛 比例尺 1：5000万

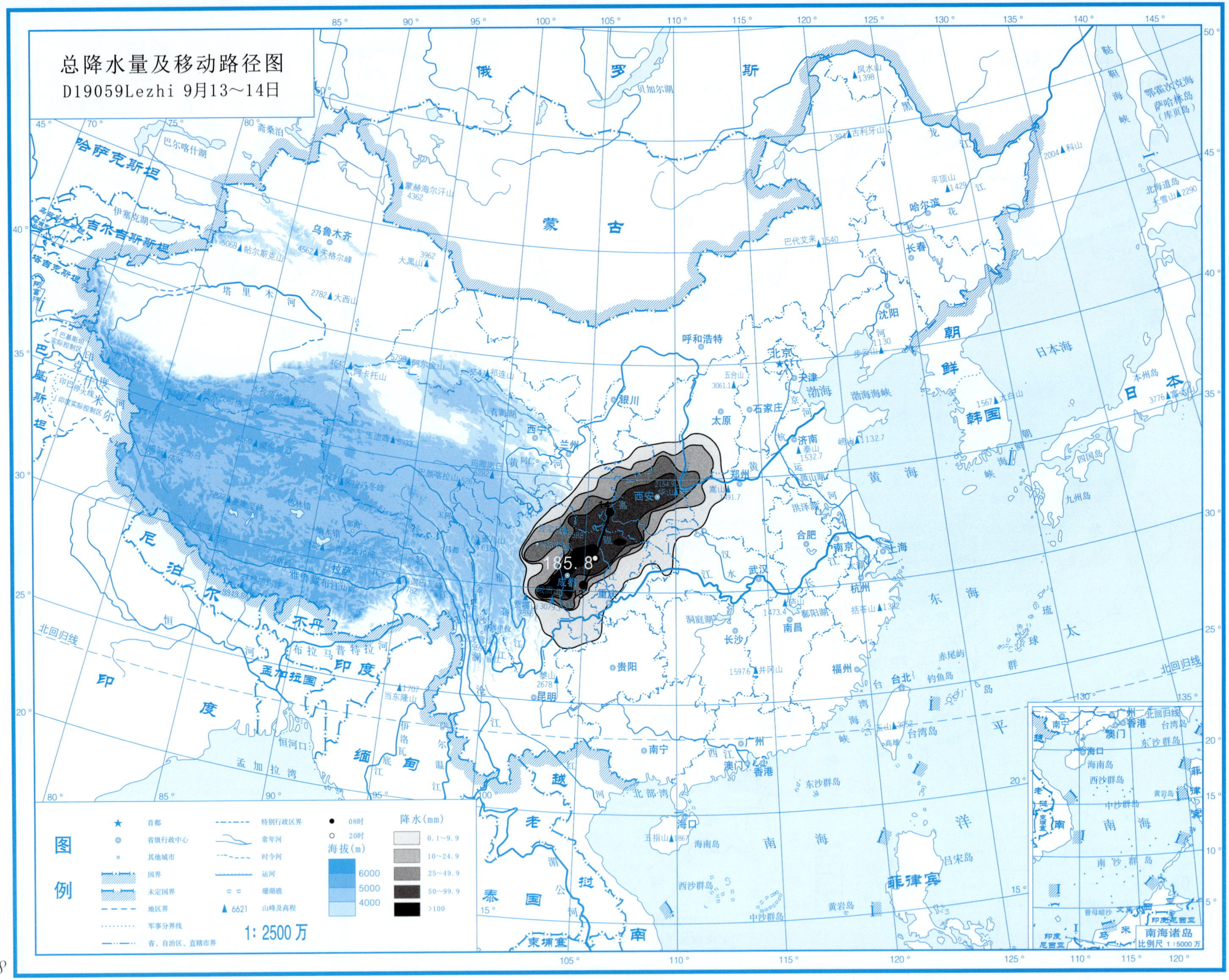

总降水量及移动路径图

D19059Lezhi 9月13～14日

185.8

图例

符号	含义	符号	含义
★	首都		特别行政区界
◎	省级行政中心		常年河
∘	其他城市		时令河
	国界		运河
	未定国界		珊瑚礁
	地区界	▲ 6621	山峰及高程
	军事分界线		
	省、自治区、直辖市界		

● 08时

○ 20时

海拔(m)

6000

5000

4000

降水(mm)

0.1～9.9

10～24.9

25～49.9

50～99.9

>100

1:2500万

南海诸岛

比例尺 1:5000万

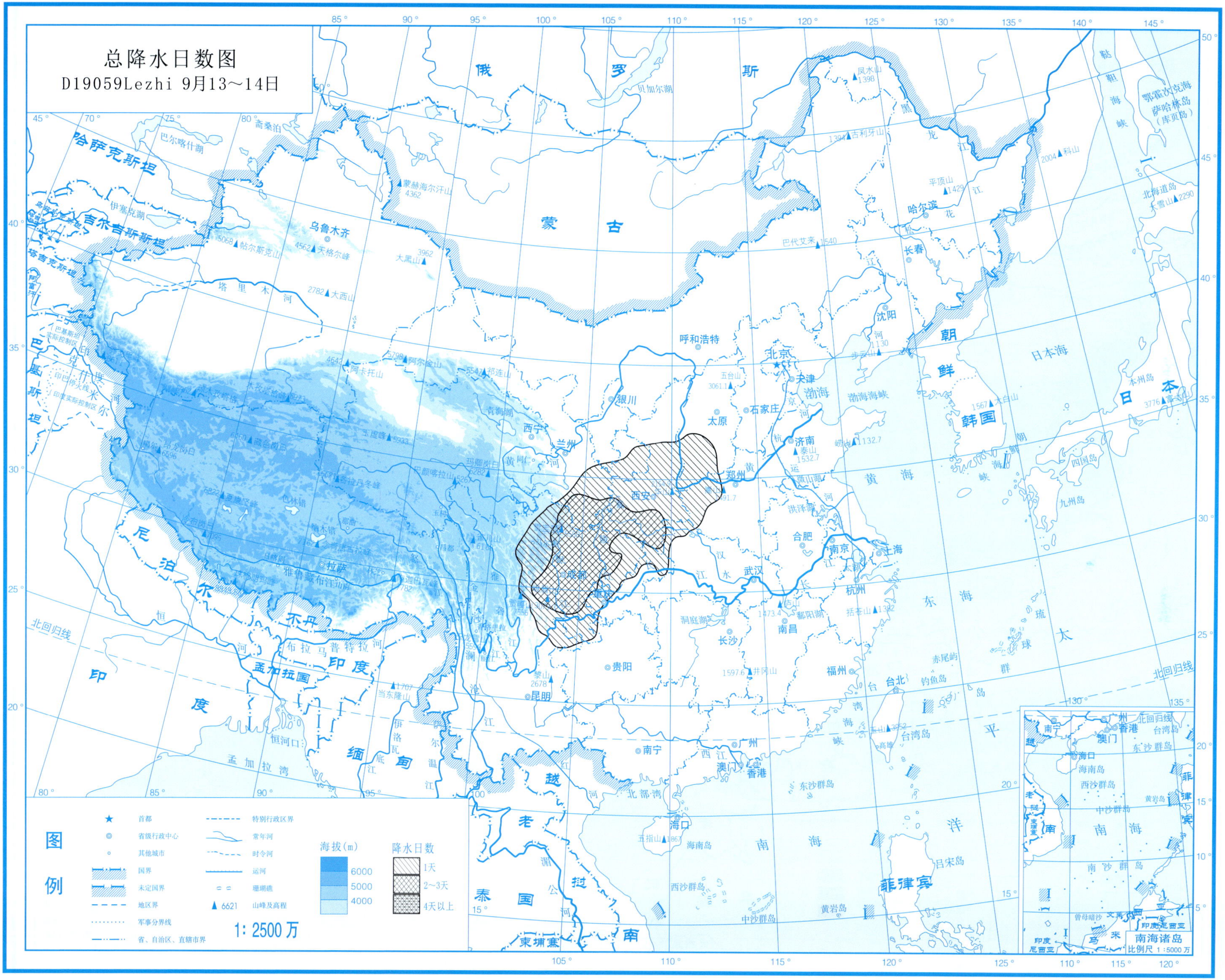

总降水日数图

D19059Lezhi 9月13～14日

图例

★ 首都
◎ 省级行政中心
○ 其他城市
国界
未定国界
地区界
军事分界线
省、自治区、直辖市界
特别行政区界
常年河
时令河
运河
珊瑚礁
▲ 6621 山峰及高程

海拔(m)
6000
5000
4000

降水日数
1天
2～3天
4天以上

1: 2500 万

南海诸岛
比例尺 1:5000 万

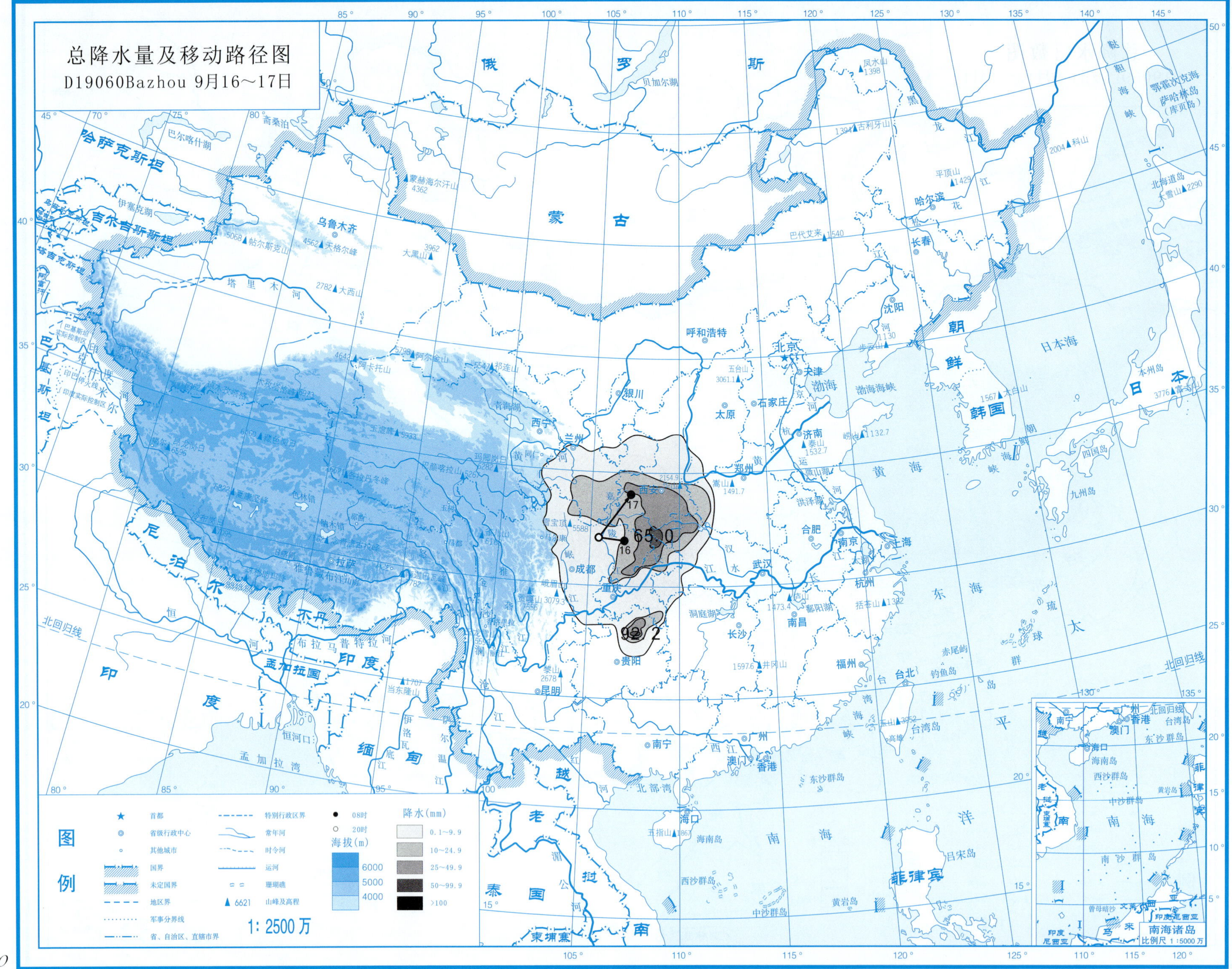
总降水量及移动路径图
D19060Bazhou 9月16～17日
65.0
92.2
17
16
图例
首都
省级行政中心
其他城市
国界
未定国界
地区界
军事分界线
省、自治区、直辖市界
特别行政区界
常年河
时令河
运河
珊瑚礁
6621 山峰及高程
08时
20时
海拔(m)
6000
5000
4000
降水(mm)
0.1～9.9
10～24.9
25～49.9
50～99.9
>100
1: 2500 万
南海诸岛
比例尺 1 :5000 万
俄
罗
斯
蒙
古
哈萨克斯坦
吉尔吉斯斯坦
塔吉克斯坦
尼泊尔
不丹
印
度
孟加拉国
缅
甸
越
南
老
挝
泰
国
柬埔寨
菲律宾
朝
鲜
韩国
日
本
日本海
渤海
黄
海
东
海
太
平
洋
南
海
北京
天津
石家庄
太原
呼和浩特
沈阳
长春
哈尔滨
济南
郑州
西安
兰州
西宁
银川
成都
重庆
贵阳
昆明
拉萨
乌鲁木齐
武汉
长沙
南昌
合肥
南京
上海
杭州
福州
台北
广州
香港
澳门
南宁
海口
北回归线

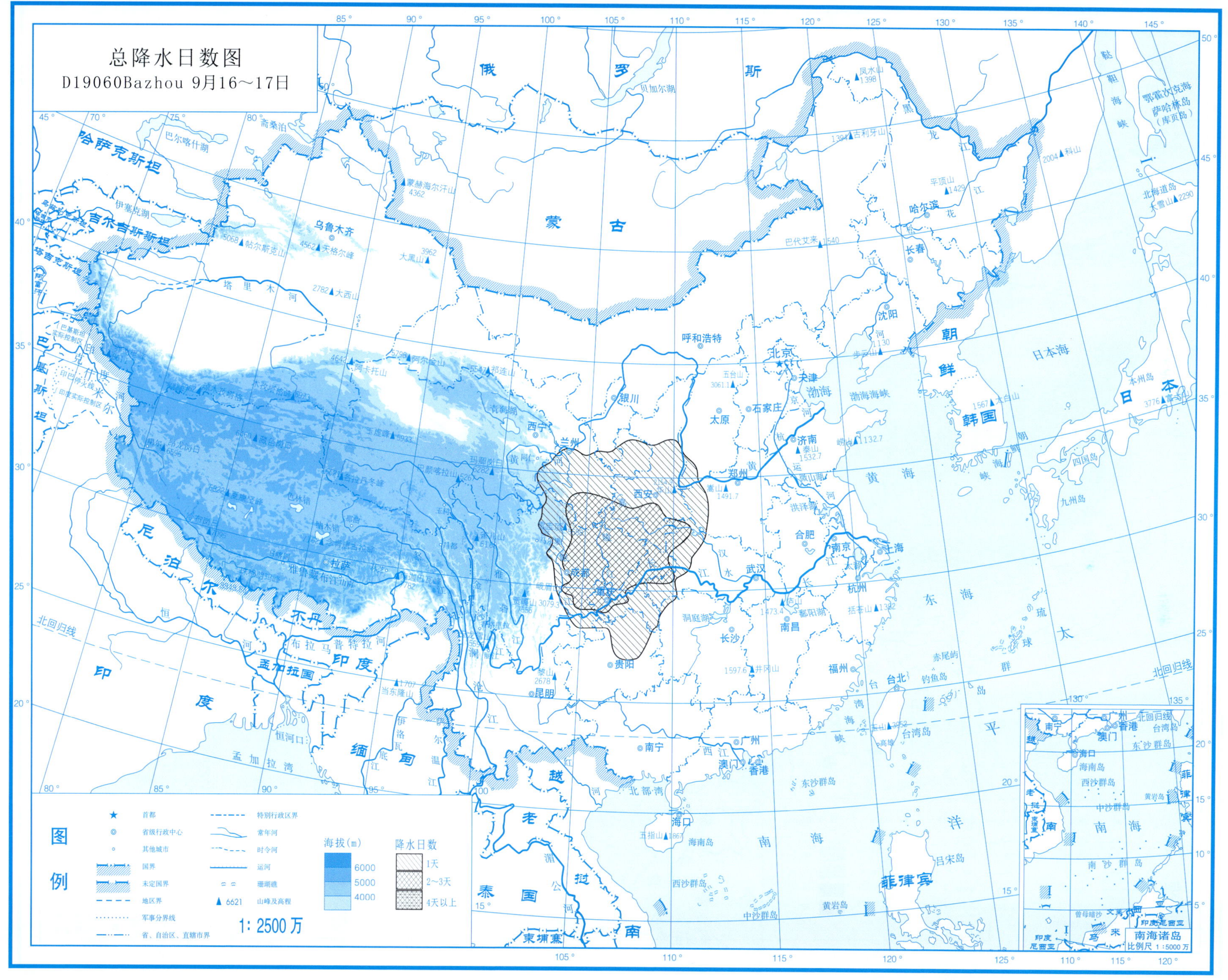

总降水日数图
D19060Bazhou 9月16～17日
图例
首都
省级行政中心
其他城市
国界
未定国界
地区界
军事分界线
省、自治区、直辖市界
特别行政区界
常年河
时令河
运河
珊瑚礁
6621 山峰及高程
海拔(m)
6000
5000
4000
降水日数
1天
2～3天
4天以上
1: 2500 万
南海诸岛
比例尺 1 : 5000 万

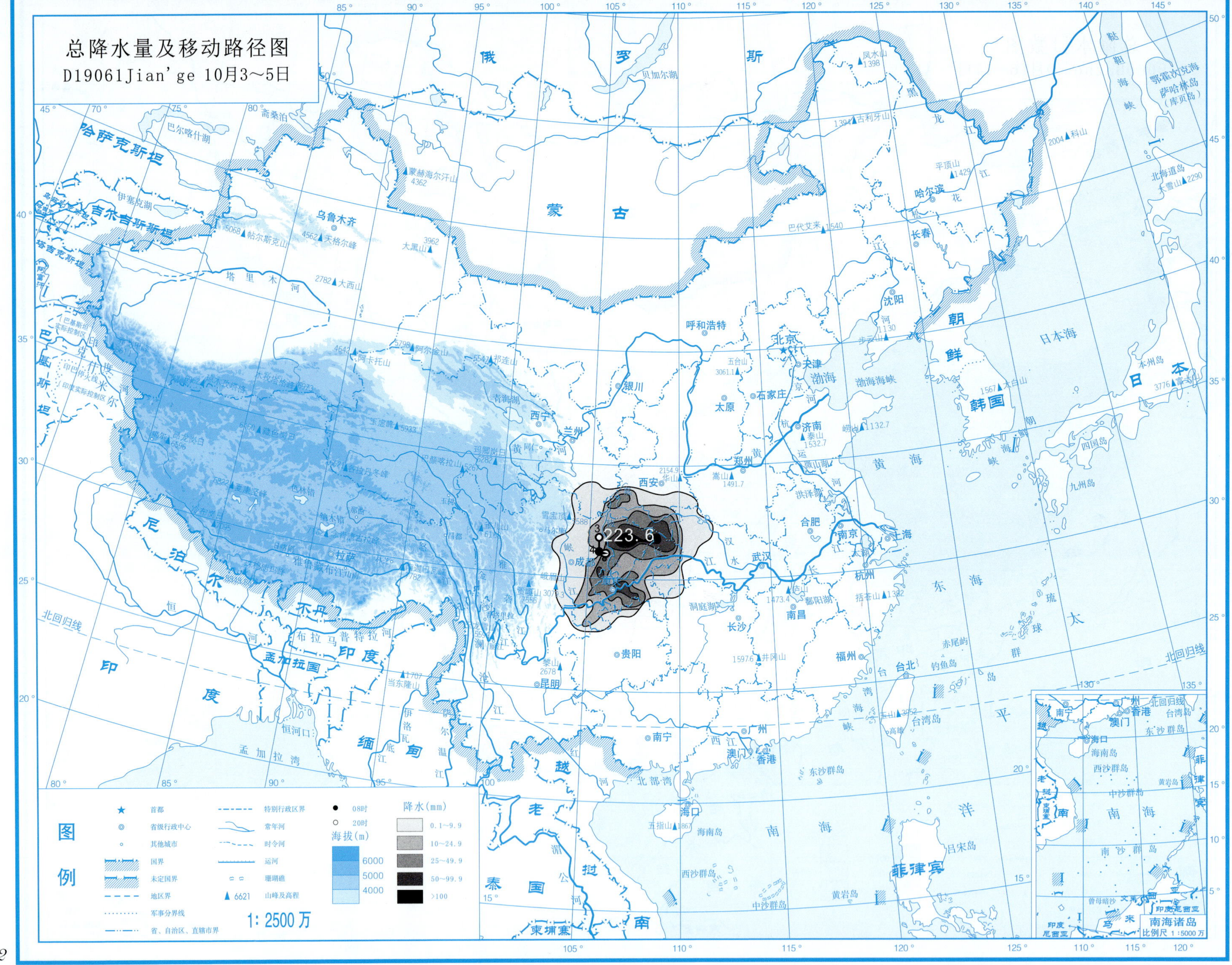
总降水量及移动路径图
D19061Jian'ge 10月3～5日
223.6
图例
首都
省级行政中心
其他城市
国界
未定国界
地区界
军事分界线
省、自治区、直辖市界
特别行政区界
常年河
时令河
运河
珊瑚礁
6621 山峰及高程
08时
20时
海拔(m)
6000
5000
4000
降水(mm)
0.1～9.9
10～24.9
25～49.9
50～99.9
>100
1:2500万
南海诸岛
比例尺 1:5000万

总降水日数图

D19061Jian'ge 10月3～5日

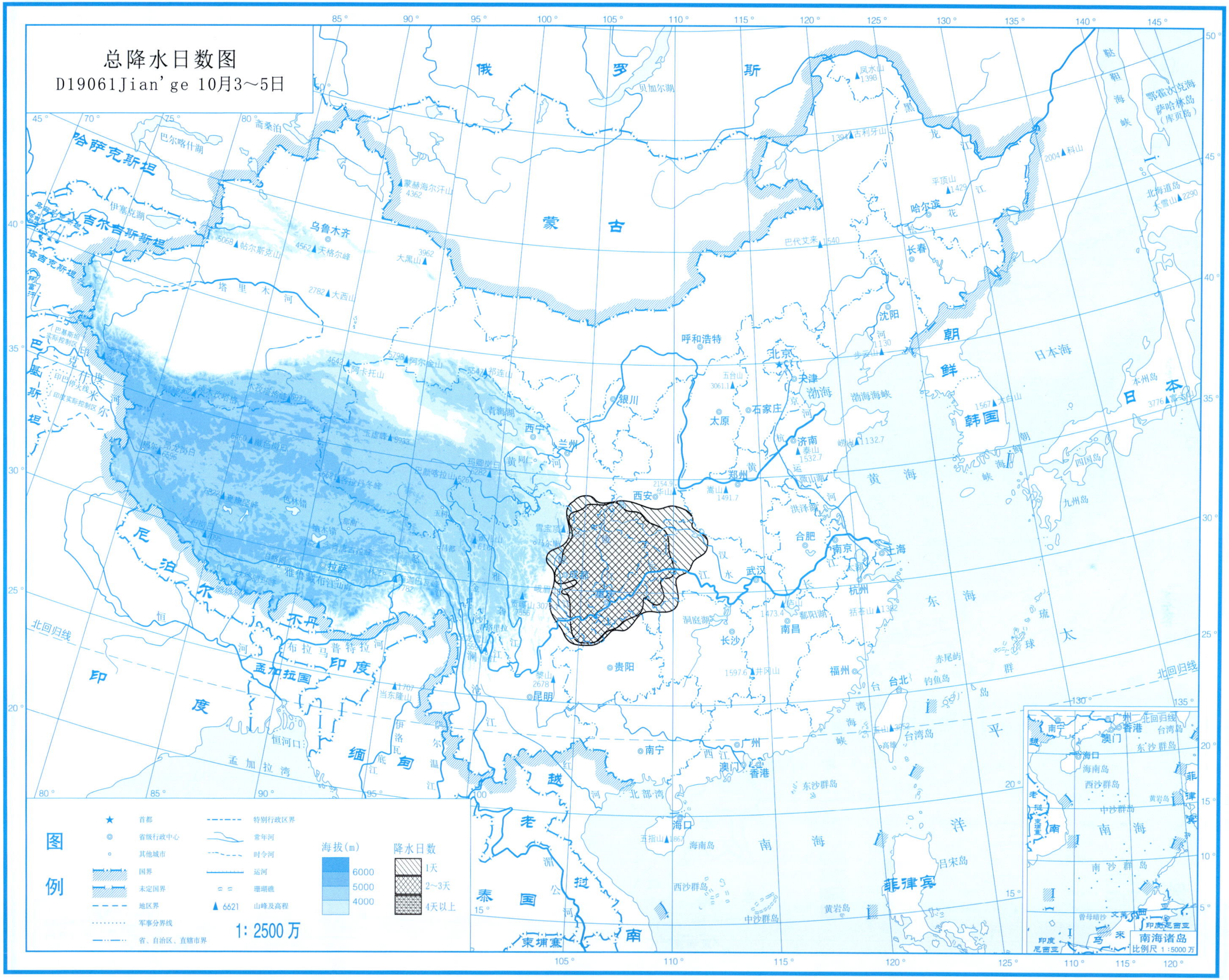

图例

★ 首都
◎ 省级行政中心
○ 其他城市
国界
未定国界
地区界
军事分界线
省、自治区、直辖市界
特别行政区界
常年河
时令河
运河
珊瑚礁
▲ 6621 山峰及高程

海拔(m)
6000
5000
4000

降水日数
1天
2～3天
4天以上

1：2500万

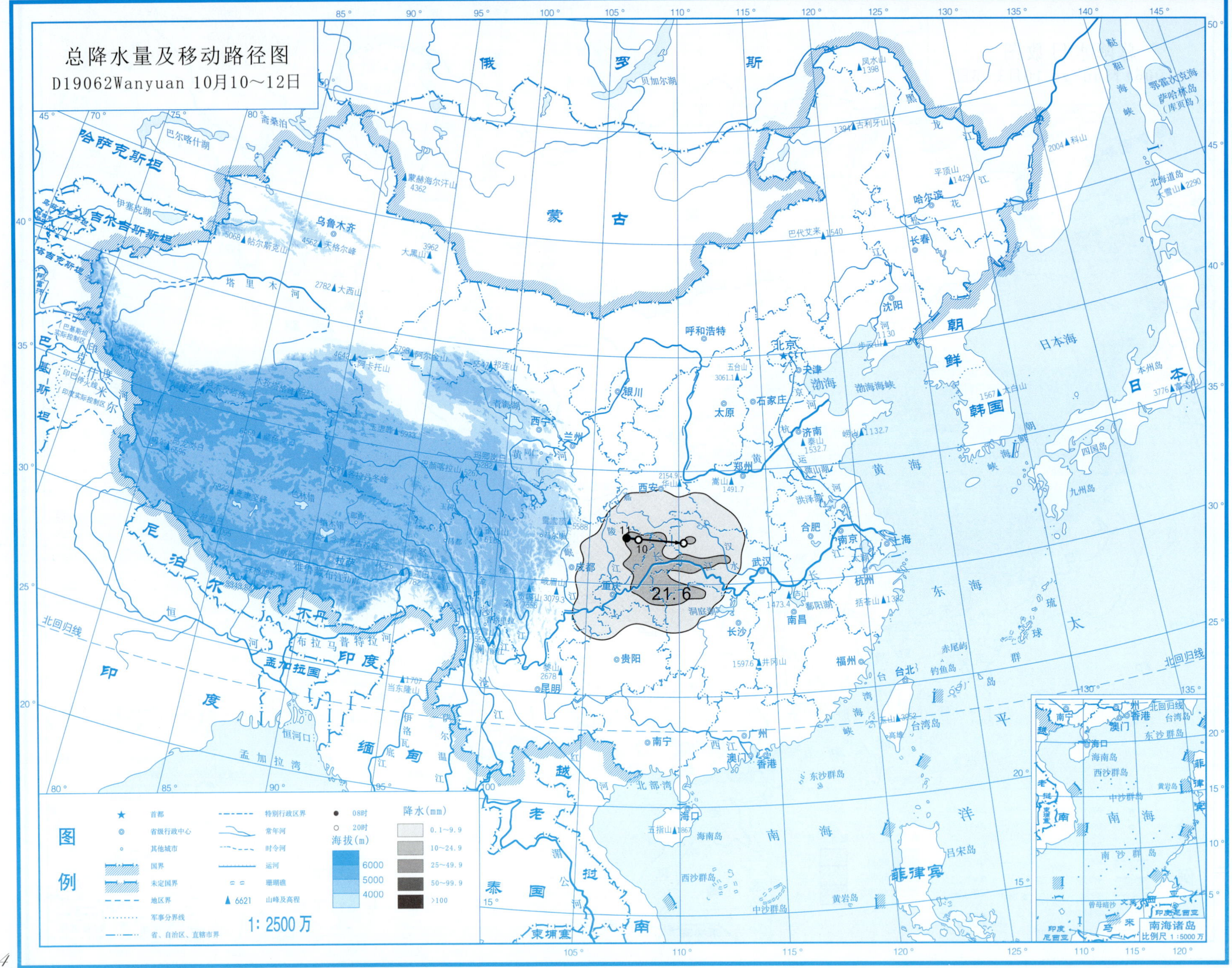
总降水量及移动路径图
D19062Wanyuan 10月10～12日
21.6
图例
降水(mm)
0.1～9.9
10～24.9
25～49.9
50～99.9
>100
海拔(m)
6000
5000
4000
1: 2500万
南海诸岛
比例尺 1:5000万

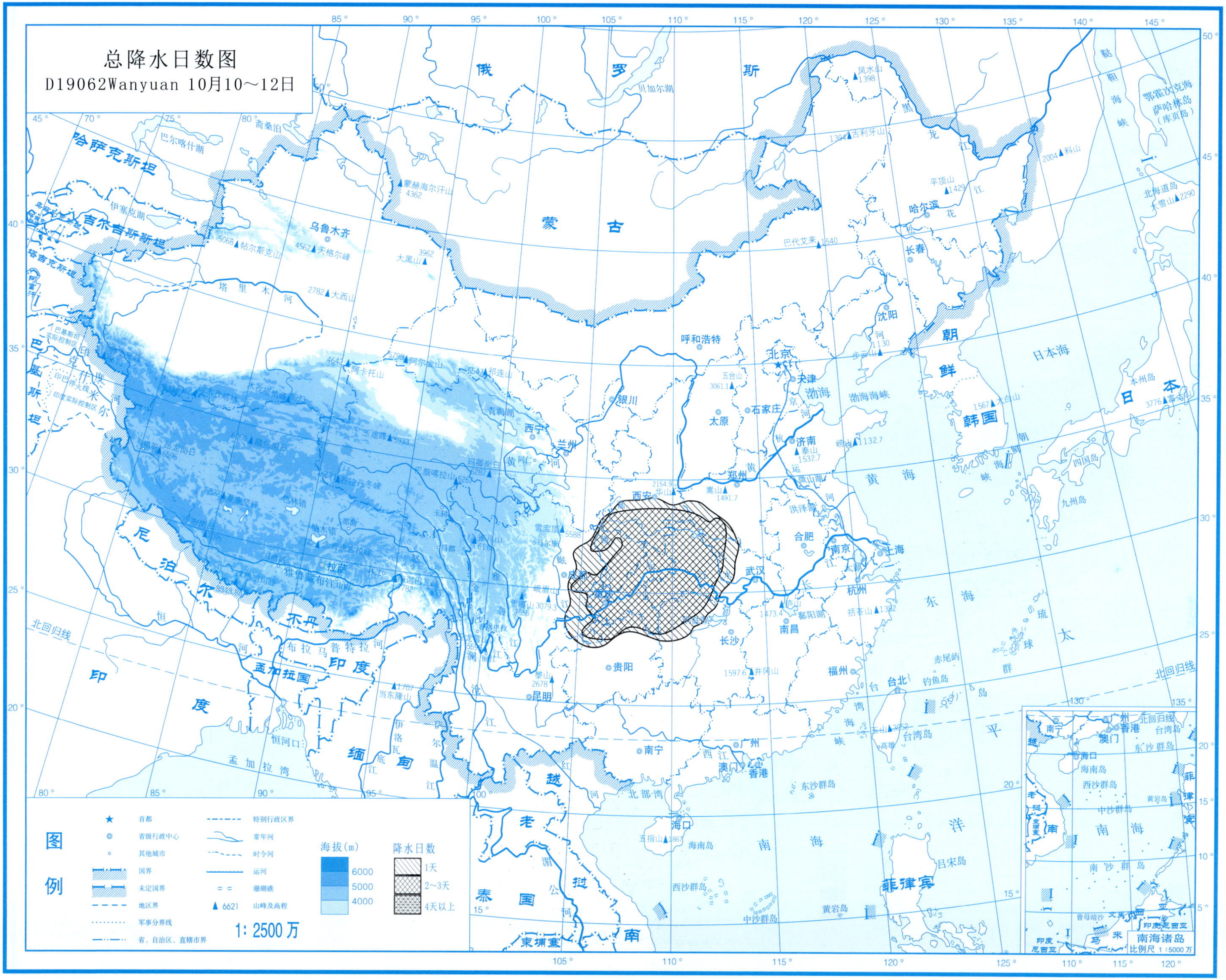

总降水日数图
D19062Wanyuan 10月10～12日
图例
首都
省级行政中心
其他城市
国界
未定国界
地区界
军事分界线
省、自治区、直辖市界
特别行政区界
常年河
时令河
运河
珊瑚礁
6621 山峰及高程
海拔(m)
6000
5000
4000
降水日数
1天
2～3天
4天以上
1: 2500 万
南海诸岛
比例尺 1:5000 万
俄 罗 斯
蒙 古
哈萨克斯坦
吉尔吉斯斯坦
塔吉克斯坦
巴基斯坦
尼 泊 尔
不丹
孟加拉国
印 度
缅 甸
老 挝
越 南
泰 国
柬埔寨
菲律宾
朝 鲜
韩国
日 本
北京
天津
上海
重庆
哈尔滨
长春
沈阳
呼和浩特
石家庄
太原
济南
郑州
西安
银川
兰州
西宁
乌鲁木齐
拉萨
成都
贵阳
昆明
南宁
广州
香港
澳门
海口
长沙
武汉
南昌
合肥
南京
杭州
福州
台北
渤海
黄 海
东 海
南 海
日本海
太 平 洋
北回归线

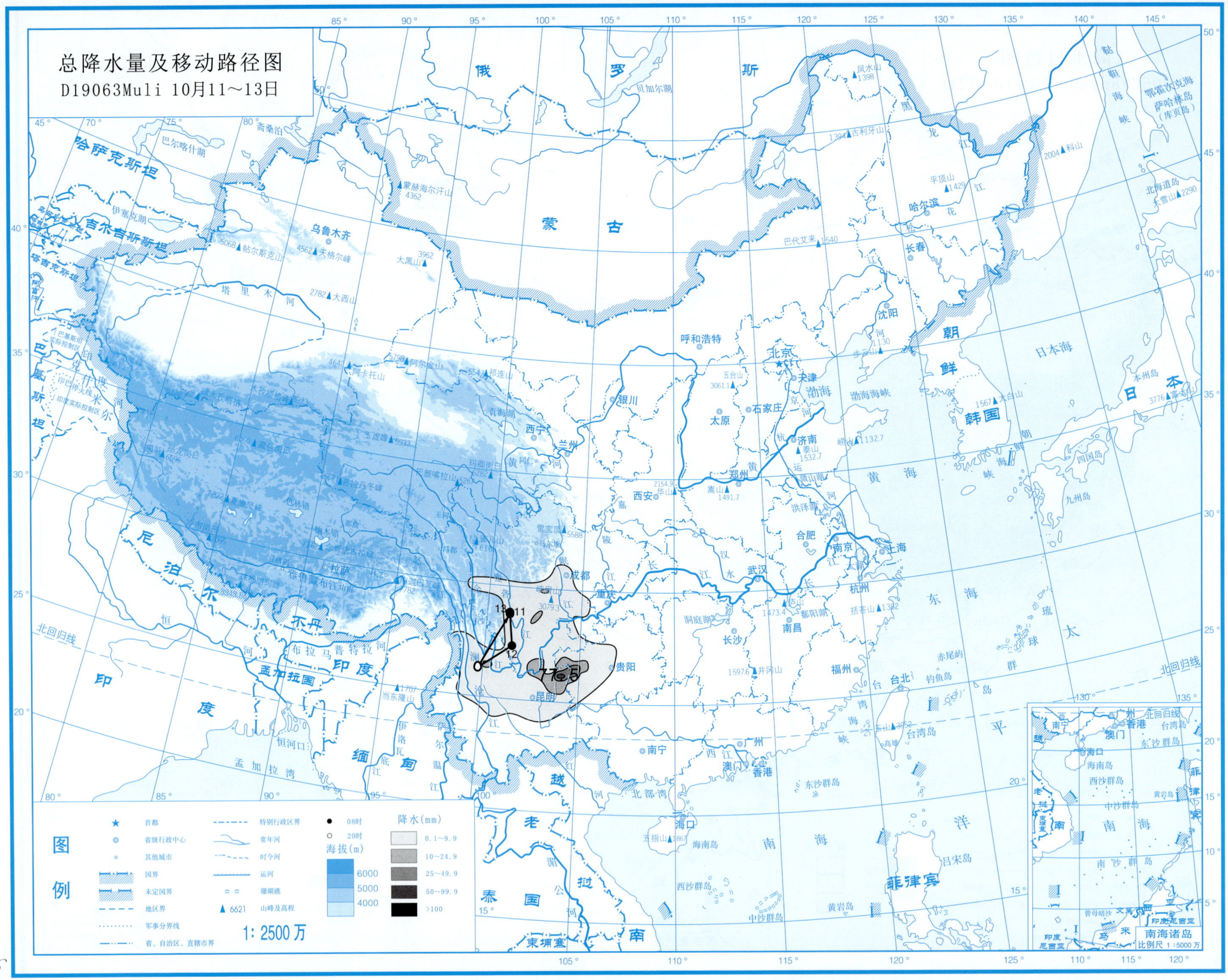

总降水量及移动路径图

D19063Muli 10月11～13日

图例

符号	说明	符号	说明
★	首都		特别行政区界
◎	省级行政中心		常年河
○	其他城市		时令河
	国界		运河
	未定国界		珊瑚礁
	地区界	▲ 6621	山峰及高程
	军事分界线		
	省、自治区、直辖市界		

● 08时
○ 20时

海拔(m)
6000
5000
4000

降水(mm)
0.1～9.9
10～24.9
25～49.9
50～99.9
>100

1:2500万

南海诸岛
比例尺 1:5000万

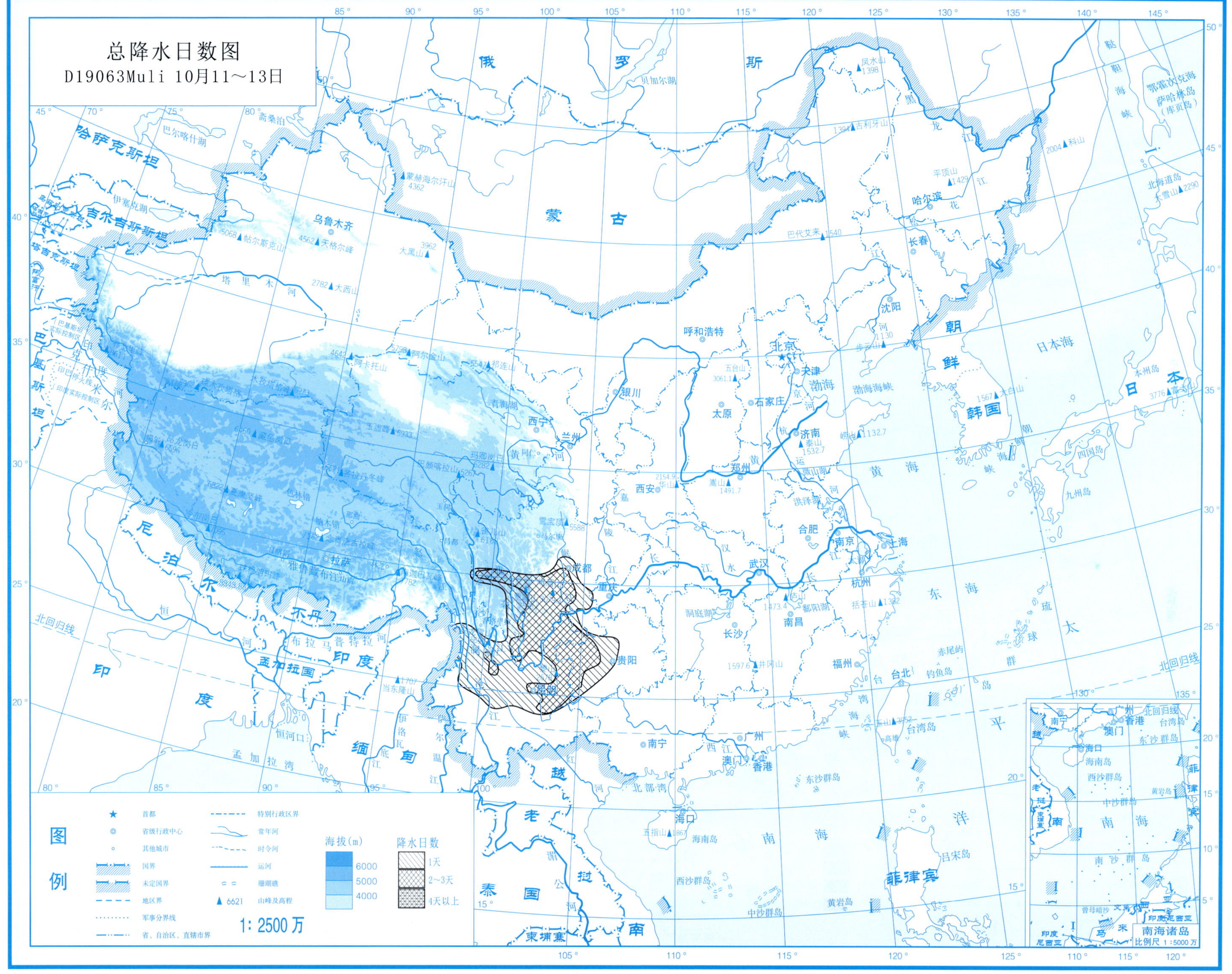
总降水日数图
D19063Muli 10月11～13日
俄
罗
斯
蒙
古
哈萨克斯坦
吉尔吉斯斯坦
塔吉克斯坦
尼
泊
尔
不丹
孟加拉国
印
度
缅
甸
老
挝
越
南
泰
国
柬埔寨
朝
鲜
韩国
日
本
菲律宾
乌鲁木齐
呼和浩特
北京
天津
石家庄
太原
济南
银川
西宁
兰州
西安
郑州
合肥
南京
上海
杭州
武汉
长沙
南昌
福州
台北
成都
重庆
贵阳
昆明
拉萨
南宁
广州
香港
澳门
海口
沈阳
长春
哈尔滨
渤海
黄海
东海
南海
日本海
太平洋
北回归线
南海诸岛
比例尺 1：5000 万
图
例
首都
省级行政中心
其他城市
国界
未定国界
地区界
军事分界线
省、自治区、直辖市界
特别行政区界
常年河
时令河
运河
珊瑚礁
6621 山峰及高程
海拔(m)
6000
5000
4000
降水日数
1天
2～3天
4天以上
1：2500 万

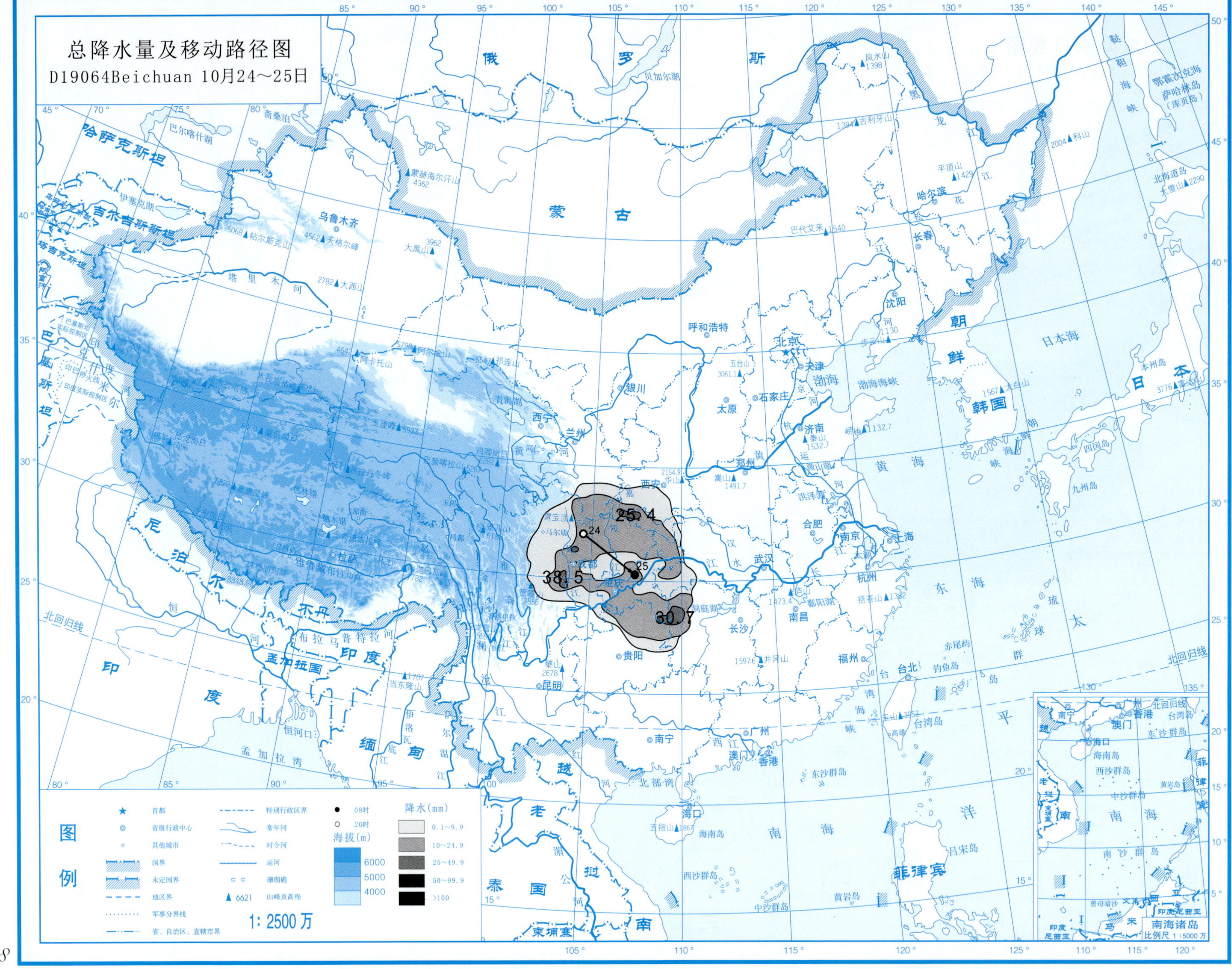
总降水量及移动路径图
D19064Beichuan 10月24～25日
25.4
38.5
30.7
图例
降水(mm)
0.1~9.9
10~24.9
25~49.9
50~99.9
>100
海拔(m)
6000
5000
4000
1: 2500万
南海诸岛

总降水日数图

D19064Beichuan 10月24～25日

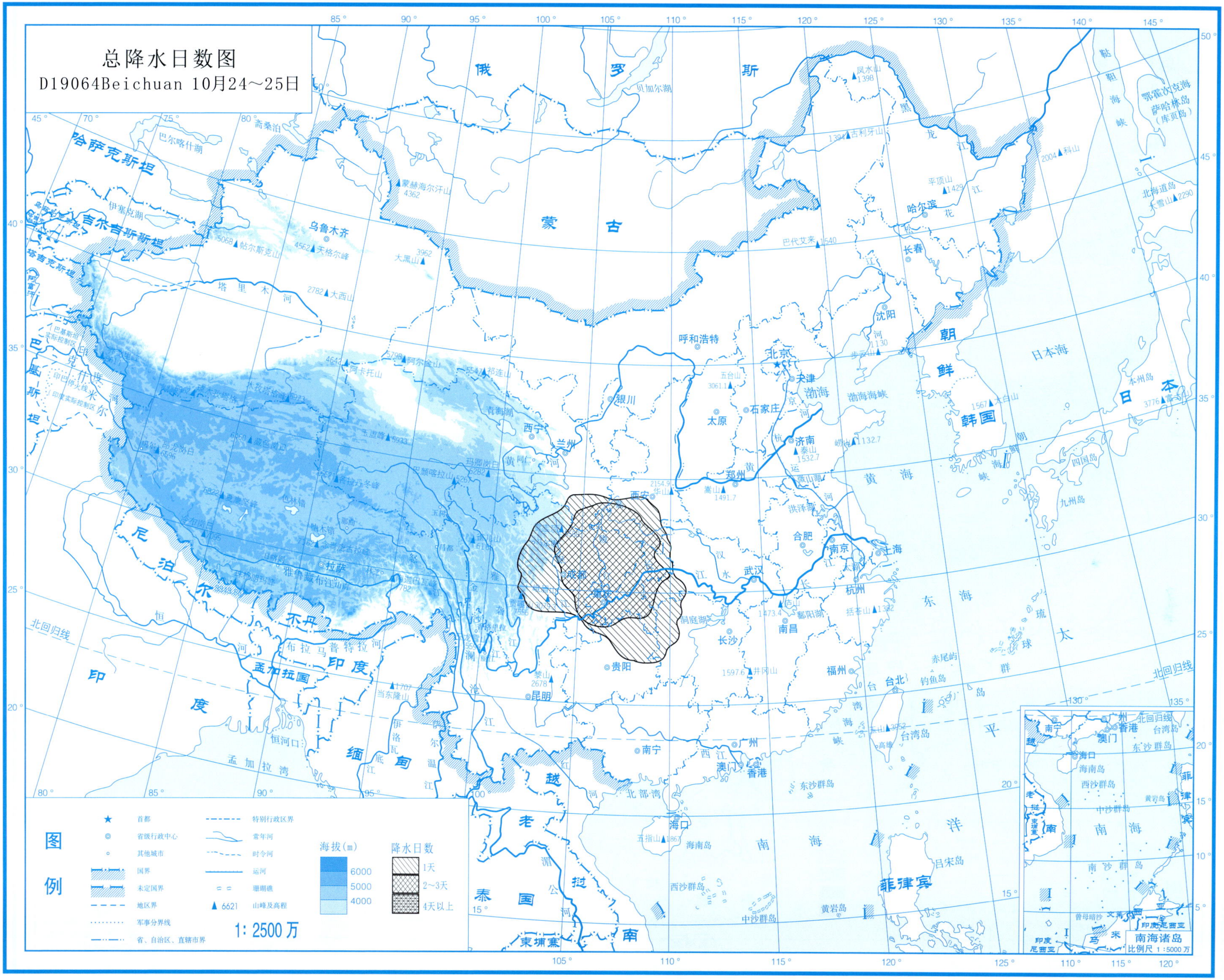

图例
首都
省级行政中心
其他城市
国界
未定国界
地区界
军事分界线
省、自治区、直辖市界
特别行政区界
常年河
时令河
运河
珊瑚礁
6621 山峰及高程
1: 2500 万
海拔(m)
6000
5000
4000
降水日数
1天
2~3天
4天以上
俄 罗 斯
蒙 古
哈萨克斯坦
吉尔吉斯斯坦
塔吉克斯坦
巴基斯坦
尼 泊 尔
不丹
印 度
孟加拉国
缅 甸
老 挝
越 南
泰 国
柬埔寨
菲律宾
朝 鲜
韩国
日 本
日本海
黄 海
东 海
南 海
太 平 洋
孟 加 拉 湾
渤海
北京
天津
石家庄
太原
呼和浩特
沈阳
长春
哈尔滨
济南
郑州
西安
银川
兰州
西宁
乌鲁木齐
拉萨
成都
重庆
贵阳
昆明
南宁
广州
长沙
武汉
南昌
合肥
南京
上海
杭州
福州
台北
香港
澳门
海口
北回归线
南海诸岛
比例尺 1：5000 万

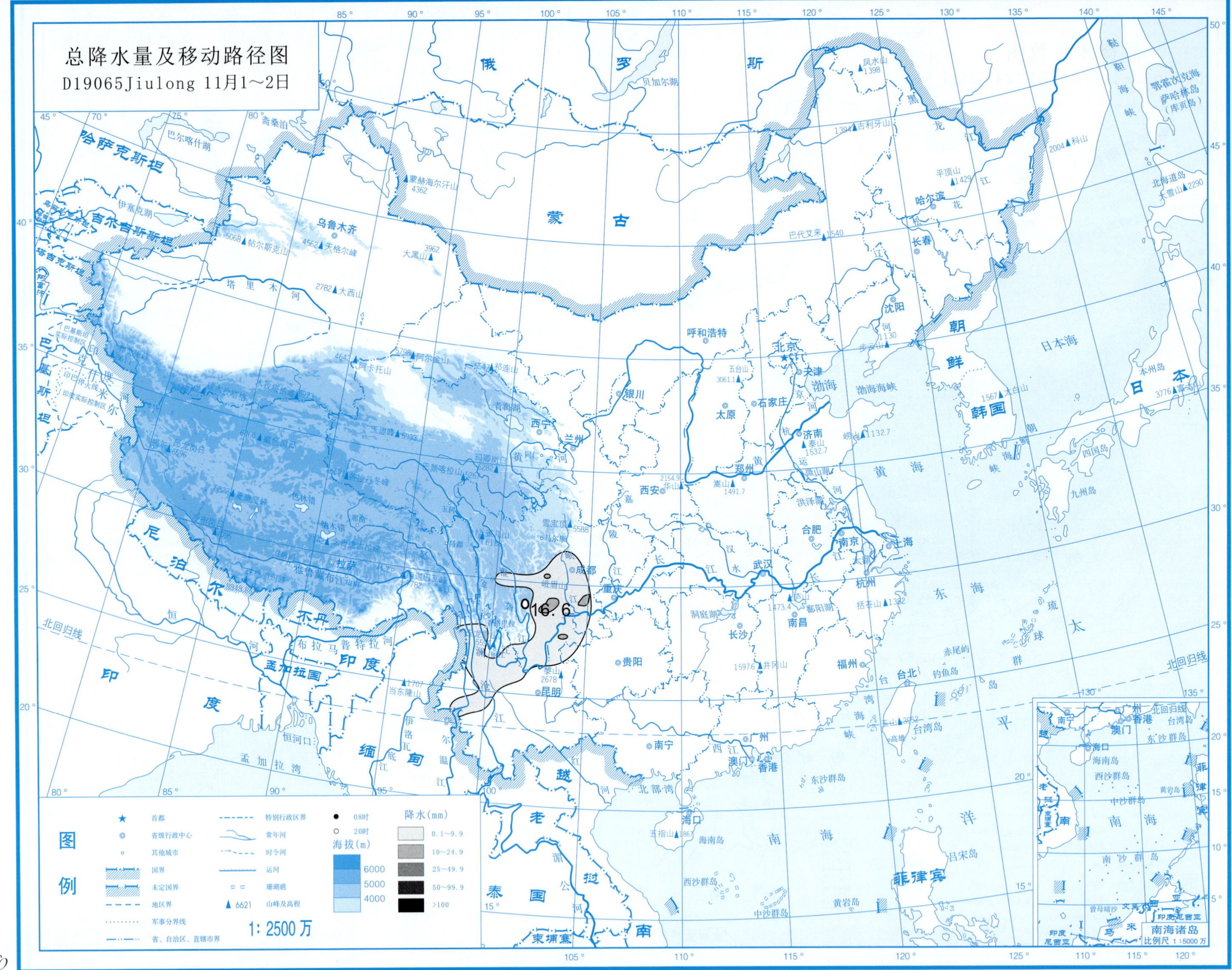
总降水量及移动路径图
D19065Jiulong 11月1～2日
16.6
图例
首都
省级行政中心
其他城市
国界
未定国界
地区界
军事分界线
省、自治区、直辖市界
特别行政区界
常年河
时令河
运河
珊瑚礁
6621 山峰及高程
08时
20时
海拔(m)
6000
5000
4000
降水(mm)
0.1～9.9
10～24.9
25～49.9
50～99.9
>100
1: 2500 万
南海诸岛
比例尺 1:5000 万

总降水日数图

D19065Jiulong 11月1～2日

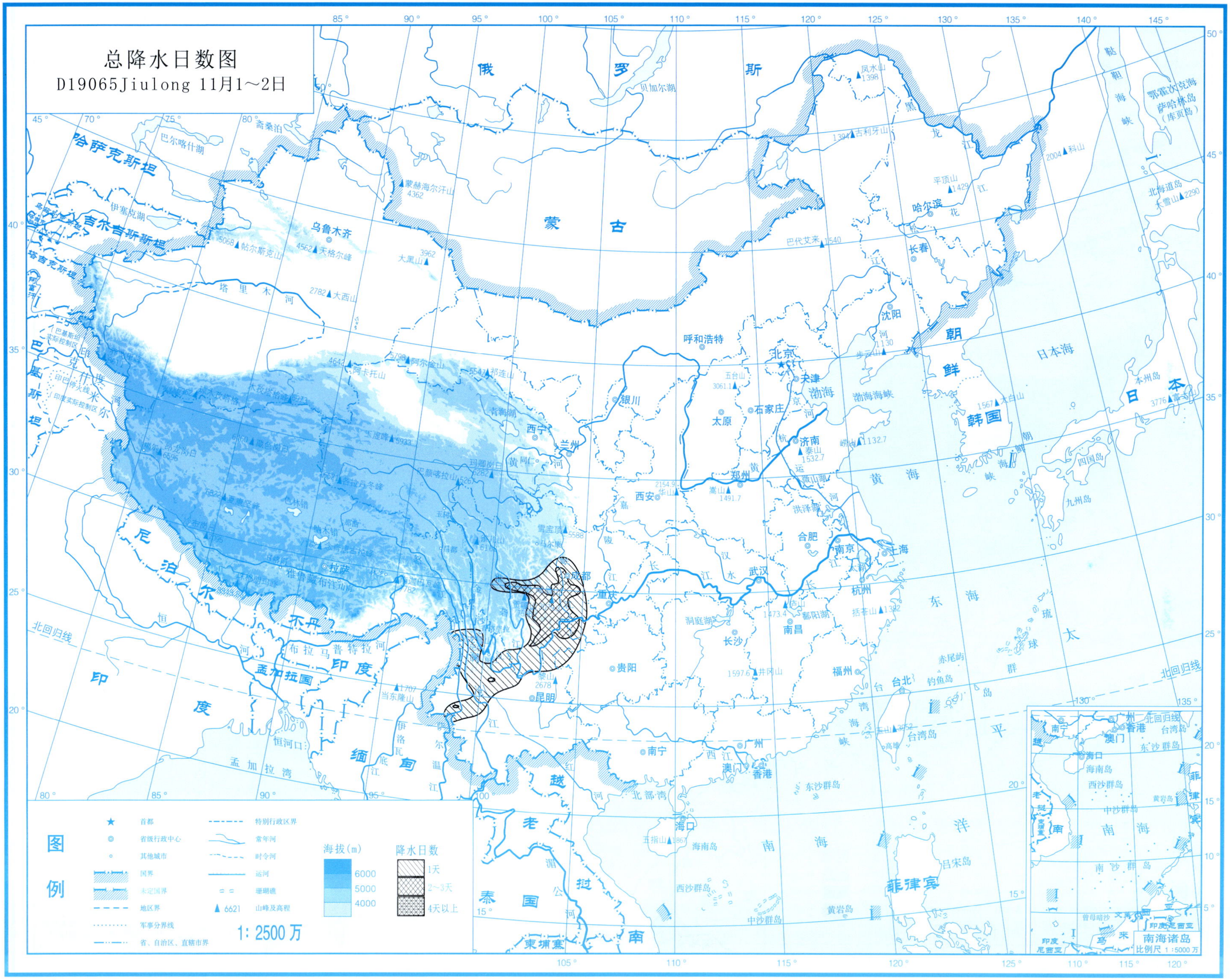

图例

符号	说明
★	首都
◎	省级行政中心
○	其他城市
	国界
	未定国界
	地区界
	军事分界线
	省、自治区、直辖市界
	特别行政区界
	常年河
	时令河
	运河
	珊瑚礁
▲ 6621	山峰及高程

海拔(m)：6000　5000　4000

降水日数：1天　2~3天　4天以上

1: 2500 万

南海诸岛　比例尺 1 : 5000 万

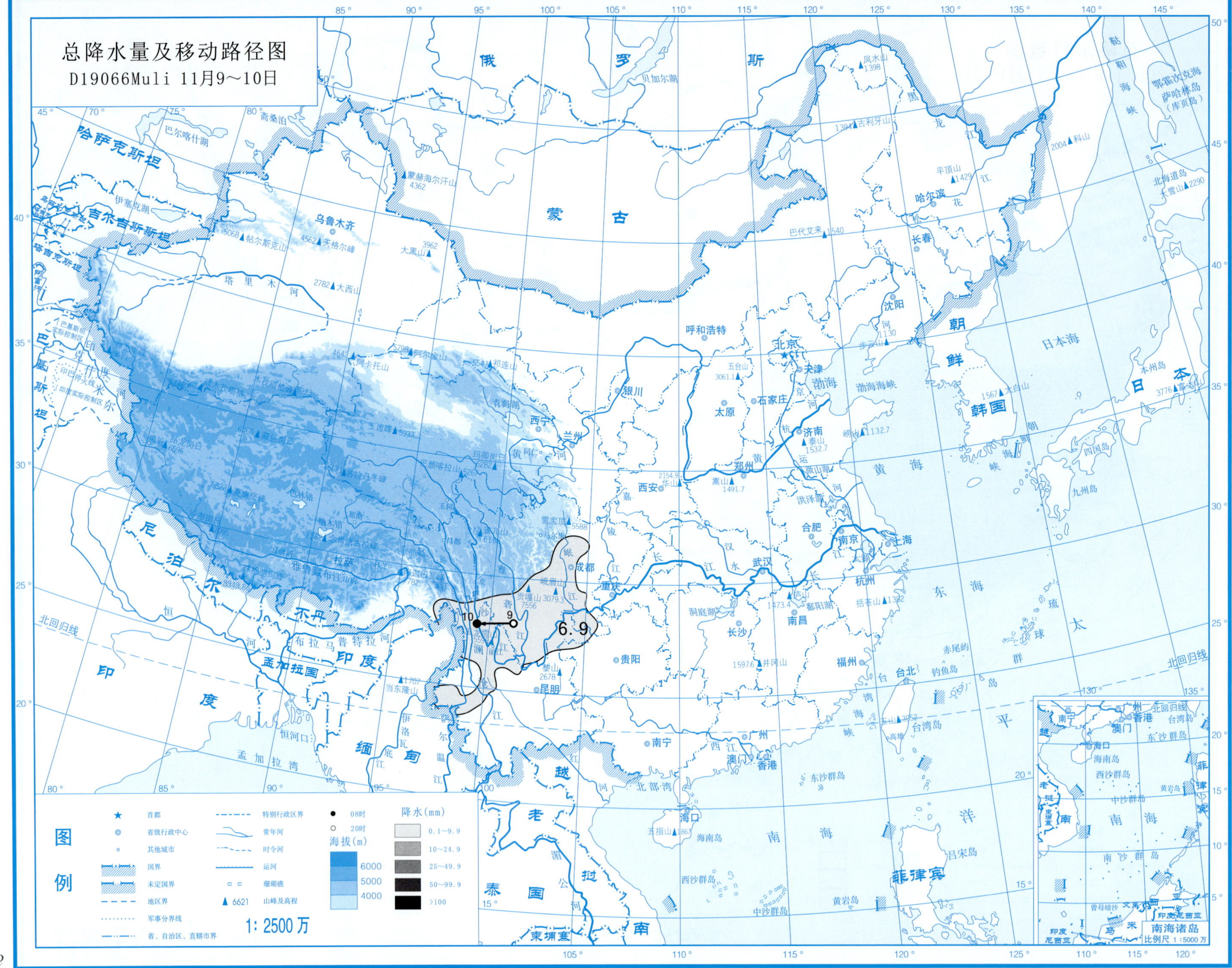
总降水量及移动路径图
D19066Muli 11月9～10日
6.9
10
9
图例
首都
省级行政中心
其他城市
国界
未定国界
地区界
军事分界线
省、自治区、直辖市界
特别行政区界
常年河
时令河
运河
珊瑚礁
6621 山峰及高程
08时
20时
降水(mm)
0.1～9.9
10～24.9
25～49.9
50～99.9
>100
海拔(m)
6000
5000
4000
1: 2500万
南海诸岛
比例尺 1:5000万

总降水日数图

D19066Muli 11月9～10日

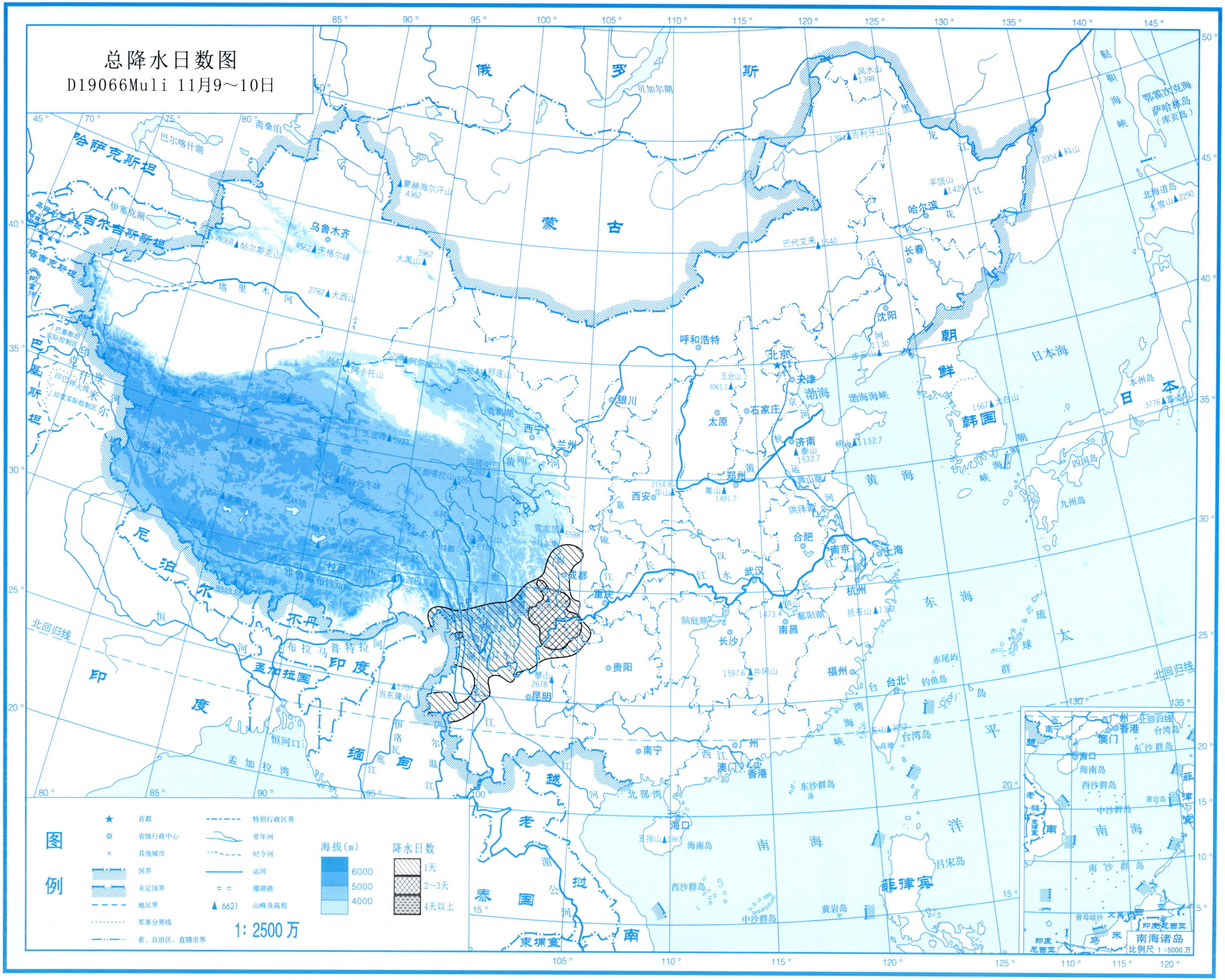

图例

首都
省级行政中心
其他城市
国界
未定国界
地区界
军事分界线
省、自治区、直辖市界
特别行政区界
常年河
时令河
运河
珊瑚礁
▲ 6621 山峰及高程

海拔(m)
6000
5000
4000

降水日数
1天
2～3天
4天以上

1: 2500 万

南海诸岛
比例尺 1:5000 万

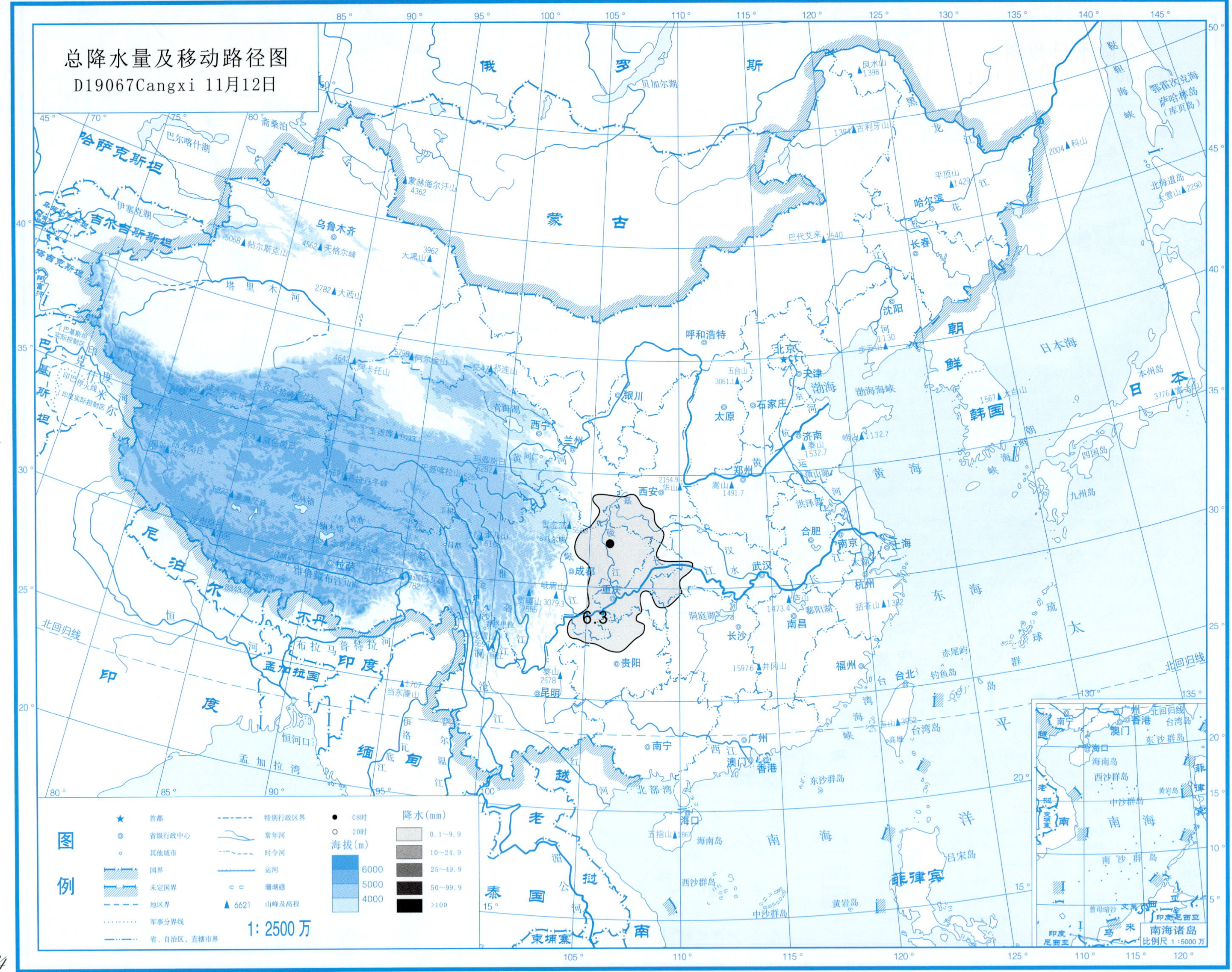

总降水量及移动路径图
D19067Cangxi 11月12日
6.3
图例
首都
省级行政中心
其他城市
国界
未定国界
地区界
军事分界线
特别行政区界
常年河
时令河
运河
珊瑚礁
6621 山峰及高程
省、自治区、直辖市界
08时
20时
海拔(m)
6000
5000
4000
降水(mm)
0.1~9.9
10~24.9
25~49.9
50~99.9
>100
1: 2500 万
南海诸岛
比例尺 1:5000 万

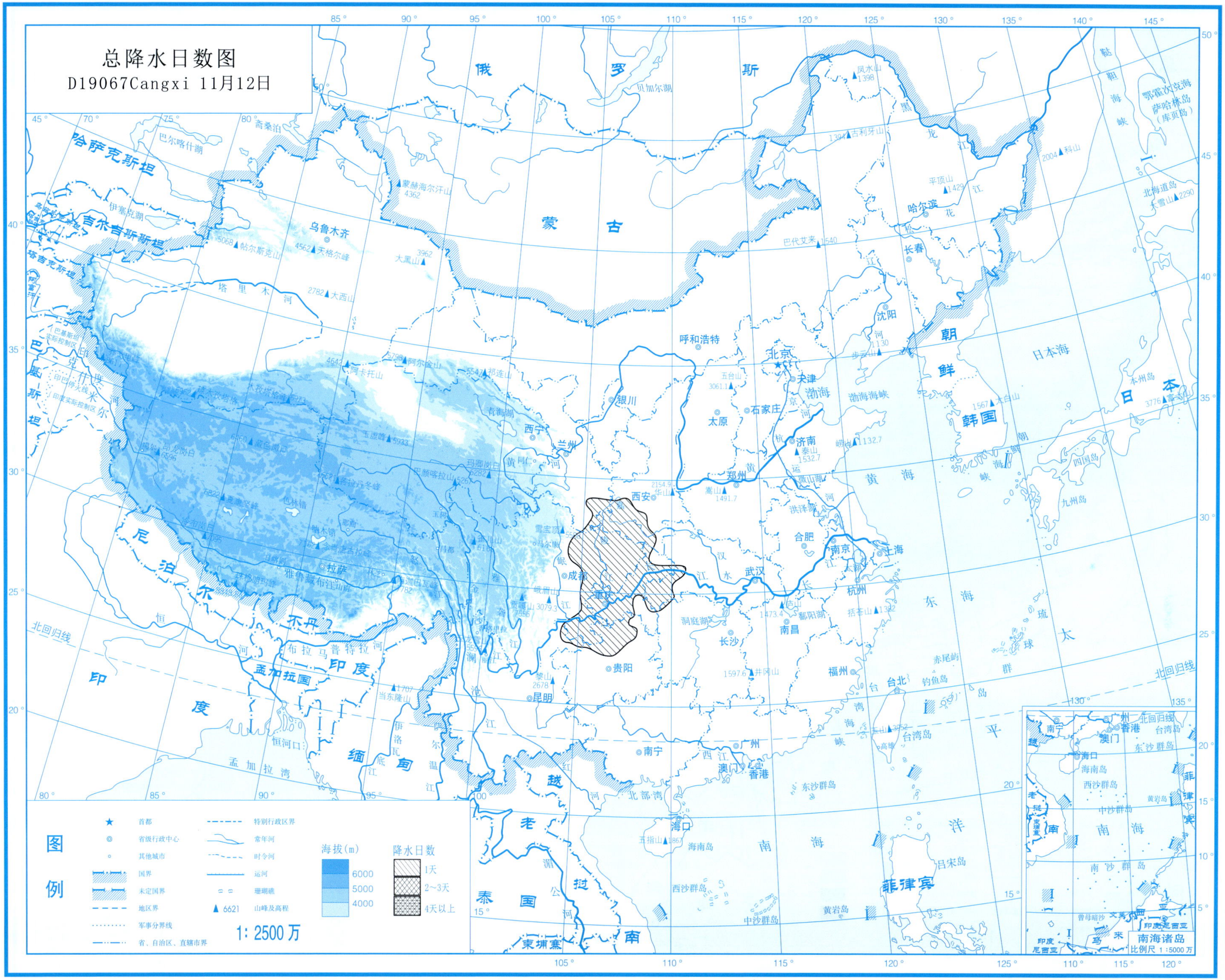

总降水日数图

D19067Cangxi 11月12日

图例

符号	说明	符号	说明
★	首都		特别行政区界
◎	省级行政中心		常年河
○	其他城市		时令河
	国界		运河
	未定国界		珊瑚礁
	地区界	▲ 6621	山峰及高程
	军事分界线		
	省、自治区、直辖市界		

海拔(m)：6000、5000、4000

降水日数：1天、2~3天、4天以上

1：2500万

南海诸岛 比例尺 1：5000万

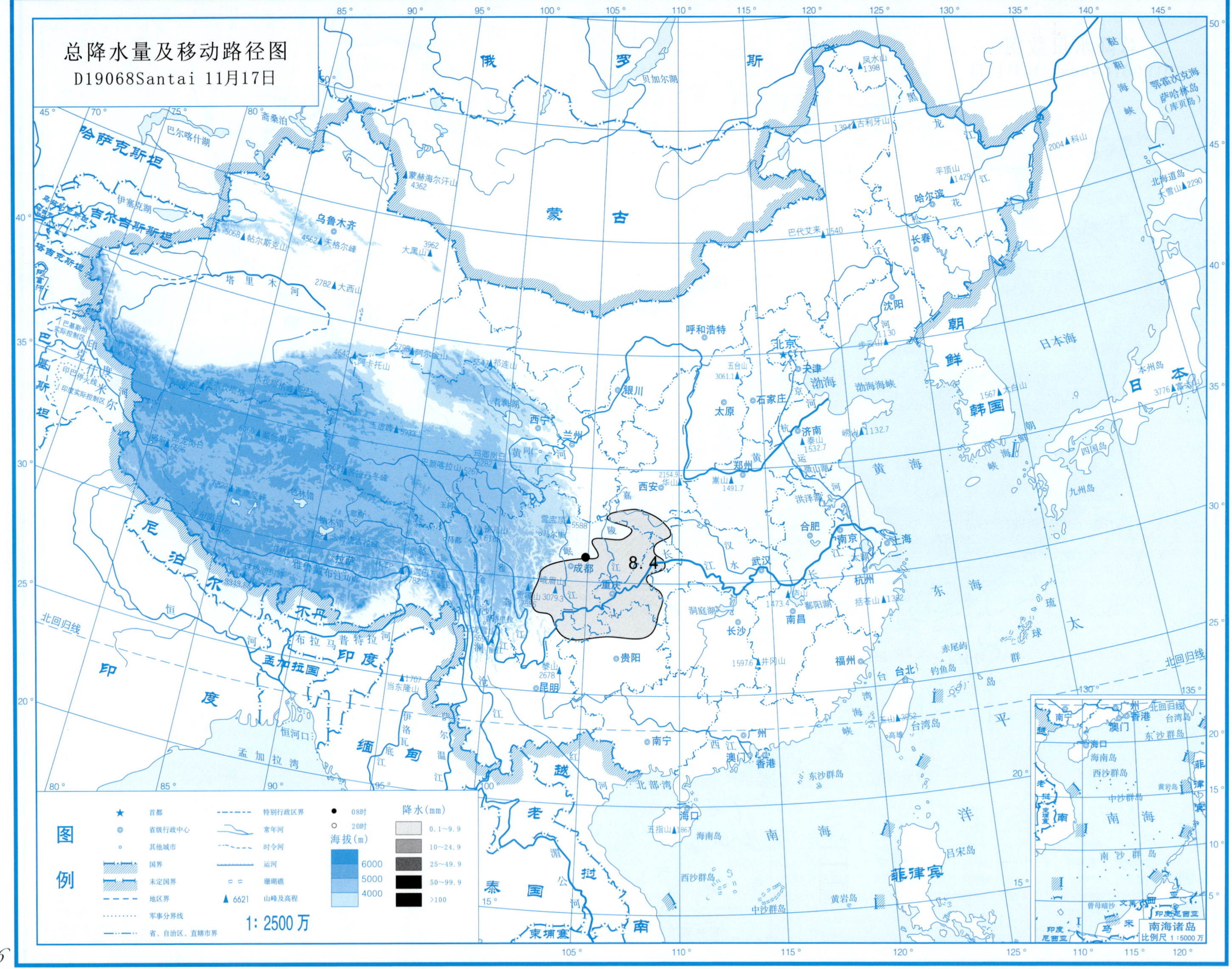
总降水量及移动路径图
D19068Santai 11月17日
8.4
图例
首都
省级行政中心
其他城市
国界
未定国界
地区界
军事分界线
省、自治区、直辖市界
特别行政区界
常年河
时令河
运河
珊瑚礁
6621 山峰及高程
08时
20时
海拔(m)
6000
5000
4000
降水(mm)
0.1~9.9
10~24.9
25~49.9
50~99.9
>100
1:2500万
南海诸岛
比例尺 1:5000万

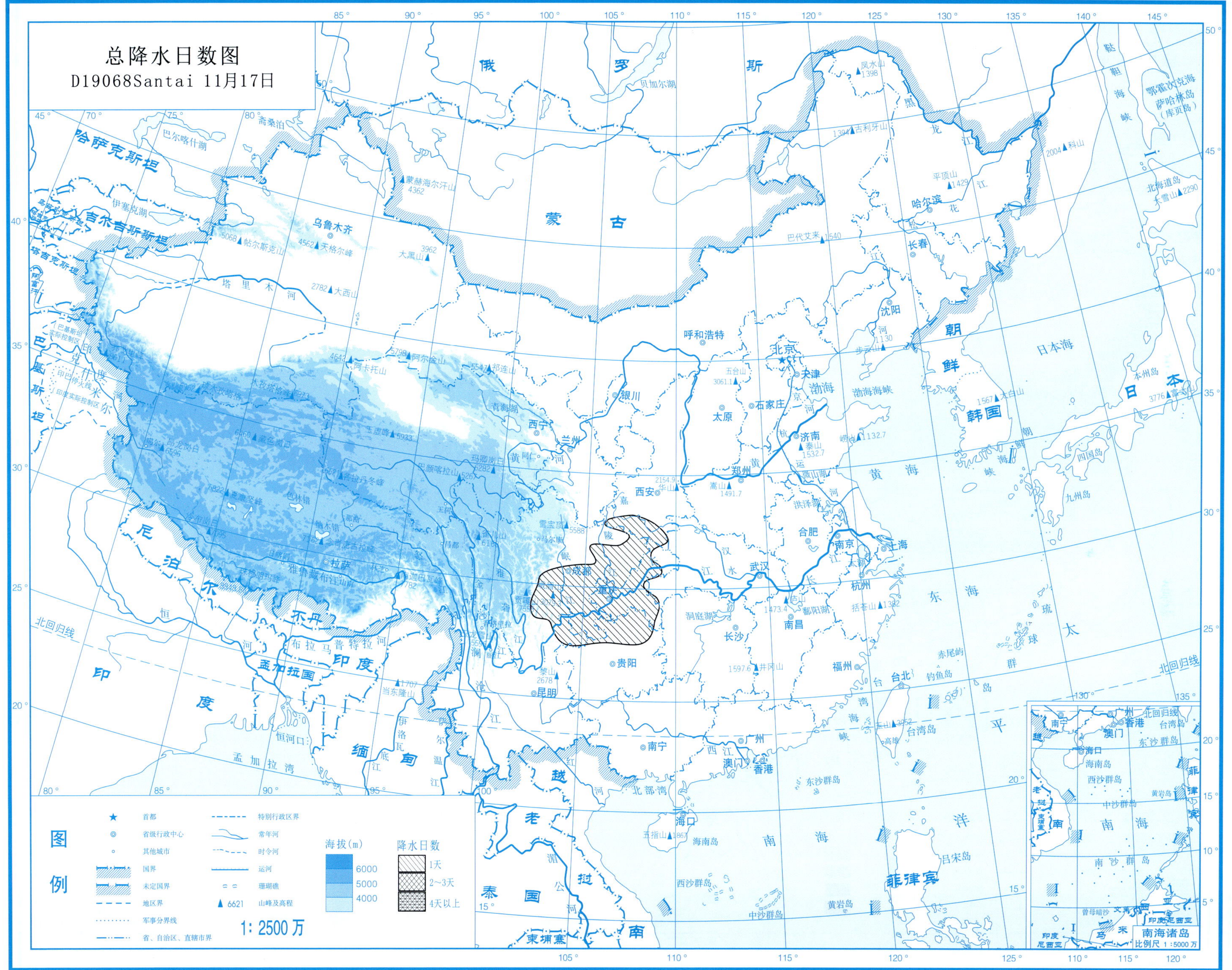

总降水日数图
D19068Santai 11月17日
图例
首都
省级行政中心
其他城市
国界
未定国界
地区界
军事分界线
省、自治区、直辖市界
特别行政区界
常年河
时令河
运河
珊瑚礁
6621 山峰及高程
海拔(m)
6000
5000
4000
降水日数
1天
2~3天
4天以上
1: 2500万
南海诸岛
比例尺 1:5000万

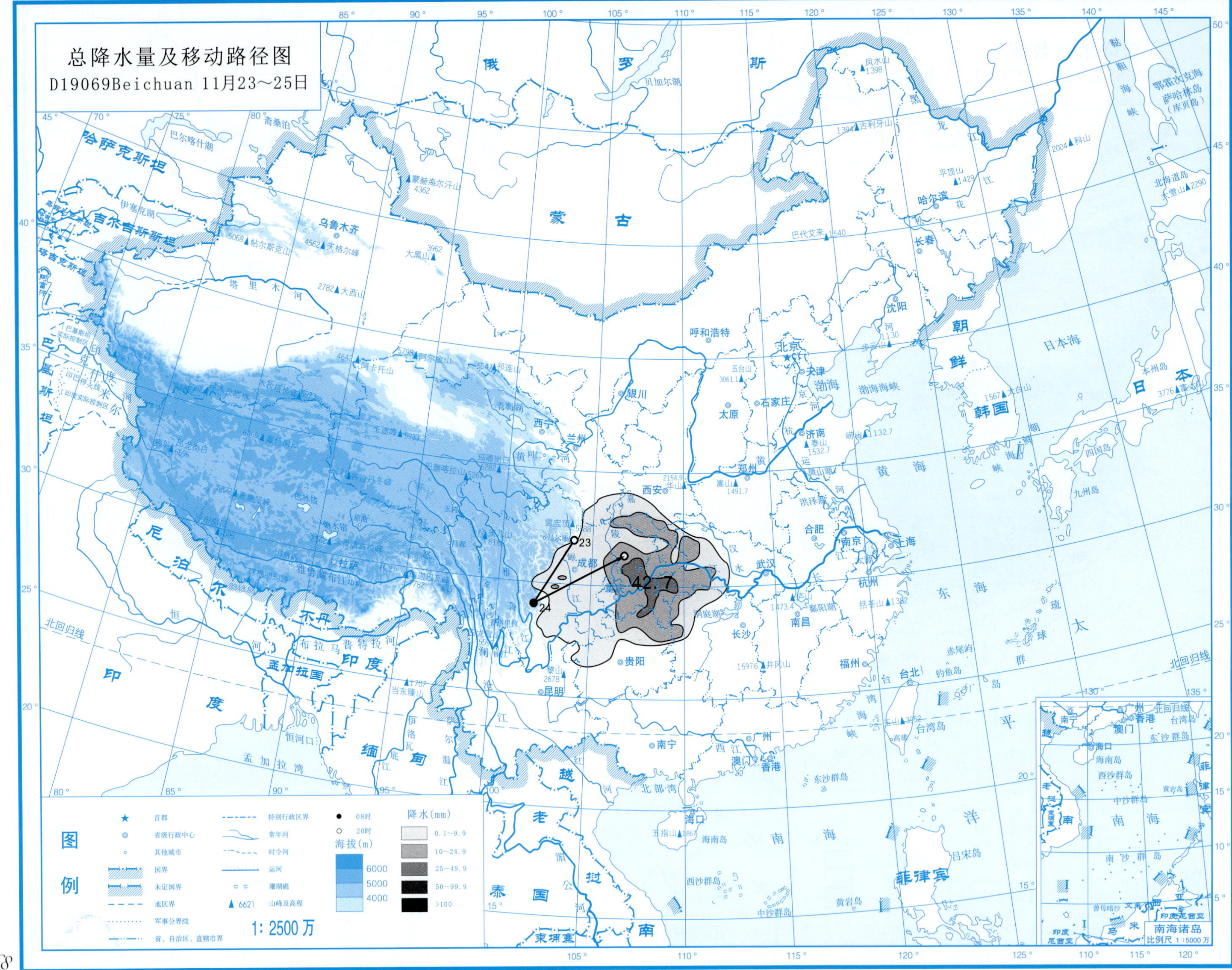
总降水量及移动路径图
D19069Beichuan 11月23～25日
23
24
42.7
图例
首都
省级行政中心
其他城市
国界
未定国界
地区界
军事分界线
省、自治区、直辖市界
特别行政区界
常年河
时令河
运河
珊瑚礁
6621 山峰及高程
08时
20时
海拔(m)
6000
5000
4000
降水(mm)
0.1～9.9
10～24.9
25～49.9
50～99.9
>100
1:2500万
南海诸岛
比例尺 1:5000万

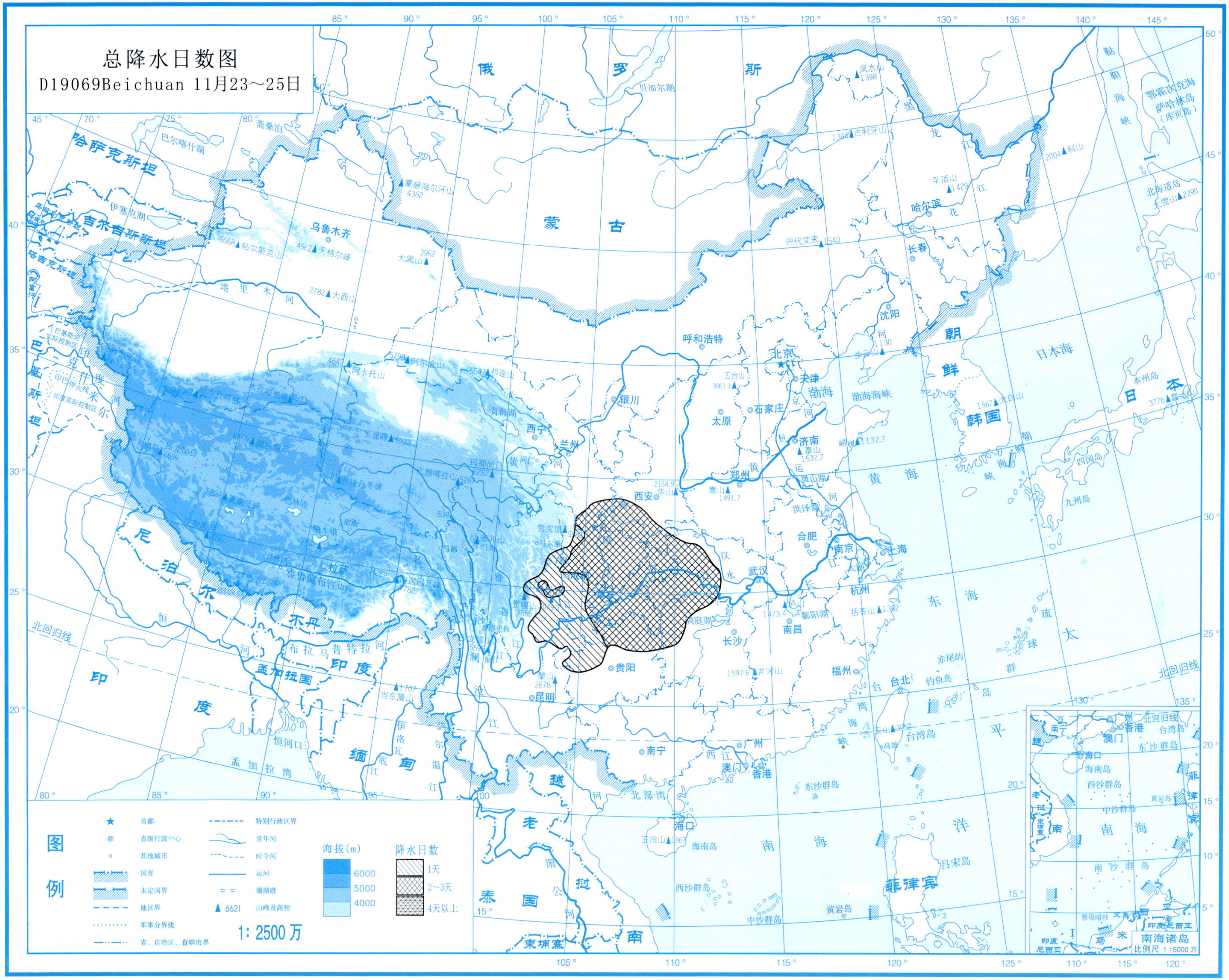

总降水日数图

D19069Beichuan 11月23～25日

图例

★	首都		特别行政区界
◎	省级行政中心		常年河
○	其他城市		时令河
	国界		运河
	未定国界		珊瑚礁
	地区界	▲ 6621	山峰及高程
	军事分界线		
	省、自治区、直辖市界		

海拔(m)：6000、5000、4000

降水日数：1天、2~3天、4天以上

1: 2500万

南海诸岛
比例尺 1:5000万

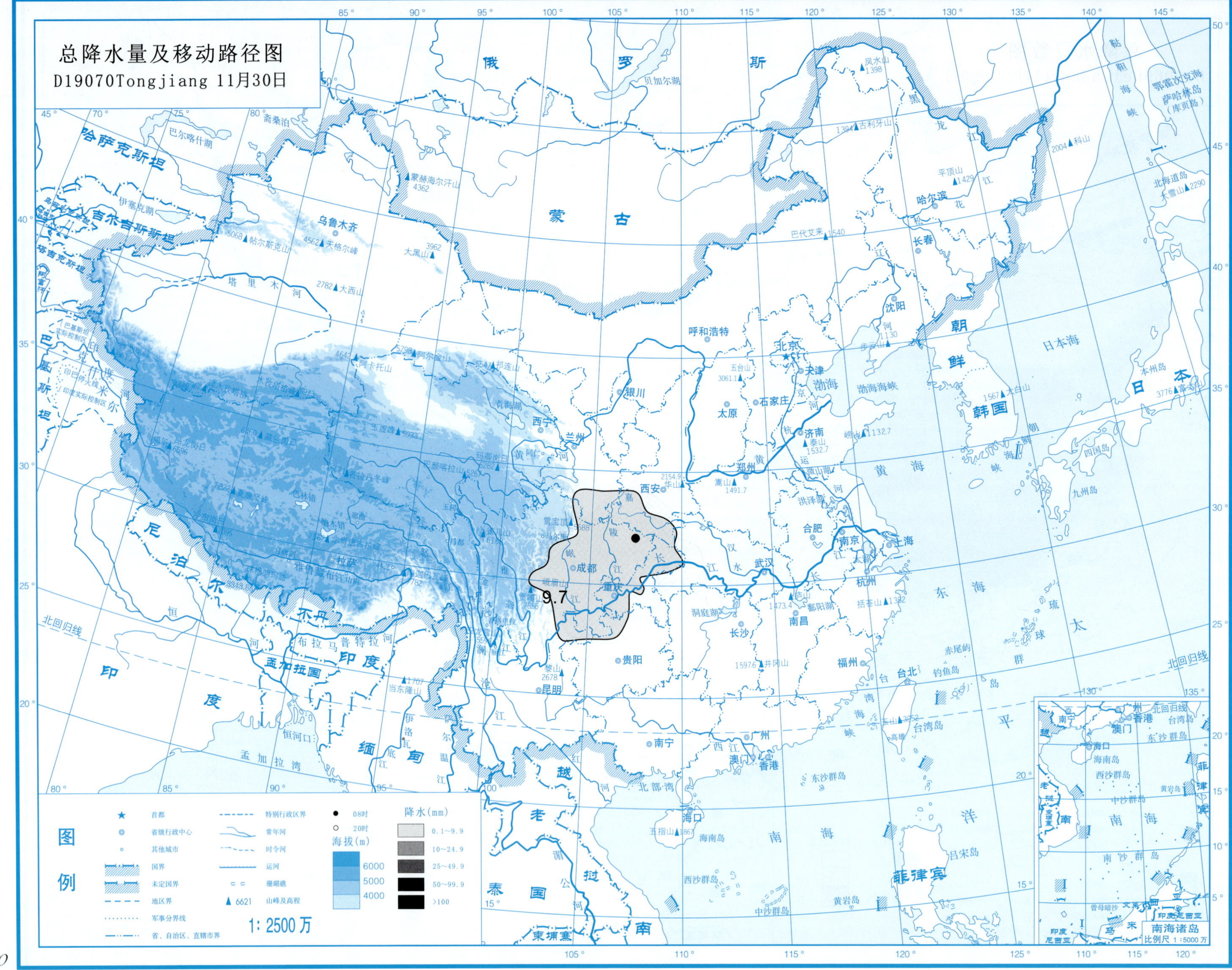
总降水量及移动路径图
D19070Tongjiang 11月30日
9.7
图例
首都
省级行政中心
其他城市
国界
未定国界
地区界
军事分界线
省、自治区、直辖市界
特别行政区界
常年河
时令河
运河
珊瑚礁
6621 山峰及高程
08时
20时
海拔(m)
6000
5000
4000
降水(mm)
0.1～9.9
10～24.9
25～49.9
50～99.9
>100
1: 2500 万
南海诸岛
比例尺 1:5000 万

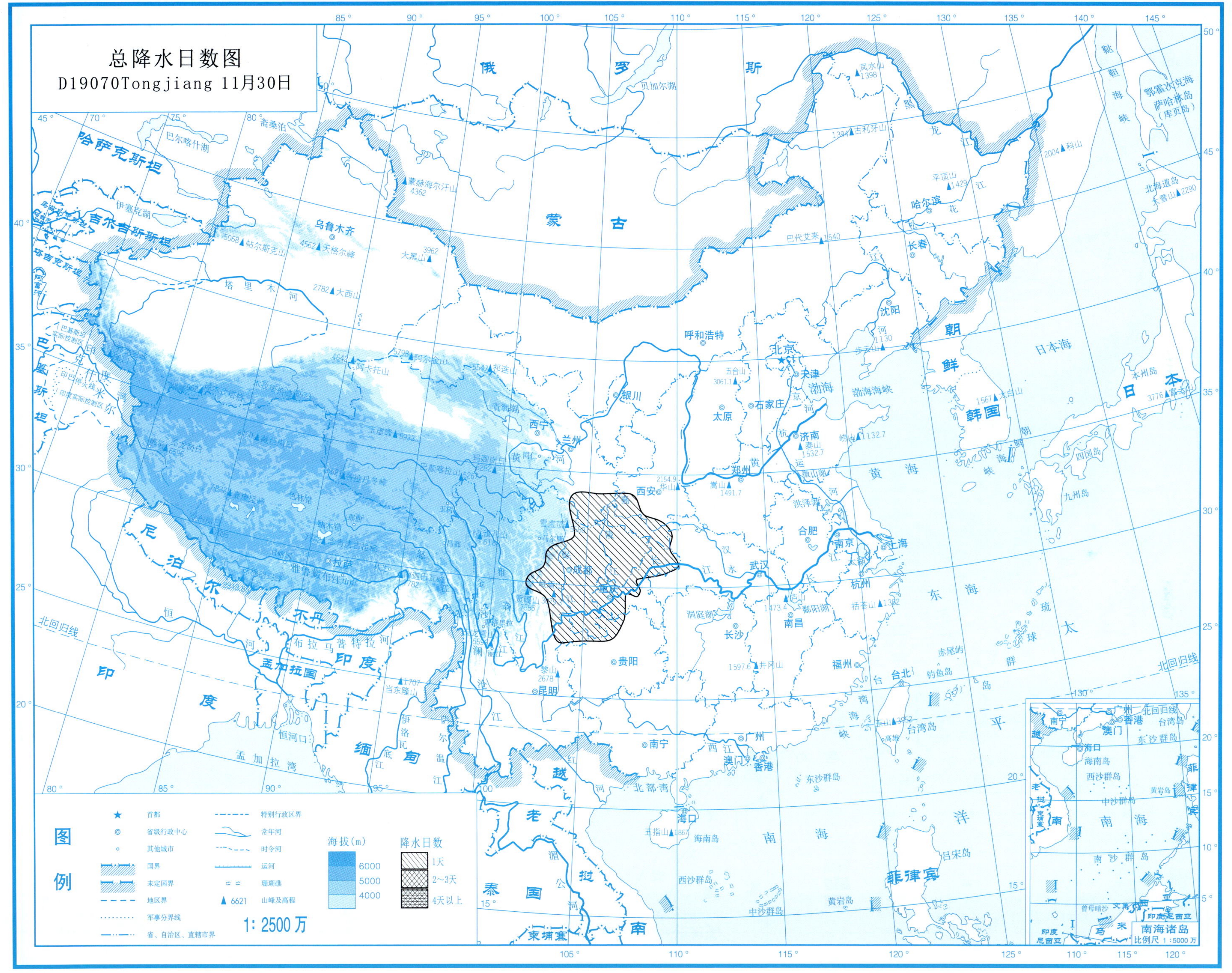

总降水日数图
D19070Tongjiang 11月30日
图例
首都
省级行政中心
其他城市
国界
未定国界
地区界
军事分界线
省、自治区、直辖市界
特别行政区界
常年河
时令河
运河
珊瑚礁
6621 山峰及高程
海拔(m)
6000
5000
4000
降水日数
1天
2~3天
4天以上
1: 2500 万
南海诸岛
比例尺 1 : 5000 万
俄
罗
斯
蒙
古
哈萨克斯坦
吉尔吉斯斯坦
塔吉克斯坦
尼
泊
尔
不丹
孟加拉国
印
度
缅
甸
越
老
挝
泰
国
柬埔寨
朝
鲜
韩国
日
本
菲律宾
乌鲁木齐
呼和浩特
北京
天津
石家庄
太原
济南
郑州
西安
银川
兰州
西宁
拉萨
成都
重庆
贵阳
昆明
南宁
广州
香港
澳门
海口
长沙
武汉
南昌
合肥
南京
上海
杭州
福州
台北
沈阳
长春
哈尔滨
日本海
渤海
黄
海
东
海
南
海
太
平
洋

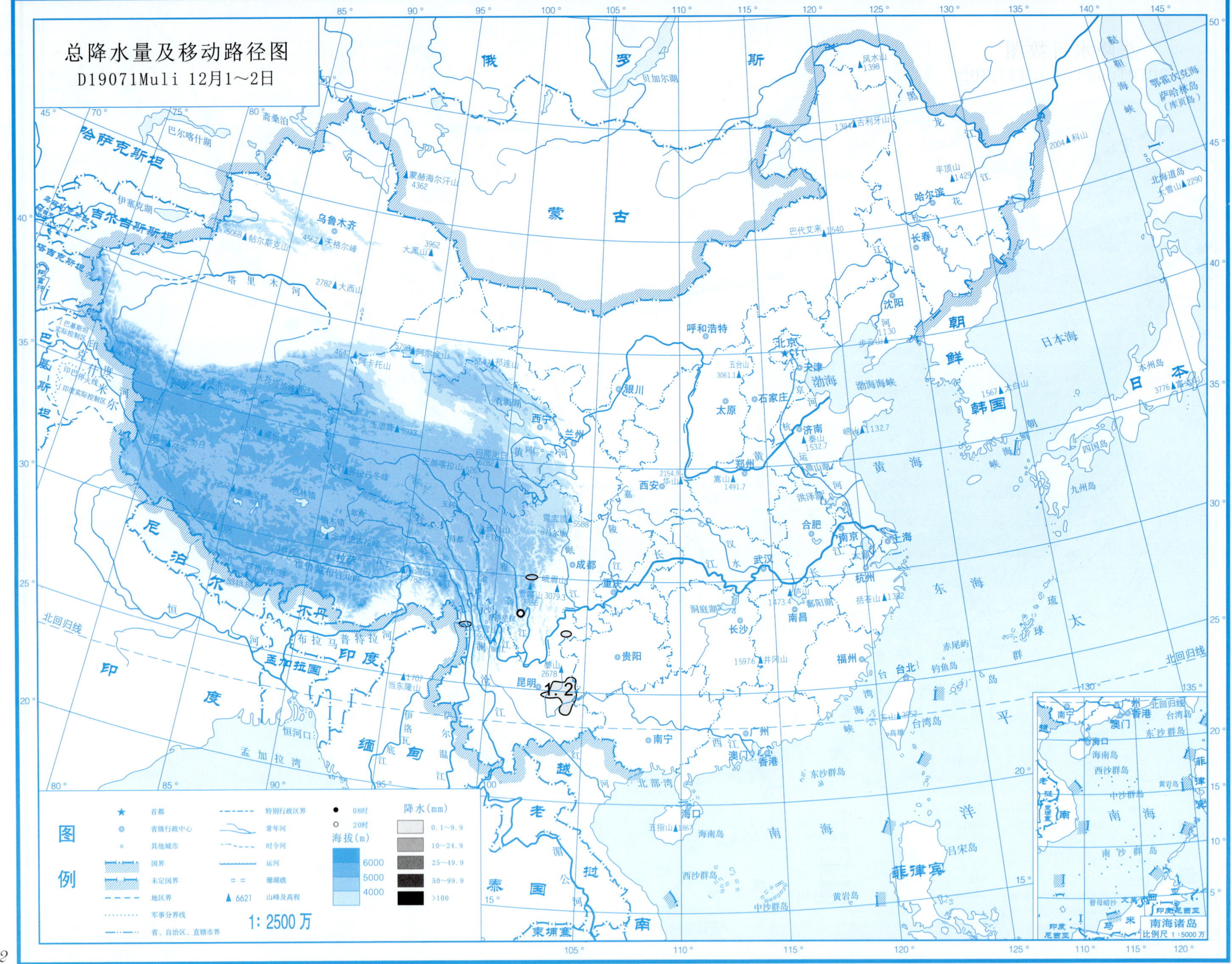
总降水量及移动路径图
D19071Muli 12月1～2日
图例
首都
省级行政中心
其他城市
国界
未定国界
地区界
军事分界线
省、自治区、直辖市界
特别行政区界
常年河
时令河
运河
珊瑚礁
山峰及高程
0８时
20时
海拔(m)
6000
5000
4000
降水(mm)
0.1~9.9
10~24.9
25~49.9
50~99.9
>100
1: 2500万
南海诸岛
比例尺 1:5000万

总降水日数图

D19071Muli 12月1～2日

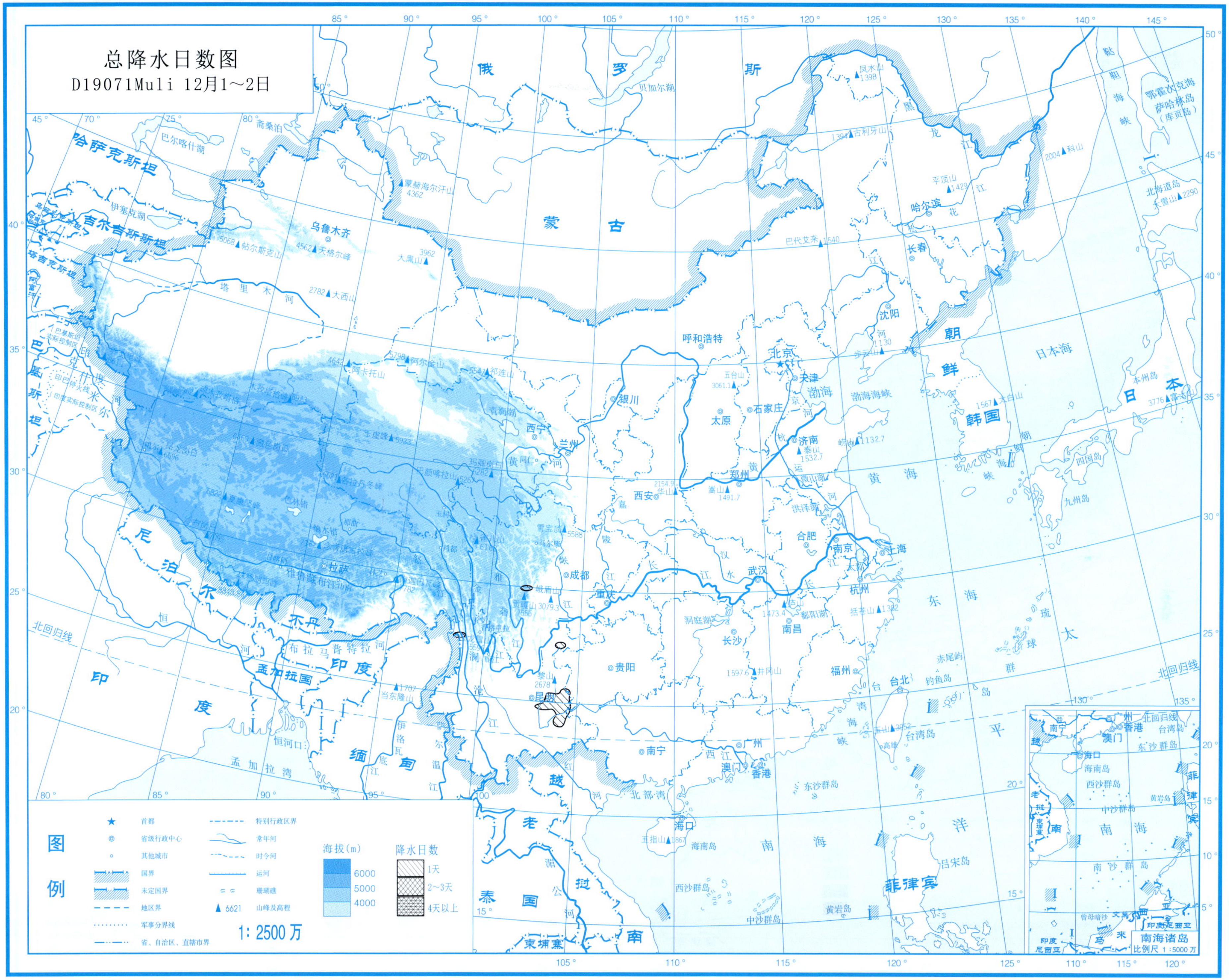

图例

★	首都
◎	省级行政中心
○	其他城市
	国界
	未定国界
	地区界
	军事分界线
	省、自治区、直辖市界
	特别行政区界
	常年河
	时令河
	运河
	珊瑚礁
▲ 6621	山峰及高程

海拔(m)

6000
5000
4000

降水日数

1天
2～3天
4天以上

1:2500万

南海诸岛
比例尺 1:5000万

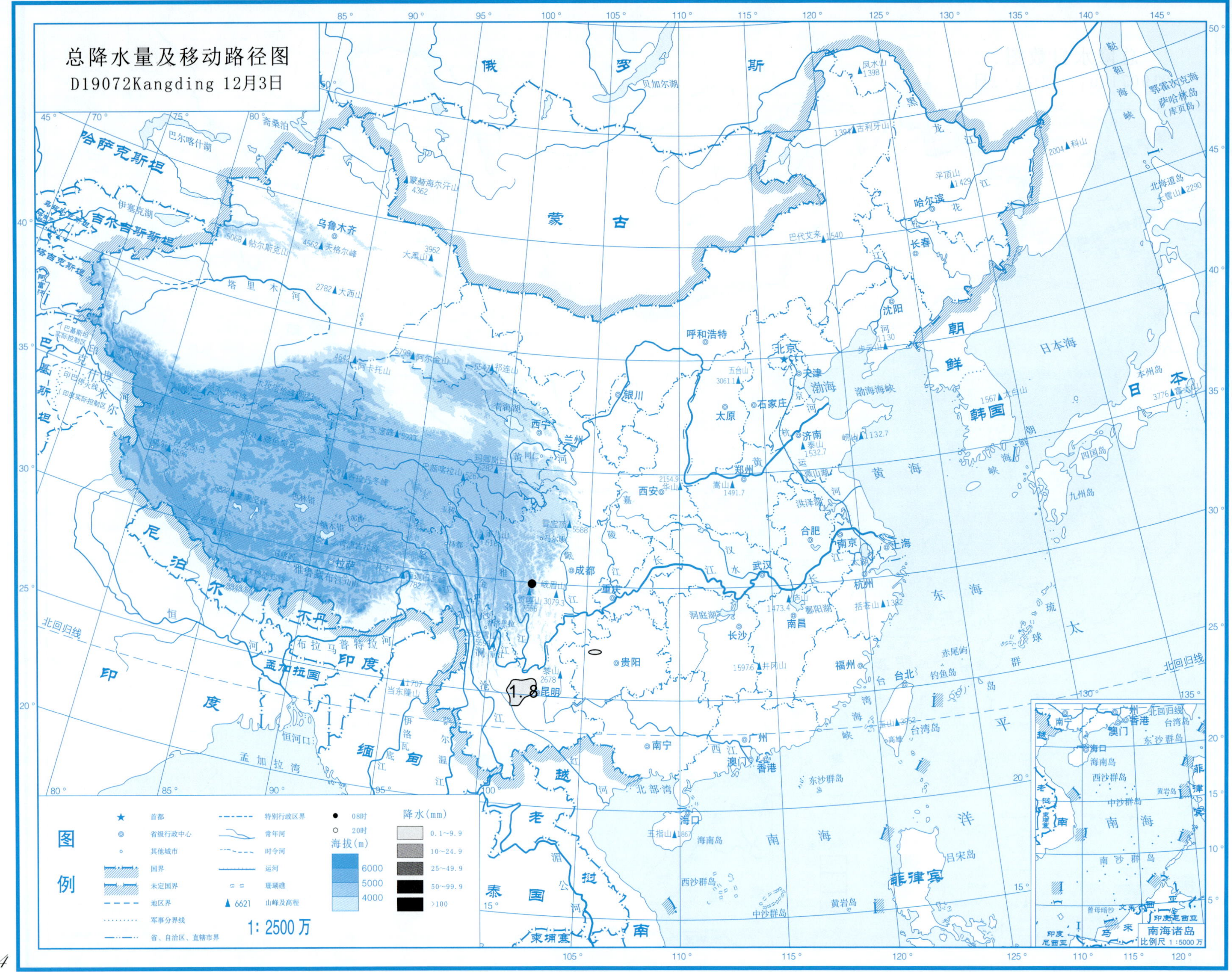
总降水量及移动路径图
D19072Kangding 12月3日
1.8
图例
首都
省级行政中心
其他城市
国界
未定国界
地区界
军事分界线
省、自治区、直辖市界
特别行政区界
常年河
时令河
运河
珊瑚礁
6621 山峰及高程
08时
20时
海拔(m)
6000
5000
4000
降水(mm)
0.1~9.9
10~24.9
25~49.9
50~99.9
>100
1: 2500 万
南海诸岛
比例尺 1:5000 万

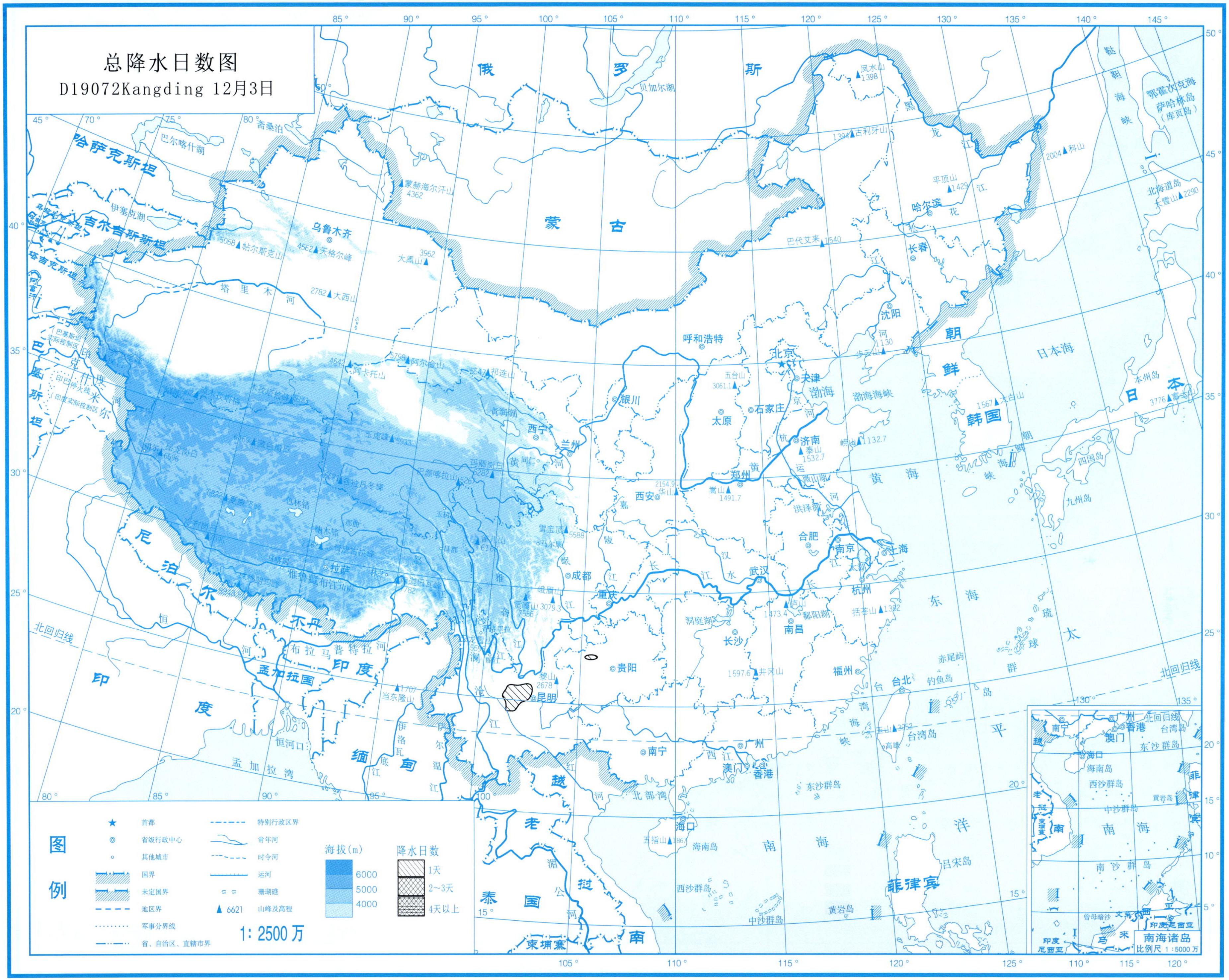

总降水日数图

D19072Kangding 12月3日

图例

- ★ 首都
- ◎ 省级行政中心
- ○ 其他城市
- 国界
- 未定国界
- 地区界
- 军事分界线
- 省、自治区、直辖市界
- 特别行政区界
- 常年河
- 时令河
- 运河
- 珊瑚礁
- ▲ 6621 山峰及高程

海拔(m)

- 6000
- 5000
- 4000

降水日数

- 1天
- 2~3天
- 4天以上

1:2500万

南海诸岛 比例尺 1:5000万

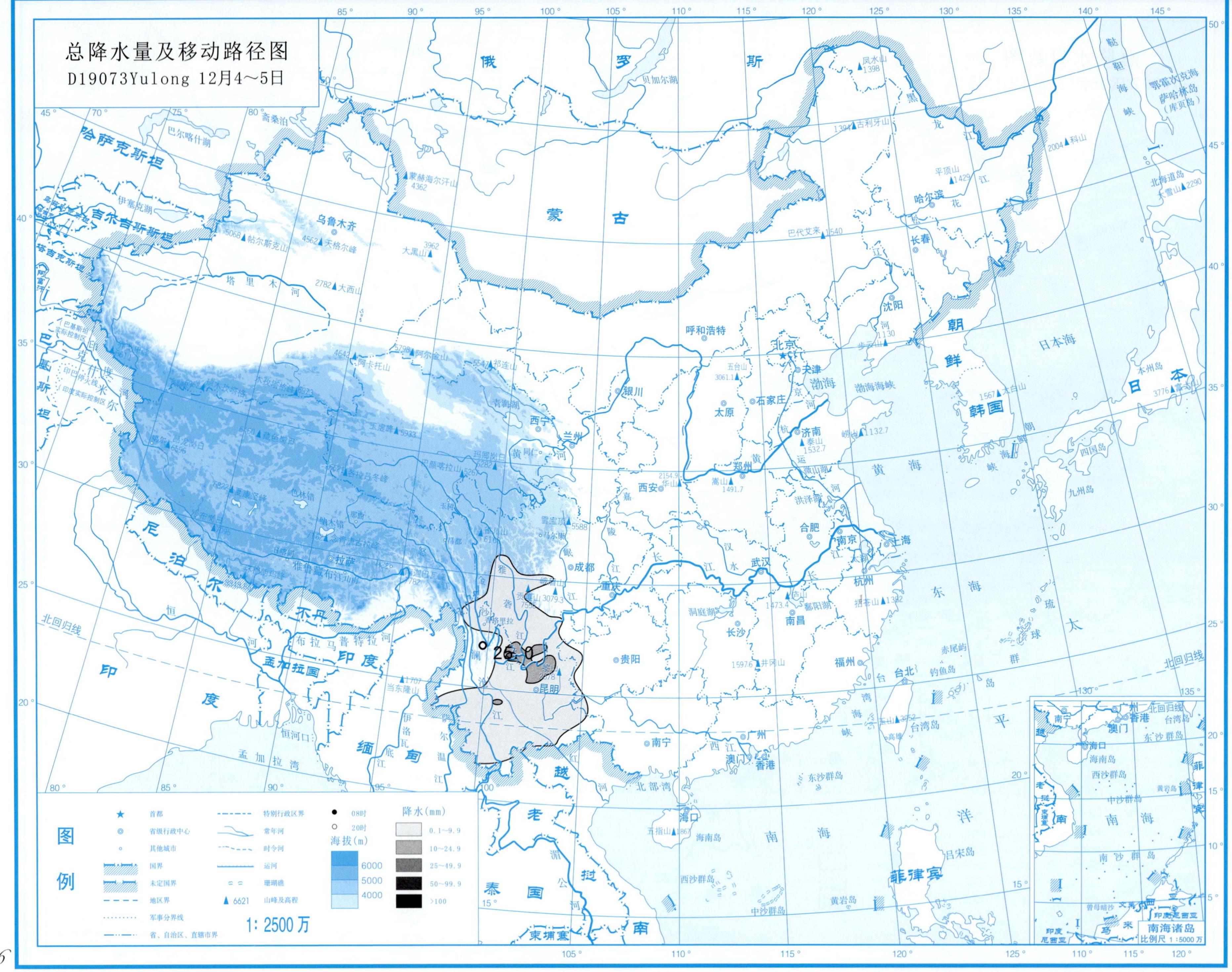
总降水量及移动路径图
D19073Yulong 12月4～5日
图例
首都
省级行政中心
其他城市
国界
未定国界
地区界
军事分界线
省、自治区、直辖市界
特别行政区界
常年河
时令河
运河
珊瑚礁
6621 山峰及高程
08时
20时
海拔(m)
6000
5000
4000
降水(mm)
0.1～9.9
10～24.9
25～49.9
50～99.9
>100
1：2500万
26.0
南海诸岛
比例尺 1：5000万

总降水日数图

D19073Yulong 12月4～5日

图例

★ 首都
◎ 省级行政中心
○ 其他城市
国界
未定国界
地区界
军事分界线
省、自治区、直辖市界
特别行政区界
常年河
时令河
运河
珊瑚礁
▲ 6621 山峰及高程

海拔(m)
6000
5000
4000

降水日数
1天
2~3天
4天以上

1: 2500万

南海诸岛
比例尺 1 : 5000万

总降水量及移动路径图

D19074Anju 12月30～31日

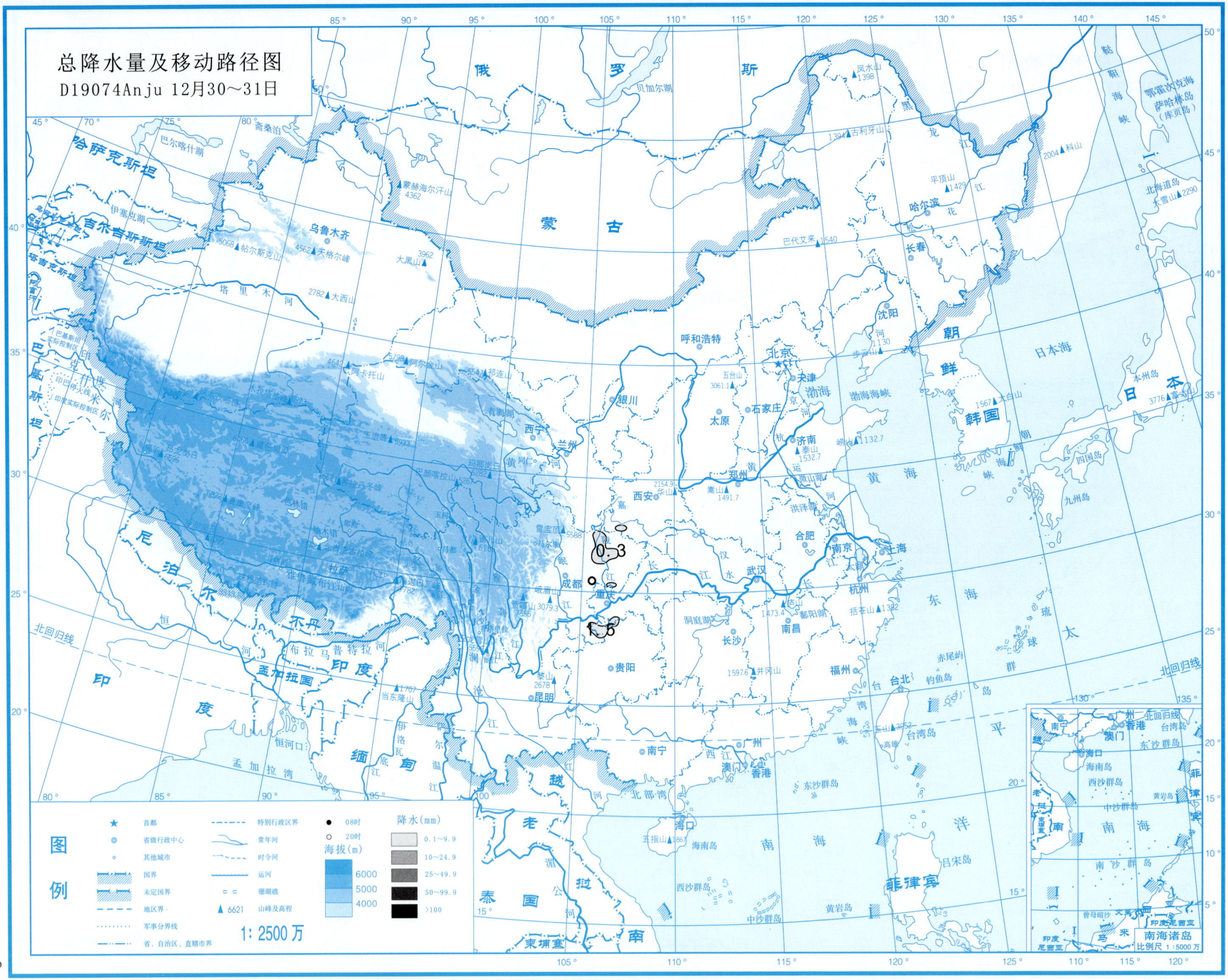

图例

★	首都		特别行政区界
◎	省级行政中心		常年河
◦	其他城市		时令河
	国界		运河
	未定国界		珊瑚礁
	地区界	▲ 6621	山峰及高程
	军事分界线		
	省、自治区、直辖市界		

路径	
●	08时
○	20时

降水(mm)
0.1～9.9
10～24.9
25～49.9
50～99.9
>100

海拔(m)
6000
5000
4000

1: 2500 万

南海诸岛 比例尺 1:5000 万

总降水日数图

D19074Anju 12月30～31日

图例

符号	含义	符号	含义
★	首都		特别行政区界
◎	省级行政中心		常年河
○	其他城市		时令河
	国界		运河
	未定国界		珊瑚礁
	地区界	▲ 6621	山峰及高程
	军事分界线		
	省、自治区、直辖市界		

海拔(m)

6000
5000
4000

降水日数

1天
2～3天
4天以上

1: 2500 万

南海诸岛
比例尺 1:5000 万

2019年西南低涡中心位置资料表

月	日	时	中心位置		位势高度/位势什米
			东经/(°)	北纬/(°)	
①1月1日 (D19001)南部，Nanbu					
1	1	08	106.08	31.23	309
消失					
②1月11日 (D19002)洪雅，Hongya					
1	11	08	102.87	29.53	306
消失					
③1月13～14日 (D19003)盐亭，Yanting					
1	13	20	105.43	31.24	304
	14	08	105.84	30.39	304
消失					
④1月15日 (D19004)蓬溪，Pengxi					
1	15	08	105.68	30.78	307
消失					
⑤1月19～20日 (D19005)盐亭，Yanting					
1	19	20	105.54	31.05	305
	20	08	106.03	30.99	308
消失					
⑥2月3日 (D19006)梁平，Liangping					
2	3	08	107.56	30.59	304
消失					
⑦2月4日 (D19007)平武，Pingwu					
2	4	20	103.97	32.95	305
消失					
⑧2月8日 (D19008)平武，Pingwu					
2	8	08	103.97	32.61	301
消失					
⑨2月11～12日 (D19009)北川，Beichuan					
2	11	20	103.93	32.95	304
	12	08	107.83	32.11	305
消失					
⑩2月19～22日 (D19010)松潘，Songpan					
2	19	08	103.74	32.89	299
		20	105.68	31.98	300
	20	08	106.18	32.00	303
		20	107.21	31.91	305
	21	08	108.21	32.91	306
		20	114.05	33.81	305
	22	08	118.78	33.89	302
消失					
⑪2月22日 (D19011)石棉，Shimian					
2	22	20	102.31	28.92	304
消失					
⑫3月1～3日 (D19012)江油，Jiangyou					
3	1	20	105.16	31.28	300
	2	08	110.16	33.42	301
		20	114.14	35.32	299
	3	08	118.18	35.05	296
		20	123.46	35.48	295
消失					

2019年西南低涡中心位置资料表（续-1）

月	日	时	中心位置		位势高度/位势什米
			东经/(°)	北纬/(°)	
⑬3月9～10日					
（D19013）木里，Muli					
3	9	20	101.12	28.34	304
	10	08	101.38	27.51	307
消失					
⑭3月15日					
（D19014）米易，Miyi					
3	15	08	102.02	27.03	314
消失					
⑮3月16日					
（D19015）武隆，Wulong					
3	16	08	107.69	29.58	309
消失					
⑯3月16～18日					
（D19016）荣县，Rongxian					
3	16	20	104.49	29.52	308
	17	08	106.23	30.30	308
		20	113.06	30.96	307
	18	08	117.01	32.21	305
消失					
⑰3月17日					
（D19017）九龙，Jiulong					
3	17	20	101.66	28.50	309
消失					
⑱3月20～21日					
（D19018）康定，Kangding					
3	20	08	102.27	30.14	302
		20	101.76	30.09	300
	21	08	107.32	31.73	302
消失					
⑲3月22日					
（D19019）平昌，Pingchang					
3	22	08	106.96	31.71	305
消失					
⑳3月22～23日					
（D19020）木里，Muli					
3	22	20	101.29	28.49	306
	23	08	100.17	27.71	306
消失					
㉑3月25～28日					
（D19021）三台，Santai					
3	25	20	105.02	31.25	306
	26	08	105.01	30.24	308
		20	105.06	30.55	306
	27	08	105.93	30.95	308
		20	108.96	33.53	307
	28	08	110.69	32.88	305
消失					
㉒4月3日					
（D19022）仪陇，Yilong					
4	3	08	106.59	31.34	310
消失					
㉓4月16日					
（D19023）木里，Muli					
4	16	08	100.95	27.91	311
消失					
㉔4月20～21日					
（D19024）通江，Tongjiang					
4	20	20	107.57	32.10	306
	21	08	108.14	32.92	306
消失					

2019年西南低涡中心位置资料表（续-2）

月	日	时	中心位置		位势高度/位势什米
			东经/(°)	北纬/(°)	
㉕4月27～29日					
（D19025）九龙，Jiulong					
4	27	20	101.98	28.19	306
	28	08	104.72	31.81	308
		20	115.43	35.36	307
	29	08	121.44	35.58	304
消失					
㉖5月5日					
（D19026）铜梁，Tongliang					
5	5	08	106.05	29.99	308
		20	107.05	29.03	308
消失					
㉗5月6日					
（D19027）石棉，Shimian					
5	6	08	102.15	29.18	308
		20	102.32	29.37	305
消失					
㉘5月7日					
（D19028）冕宁，Mianning					
5	7	20	102.20	28.95	304
消失					

月	日	时	中心位置		位势高度/位势什米
			东经/(°)	北纬/(°)	
㉙5月10日					
（D19029）洪雅，Hongya					
5	10	08	103.13	29.63	310
		20	102.48	30.15	308
消失					
㉚5月12～13日					
（D19030）长寿，Changshou					
5	12	08	107.16	30.08	309
		20	107.32	30.11	309
	13	08	109.48	31.63	309
消失					
㉛5月15日					
（D19031）忠县，Zhongxian					
5	15	20	107.83	30.24	309
消失					
㉜5月18日					
（D19032）阆中，Langzhong					
5	18	20	106.18	31.75	306
消失					

月	日	时	中心位置		位势高度/位势什米
			东经/(°)	北纬/(°)	
㉝5月19～20日					
（D19033）武胜，Wusheng					
5	19	20	106.06	30.46	312
	20	08	106.26	30.94	313
消失					
㉞5月24～25日					
（D19034）盐源，Yanyuan					
5	24	20	101.70	27.92	307
	25	08	105.44	30.01	306
		20	112.24	31.49	306
消失					
㉟5月26日					
（D19035）木里，Muli					
5	26	20	100.17	27.99	308
消失					
㊱5月28日					
（D19036）剑阁，Jiange					
5	28	08	105.43	31.64	311
消失					

2019年西南低涡中心位置资料表（续-3）

月	日	时	中心位置		位势高度/位势什米
			东经/(°)	北纬/(°)	
㊲5月30～31日（D19037）盐边，Yanbian					
5	30	08	101.61	27.01	310
		20	101.86	26.95	309
	31	08	101.86	27.02	312
		20	101.05	27.83	307
消失					
㊳6月4～6日（D19038）汶川，Wenchuan					
6	4	20	103.33	31.32	305
	5	08	106.84	30.99	303
		20	111.65	32.21	303
	6	08	117.23	35.05	302
		20	121.08	35.08	300
消失					
㊴6月6日（D19039）九龙，Jiulong					
6	6	08	101.28	28.97	311
消失					
㊵6月7～8日（D19040）木里，Muli					
6	7	20	101.11	28.77	310
	8	08	102.07	28.49	310
消失					
㊶6月9日（D19041）宁南，Ningnan					
6	9	20	102.61	26.98	307
消失					
㊷6月9日（D19042）武隆，Wulong					
6	9	20	107.94	29.30	307
消失					
㊸6月10～14日（D19043）安岳，Anyue					
6	10	20	105.26	29.85	308
	11	08	106.33	31.37	307
		20	107.98	31.53	307
	12	08	108.49	32.01	308
		20	111.69	31.65	307
	13	08	116.35	30.75	306
		20	119.77	30.95	305
	14	08	123.45	30.43	304
消失					
㊹6月25日（D19044）攀枝花，Panzhihua					
6	25	08	101.60	27.16	310
消失					
㊺6月27～28日（D19045）木里，Muli					
6	27	20	101.46	28.37	302
	28	08	107.02	31.90	304
消失					

2019年西南低涡中心位置资料表（续-4）

月	日	时	中心位置		位势高度/位势什米
			东经/(°)	北纬/(°)	
㊻ 6月29日（D19046）宁南，Ningnan					
6	29	08	102.63	26.96	308
消失					
㊼ 6月29～30日（D19047）彭水，Pengshui					
6	29	20	108.39	29.42	307
	30	08	107.60	28.28	309
消失					
㊽ 7月6～7日（D19048）九龙，Jiulong					
7	6	20	101.30	28.71	307
	7	08	101.57	30.41	303
		20	101.81	29.10	306
消失					

月	日	时	中心位置		位势高度/位势什米
			东经/(°)	北纬/(°)	
㊾ 7月8～14日（D19049）嘉陵，Jialing					
7	8	08	105.97	30.56	307
		20	111.22	31.79	307
	9	08	120.01	31.98	306
		20	118.33	33.32	304
	10	08	123.87	33.25	305
		20	124.68	36.25	305
	11	08	128.37	36.56	306
		20	129.34	40.29	305
	12	08	133.48	42.56	302
		20	134.02	44.98	300
	13	08	135.19	44.02	300
		20	135.54	42.76	301
	14	08	133.83	44.70	301
		20	132.35	44.99	303
消失					

月	日	时	中心位置		位势高度/位势什米
			东经/(°)	北纬/(°)	
㊿ 7月11～12日（D19050）石棉，Shimian					
7	11	08	102.25	29.12	307
		20	104.96	29.92	308
	12	08	109.13	31.19	307
		20	120.27	32.39	307
消失					
(51) 7月18～21日（D19051）岳池，Yuechi					
7	18	20	106.40	30.64	309
	19	08	106.04	30.19	309
		20	105.66	29.67	310
	20	08	104.45	27.77	311
		20	102.82	26.72	310
	21	08	101.21	28.22	311
消失					

2019年西南低涡中心位置资料表（续-5）

月	日	时	中心位置		位势高度/位势什米
			东经/(°)	北纬/(°)	
㉒7月22日（D19052）峨眉山，Emeishan					
7	22	08	103.36	29.58	309
		20	102.61	26.59	308
消失					
㉓7月30日（D19053）盐边，Yanbian					
7	30	08	101.5	27.16	309
消失					
㉔7月30～31日（D19054）通江，Tongjiang					
7	30	08	107.28	31.87	309
		20	107.51	31.85	311
	31	08	107.28	31.77	311
		20	107.08	30.46	312
消失					
㉕8月7～8日（D19055）北碚，Beibei					
8	7	08	106.59	29.96	308
		20	107.5	29.57	308
	8	08	106.37	28.73	309
消失					

月	日	时	中心位置		位势高度/位势什米
			东经/(°)	北纬/(°)	
㉖8月18日（D19056）雅江，Yajiang					
8	18	08	100.95	29.64	309
消失					
㉗8月22日（D19057）木里，Muli					
8	22	08	100.71	28.95	311
消失					
㉘9月8～11日（D19058）纳溪，Naxi					
9	8	08	105.35	28.55	309
		20	105.59	29.17	308
	9	08	105.34	29.18	309
		20	105.41	27.17	309
	10	08	105.06	25.67	310
		20	101.19	24.50	311
	11	08	100.19	25.07	313
消失					

月	日	时	中心位置		位势高度/位势什米
			东经/(°)	北纬/(°)	
㉙9月13～14日（D19059）乐至，Lezhi					
9	13	08	104.91	30.22	313
		20	105.54	31.46	313
	14	08	106.33	33.53	313
消失					
㉚9月16～17日（D19060）巴州，Bazhou					
9	16	08	106.89	31.94	313
		20	105.44	32.06	311
	17	08	107.19	33.96	313
消失					
㉛10月3～4日（D19061）剑阁，Jian'ge					
10	3	20	105.55	31.71	313
	4	08	105.57	31.09	313
		20	105.88	31.08	314
消失					

2019年西南低涡中心位置资料表（续-6）

月	日	时	中心位置		位势高度/位势什米
			东经/(°)	北纬/(°)	
⑫ 10月10～11日（D19062）万源，Wanyuan					
10	10	20	107.65	31.98	311
	11	08	107.07	32.01	311
		20	110.23	31.84	311
消失					
⑬ 10月11～13日（D19063）木里，Muli					
10	11	20	101.15	28.80	312
	12	08	101.41	27.31	314
		20	99.73	26.28	313
	13	08	101.18	28.73	314
消失					
⑭ 10月24～25日（D19064）北川，Beichuan					
10	24	20	104.50	31.95	312
	25	08	107.44	30.23	313
消失					
⑮ 11月1日（D19065）九龙，Jiulong					
11	1	20	101.71	28.97	313
消失					

月	日	时	中心位置		位势高度/位势什米
			东经/(°)	北纬/(°)	
⑯ 11月9～10日（D19066）木里，Muli					
11	9	20	101.22	27.95	313
	10	08	99.37	27.80	313
消失					
⑰ 11月12日（D19067）苍溪，Cangxi					
11	12	08	106.09	31.90	309
消失					
⑱ 11月17日（D19068）三台，Santai					
11	17	08	104.88	31.00	306
消失					
⑲ 11月23～24日（D19069）北川，Beichuan					
11	23	20	103.98	31.92	306
	24	08	101.94	29.03	310
		20	106.73	31.33	312
消失					

月	日	时	中心位置		位势高度/位势什米
			东经/(°)	北纬/(°)	
⑳ 11月30日（D19070）通江，Tongjiang					
11	30	08	107.48	32.00	307
消失					
㉑ 12月1日（D19071）木里，Muli					
12	1	20	101.47	28.32	311
消失					
㉒ 12月3日（D19072）康定，Kangding					
12	3	08	101.93	29.88	309
消失					
㉓ 12月4日（D19073）玉龙，Yulong					
12	4	20	99.75	26.82	313
消失					
㉔ 12月30日（D19074）安居，Anju					
12	30	20	105.48	30.52	311
消失